**天地一体化信息网络丛书**

国家出版基金项目
NATIONAL PUBLICATION FOUNDATION

Space-ground

Integrated

Information

Network

# 天地一体化的
# 天基传输网络
## 运维管控系统

 孙晨华　李斌成　林宇生　章劲松　著

人民邮电出版社
北　京

**图书在版编目（ＣＩＰ）数据**

天地一体化的天基传输网络运维管控系统 / 孙晨华
等著． -- 北京：人民邮电出版社，2021.12
（天地一体化信息网络丛书）
ISBN 978-7-115-57286-8

Ⅰ．①天… Ⅱ．①孙… Ⅲ．①通信网—研究 Ⅳ.
①TN915

中国版本图书馆CIP数据核字(2021)第180813号

## 内 容 提 要

本书以"天地一体化的天基传输网络"为对象，在梳理清楚与其相关且比较容易混淆的概念，并界定清楚其内涵和边界情况下，从其航天系统特征和通信网络特征的顶层视角，给出了其不同发展时期，不同功能、不同体制、不同形态网络的运维管控系统的架构、拓扑、功能、协议及处理流程等。本书是作者三十多年从事天地一体化的天基传输网络及运维管控系统研发实践的总结，特别体现了运维管控与管理对象的不可分割性，强调了运维管控系统的设计，必须立足于对被管对象足够而深刻的理解，突出了系统性、工程实用性，具有很高的实际工程参考价值和较高的理论研究价值。

本书可作为从事天地一体化信息网络管理、航天装备总体设计研究、遥感卫星系统运控、导航卫星系统运控、卫星通信和卫星中继系统运控等工程技术人员和理论研究人员的参考书，也可作为通信网络专业和计算机专业本科生和研究生的专业参考书。

◆ 著 孙晨华 李斌成 林宇生 章劲松
　 责任编辑 吴娜达
　 责任印制 陈 犇
◆ 人民邮电出版社 出版发行 北京市丰台区成寿寺路 11 号
　 邮编 100164 电子邮件 315@ptpress.com.cn
　 网址 https://www.ptpress.com.cn
　 三河市中晟雅豪印务有限公司印刷
◆ 开本：787×1092 1/16
　 印张：24.5 2021 年 12 月第 1 版
　 字数：454 千字 2021 年 12 月河北第 1 次印刷

定价：219.80 元

读者服务热线：(010)81055493 印装质量热线：(010)81055316
反盗版热线：(010)81055315

# 前　言

近年来，以天地一体化信息网络和低轨互联网为代表的天基传输网络相关工程的大力推进，吸引了越来越多的团队参与研究开发。天基传输网络具有天地一体的显著特点，其运维管控系统更是独具特征，既体现航天装备特殊的管控需求，又不同于遥感类航天系统和导航类航天系统的运维管控，具有通信网络运维管控的特征，又不同于通常的通信网络运维管控。

本书从概念的梳理开始，从航天装备运维管控和通信网络管理顶层设计出发，研制天地一体化的天基传输网络的发展脉络，结合不同天基传输网络的分类，从不同运营商、不同场景、不同业务、不同级别用户的视角，体系性地总结了运维管控设计需要考虑的内容和相关解决方案。

本书共分 13 章，孙晨华负责统筹、规划全书内容，主笔第 1、2、4、5、6、7、10、11、13 章的编写，负责提出其他章的主要编写内容和思路，并组织编写；李斌成主笔第 3、9 章的编写；林宇生主笔第 12 章的编写，参与第 6、7 章的编写；章劲松主笔第 8 章的编写；张永池、周萌、王玉清参与第 12 章的编写。

第 1 章梳理了与天地一体化的天基传输网络相关的概念，并澄清了一些概念的边界；对天地一体化的天基传输网络组成定义进行了分析，给出了不同组成定义对研制、建设组织的影响；还给出了对与运维管控相关的一系列概念的解读。

第 2 章从航天装备的顶层设计角度给出了运维管控的架构、功能体系，对比提出了通信卫星、导航卫星、遥感卫星不同航天装备运维管控系统的区别与联系，给出了天基传输网络综合运维管控的功能体系。

第 3 章从通信网络的顶层设计角度，分析了天基传输网络运维管控与计算机网络、地面移动通信网络运维管控的区别与联系，提出宽带业务天基传输网络可以借鉴计算机网络的部分管理协议（如 SNMP），移动业务天基传输网络可以借鉴地面移动通信网络相关控制协议体系，天基传输网络需要具有自己独特的、不同于计算机网络和移动通信网络的运维管控功能和实现方式。

第 4 章介绍了最成熟、最经典的 FDMA 系统的运维管控架构、拓扑、流程、协议等内容。尤其是详细描述了 FDMA/SCPC/DAMA、FDMA/MCPC，以及最新发展的 IP/FDMA/DAMA 系统运维管控的演进与发展脉络。

第 5 章介绍了 MF-TDMA 和 DVB-RCS 等系统的运维管控顶层设计。

第 6 章介绍了两类典型的基于固定多波束卫星的卫星通信网络的运维管控。一类是高通量卫星通信系统的运维管控，另一类是 GEO 移动卫星通信系统的运维管控，两者具有较大差异。

第 7 章介绍基于星上处理的天基传输网络的运维管控。

第 8 章介绍天基传输网络运维管控系统常遇到的标校问题及标校方法。

第 9 章介绍地球站监控技术的演进及设计方法。

第 10 章、第 11 章介绍天基传输网络健康管理、天基物联网运维管控技术等内容，展现了运维管控新技术趋势。

第 12 章介绍天基传输网络运行支撑系统相关内容，强调了运维管控系统的重要性，对于运营商的综合服务和运营管理来说不可或缺。

第 13 章介绍天基传输网络运维管控技术未来的发展方向。

本书取材于作者及其团队多年来从事天基传输网络运维管控技术的研究成果，是理论和实践紧密结合的专业论著。衷心希望本书对我国现在和未来天基传输网络的运维管控研制建设提供参考。

作 者

2021 年 6 月

# 目　录

要理解运维管控系统，需首先梳理清楚两个方面概念内涵和功能范畴。一是被管对象方面，二是运维管控本身。就被管对象而言，对象不同，则管控功能和技术途径就有所不同。本书所涉及的被管对象是"天地一体化的天基传输网络"。目前，与此相似的概念很多，如有"天地一体化信息网络""天地一体化信息网络重大项目""天地一体化信息通信网络"等。本章将梳理这些概念的区别与联系；至于运维管控本身，本章将对常见功能术语的内涵进行说明。

## | 1.1　与天地一体化的天基传输网络易混淆的概念 |

### 1.1.1　天地一体化信息网络

天地一体化信息网络是从天地一体的视角对信息系统的一种定义，通常是指天基网络与地基网络通过信息或业务融合、设备综合或互联互通方式构成的信息网络，是信息传输网络设施以及信息收集、处理、存储、计算、保护、应用等各种设施要素的集合，是信息和使用信息的用户无缝连接的公共信息环境和信息服务保障环境。天地一体化信息网络包含天地各类传输网络（固定互联网、移动通信网络、天基传输网络）、天地各种传感器网络（遥感卫星网络、地面各种传感器网络）、天地时空基准网络等信息系统；涉及陆、海、空、天甚至外太空纵深范围内各信息节点和用户，是各类信息系统的大集成，是一个范围非常大的概念。

天地一体化的天基传输网络是天地一体化信息网络的核心组成，并为形成天地一体化信息网络能力，提供基于天基（卫星及转发器）的信息传输支撑。

### 1.1.2　天地一体化信息网络重大项目和卫星互联网工程

天地一体化信息网络重大项目，是国家"科技创新 2030"优先启动的重大项目。它以建设新一代全球覆盖天地一体化的天基传输网络为主体内容，并在地面网络支撑下对接我国下一代互联网和移动网技术体制，通过承载来自信息港的各类信息，形成以天基传输网络为核心兼有一定信息服务能力的信息网络。

卫星互联网工程早期定位是一个没有星间链路的低轨星座系统，与天地一体化信息网络重大项目中的低轨接入网（星间全互联）错位发展，后续通过国家统筹将天地一体化信息网络重大项目、卫星互联网工程、国内其他一些拟建设低轨星座项目（如鸿雁、泗云等）进行统一整合，形成了一个含高轨星座、低轨星座，以网络通信为核心功能的星座系统，其中低轨星座采用星间链路和星间组网的技术思路。卫星互联网应用与目前地面移动通信网和互联网融合，实现全球互联网服务。

无论是天地一体化信息网络重大项目还是卫星互联网工程，均呈现出"天地一体化"特征，也都是以传输网络为核心。本书所说的"天地一体化的天基传输网络"涵盖面更广，涉及传统卫星通信、卫星中继、卫星通信中继融合、透明、处理、单星、高轨、低轨等方面。本书重点描述不同系统的运维管控。

## 1.1.3　天地一体化信息通信网络

天地一体化信息通信网络是从天地一体的视角对通信网络的一种定义，主要包括天基传输网络（传统以卫星通信网络为主）、地面固定通信网络、地面移动通信网络等。广义上讲，还应包括空中网络（临近空间网络）、外太空通信网络、深海通信网络等。天地一体化信息通信网络涉及陆、海、空、天多层节点、多层用户。图 1-1 给出了要素较齐全的天地一体化信息通信网络示意图。

图 1-2 给出了天地一体化信息通信网络的另外一种示意图，更清晰地体现了天地一体化信息通信网络与天地一体化的天基传输网络的关系。实际上，天地一体化信息通信网络包含天地一体化的天基传输网络，还包含其他各类固定、移动、机动通信网络、公网和专网等。天地一体化的天基传输网络与地面各种网络融合，构成天地一体化信息通信网络。

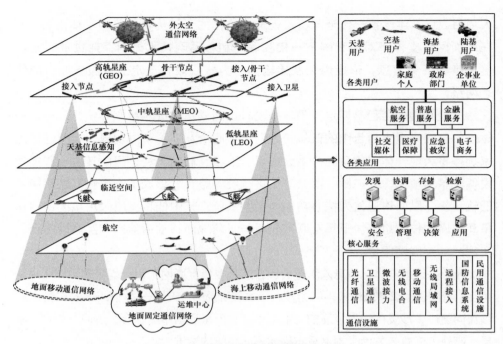

图 1-1 天地一体化信息通信网络示意图 1

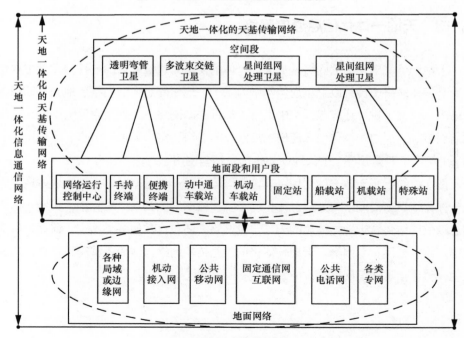

图 1-2 天地一体化信息通信网络示意图 2

## 1.2 天地一体化的天基传输网络特点及分类

### 1.2.1 网络特点

天地一体化的天基传输网络有 3 个主要特点：一是天地一体的特点；二是航天装备的特点；三是通信网络的特点。

图 1-2 突出说明了天地一体化的天基传输网络天地一体的特点。可以说离开了天上的卫星和地面终端，就构不成网络。图 1-3 给出了几种常见的天基网络示意图。图 1-3（a）是最常见的，但也是一种错误的或者不严谨的示意图。该示意图中天基传输网络只有天上卫星部分，事实上，我们所使用的大多数卫星，只是一个透明弯管，不是网络节点，需要以地球站为网络节点进行组网工作。图 1-3（b）是星上处理模式组网示意图；图 1-3（c）是透明转发模式组网示意图。图 1-3（b）和 1-3（c）都体现了典型的天地一体的特点。

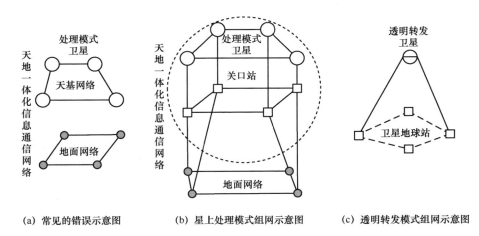

(a) 常见的错误示意图　　(b) 星上处理模式组网示意图　　(c) 透明转发模式组网示意图

**图 1-3　几种常见的天基网络示意图**

天地一体化的天基传输网络离不开卫星，而卫星是航天装备的典型代表。天地一体化的天基传输网络除具有依赖卫星转发、地面终端距离卫星远、卫星链路功率带宽受限等特点外，从应用角度，它同样是为通信网络用户服务的。天地一体化的天基传输网络用户和地面网络用户、移动网络用户在使用网络时希望对网络无感，因此说天地一体化的天基传输网络具有通信网络的特点。

## 1.2.2　典型分类方法

不同维度的分类方法如图 1-4 所示。天地一体化的天基传输网络按功能用途可分为卫星通信系统和卫星中继系统两大类。卫星通信系统应用范围广，是天基传输网络的核心组成。卫星通信系统按照业务定位可分为固定、移动、抗干扰等系统。天地一体化的天基传输网络按照所属用户定位可分为军用、民用系统；按轨道可分为高轨系统、中轨系统和低轨系统；按转发器类型可分为基于透明转发系统和基于星上处理系统。基于透明转发系统又可分为基于常规透明转发器和基于多波束铰链转发器两类系统，甚小口径天线终端（Very Small Aperture Terminal，VSAT）系统是基于常规透明转发器系统的典型代表，高通量卫星（High Throughput Satellite，HTS）通信系统和个人移动卫星通信系统是基于多波束铰链转发器系统的典型代表。

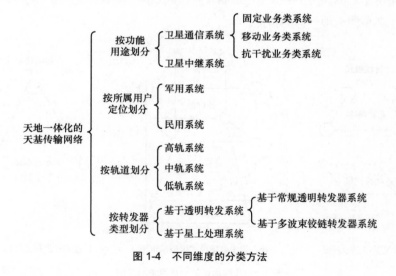

图 1-4　不同维度的分类方法

## 1.2.3　典型网络分类

卫星通信网络是最传统和经典的天基传输网络，是指陆、海、空各类平台地球站，以空间段卫星为中继转发平台进行通信的一种方式。卫星通信网络按照业务服务类型，又分为固定业务卫星通信网络、移动业务卫星通信网络、抗干扰业务卫星通信网络。固定业务卫星通信网络以风靡全球几十年的 VSAT 卫星通信系统和近几年发展迅猛的高通量卫星通信系统为典型代表；移动业务方面，以海事卫星系统、亚太卫星移动通信（Asia Pacific Satellite Mobile Telecommunication，APMT）系统、天通卫星移动通信系统等为典型代表；高轨星上处理类系统的典型代表是 SPACEWAY3 系统、MILSTAR 系统以及天地一体化信息网络重大项目的骨干网系统。另外，低轨星座也是一类十分典型的系统，低轨星座也可以分为移动业务类和固定业务类系统，或者移动和固定业务融合的系统，还可以分为有星间链路和无星间链路的不同系统。

卫星中继网络的分类兼顾历史和发展情况，分为单目标、多目标、支持天基物联网等系统，不同类型的系统也代表了不同的发展阶段。通信中继融合网络主要着眼未来可能的两种情况，一种是通信中继融合的系统，另一种是在通信中继融合的前提下进一步提升，实现基于天基信息港的网信融合系统，基本分类如图 1-5 所示。

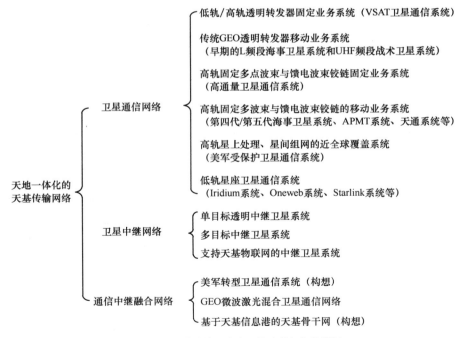

图 1-5 天基传输网络主要的分类与归类举例

# |1.3 天基骨干网、天基接入网新网络定义 |

## 1.3.1 普适性定义

现阶段认为天基骨干网提供用户或用户群之间、信息节点之间的干线链路或干线网络，提供全球范围的用户中继链路。天地一体化的天基骨干网示意图如图 1-6 所示，突出了卫星节点和地基节点（关口站）、卫星节点与各类用户节点以及各卫星相互之间的链路共同构成的"网"。如果天基骨干网涉及的用户群是陆、海、空用户群，则天基骨干网可以称为宽带卫星通信网；如果天基骨干网也支持天基用户，则天基骨干网称为通信中继融合的宽带传输网。

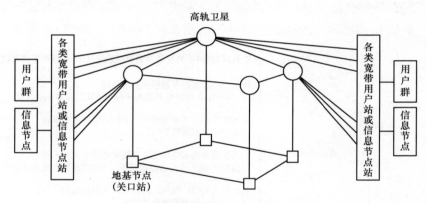

图 1-6 天地一体化的天基骨干网示意图

天基接入网是对传统卫星通信网及其新发展的一种描述，实现用户到用户互通，或用户经关口站到核心网的互通。天基接入网可分为低轨接入网（示意图如图 1-7 所示）、中轨接入网和高轨接入网，也可分为移动接入网和宽带接入网，高轨移动接入网和高轨宽带接入网示意图分别如图 1-8 和图 1-9 所示。天通卫星通信系统属于高轨移动接入网，支持卫星通信终端经核心网到另一个卫星通信终端的互通，或者卫星通信终端经核心网与地面移动用户的互通。

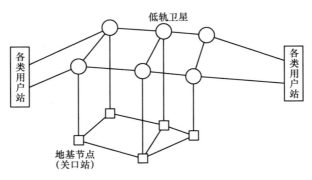

图 1-7　天地一体化的低轨接入网示意图

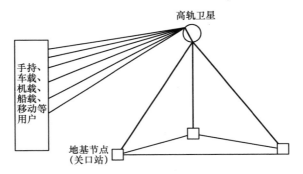

图 1-8　天地一体化的高轨移动接入网典型示意图

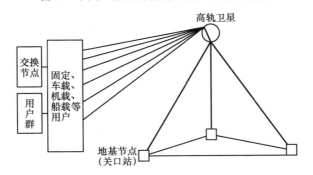

图 1-9　天地一体化的高轨宽带接入网典型示意图

## 1.3.2　重大项目定义

天地一体化信息网络重大项目面向 2030 年开展科技创新，通过星间组网、高低轨卫星节点联合组网实现全球覆盖。空间段卫星节点达几十到几百颗，地面段可进行一体化地基节点网设计，用户段主要是各类应用终端，因此，提出了"天基骨干网+低轨接入网+地基节点网+运维管控+安全保密+各类终端及应用"的系统基本组成架构。天地一体化信息网络重大项目网络模型示意图如图 1-10 所示。"三网"是天地一体化信息网络的主体，用户应用和终端是不断拓展、不断增加的，这种划分方式逻辑上很好理解，类似于移动通信有依托的基础部分，强调了项目建设重点为网络基础设施部分。

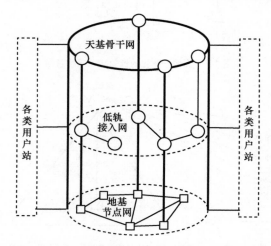

图 1-10　天地一体化信息网络重大项目网络模型示意图

## 1.3.3　上述两种定义对比

可以看出第 1.3.1 节定义的天基骨干网和天基接入网涵盖了空间段、地面段、用户段全要素，体现了天地一体的特点；而第 1.3.2 节定义的天基骨干网和天基接入网只涵盖空间段要素。下面分析两种定义方式的优缺点。

（1）从研究和系统研制的角度

第 1.3.1 节的定义按照天地一体化的天基骨干网和天地一体化的天基接入网划分，各自相对独立。这是目前比较普适性的划分方式。普适性天地一体化划分及集成示意图如图 1-11 所示，天地一体化独立划分的分系统之间接口示意图如图 1-12 所示。可以看出，两个系统叠加为一个完整的高低轨关联天地一体化网络时，只有一体化的管控中心、松散集成的地基节点、可选择配置的星间链路等与两个系统相关联，凸显了这种方式接口简单、方便各系统独立推进的优势。

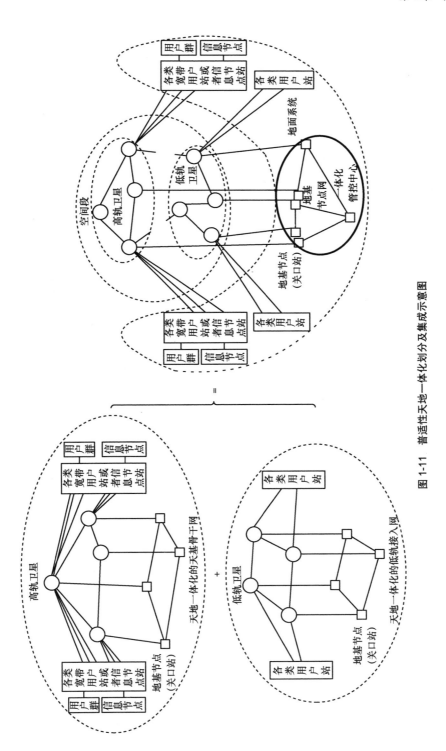

图 1-11　普适性天地一体化划分及集成示意图

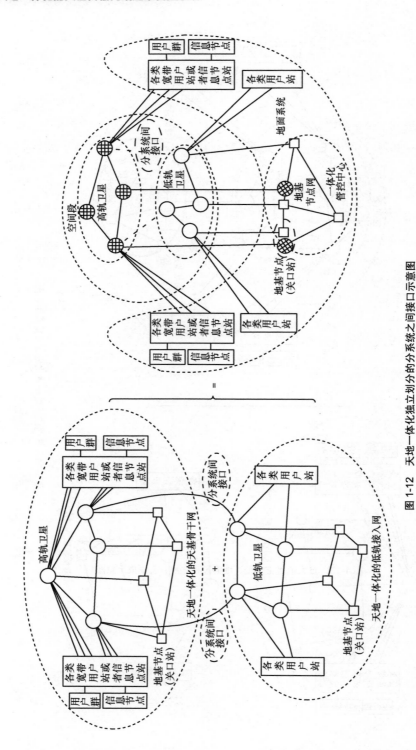

图 1-12　天地一体化独立划分的分系统之间接口示意图

重大项目空间段、地面段独立划分及集成示意图如图 1-13 所示，空间段、地面段独立划分的分系统之间接口示意图如图 1-14 所示，可以看出，如果按照第 1.3.2 节的定义，天基骨干网、天基接入网仅包含空间段部分，也就是说将空间段、地面段划为不同分系统。分系统之间接口关系将十分复杂，各网均无法自成体系，各部分几乎难以独立开展研究和研制工作。如此复杂的空口，必须由一支非常专业的队伍牵头研究设计。事实上，目前全球达到商业运营级的卫星通信系统（天基传输网络的核心），无论基于星上处理系统还是基于透明转发系统，系统体制空口均由一个企业牵头设计研发，不是没有原因的，因为卫星通信最早就是按体制分类的。德国诺达（Ndsatcom）公司具有 MF-TDMA 系统产品，以色列吉莱特（Gilat）公司具有 SkyEdge Ⅱ 系统产品，比利时纽泰克（Newtec）公司具有 Dialog 系统产品，SPACEWAY3 具有星上处理宽带系统体制。不同工业部门，可以设计出具有不同性能的体制空口，市场竞争促进了发展，如果各网不独立成系统，难以形成良好的促进态势。

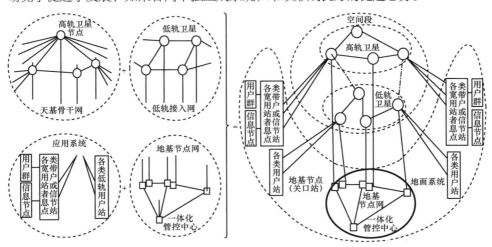

图 1-13　重大项目空间段、地面段独立划分及集成示意图

天地一体化独立划分与空间段、地面段独立划分的复杂度对比见表 1-1。可以看出，空间段、地面段独立划分情况下，骨干网、接入网和地基节点网之间的接口为一组空口，骨干网、接入网和用户终端之间的接口为对用户的一组空口。空口是一个专业和一个行业持续研究的问题，一个项目研究是不可持续的，而天地一体化独立划分方式各自成系统，由行业或者专业的团队持续研究，比较符合实际情况。

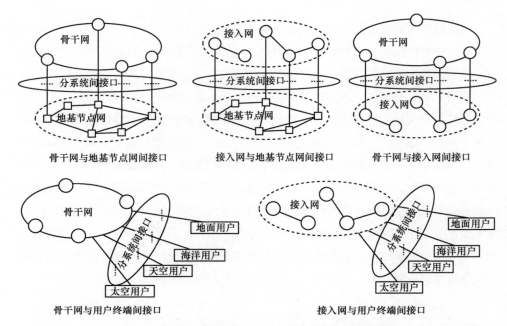

图 1-14　空间段、地面段独立划分的分系统之间接口示意图

表 1-1　天地一体化独立划分与空间段、地面段独立划分的复杂度对比

| 比较项目 | 普适性定义（第一种） | 重大项目定义（第二种） | 复杂度对比 |
|---|---|---|---|
| 高轨节点与地基节点接口 | 骨干网内部接口 | 骨干网和地基节点网之间接口（涉及多条链路、多层协议、多种流程） | 第一种分系统之间接口简单，第二种接口过于复杂 |
| 高轨节点与用户终端接口 | 骨干网内部接口 | 骨干网与应用系统之间接口（涉及成千上万条链路，非常复杂） | 第一种分系统之间接口简单，第二种接口过于复杂 |
| 低轨节点与地基节点接口 | 分系统内部接口 | 低轨接入网与地基节点网之间接口（涉及多条链路、多层协议、多种流程） | 第一种分系统之间接口简单，第二种接口过于复杂 |
| 低轨节点与用户终端接口 | 分系统内部接口 | 骨干网分系统与应用分系统之间接口（涉及成千上万条链路，非常复杂） | 第一种分系统之间接口简单，第二种接口过于复杂 |
| 高轨、低轨地基节点设备集成 | 松散集成，节点管理统一对两类节点设备接口 | 地基节点网分系统内部接口 | 第一种和第二种划分方式接口的复杂度相当 |
| 高轨节点与低轨节点接口 | 星间链路（可选择） | 星间链路（可选择） | 第一种和第二种划分方式接口的复杂度相当 |

（2）从建设和向公共网络发展的角度

从全球发展的历史和趋势看，以卫星通信为代表的天基传输网络一直以来基本作为地面网络的补充和备份，这主要是由于受天基传输网络的空间资源紧缺、技术复杂度高、实现难度大、实施风险大等多种因素影响。处于补充和备份的角色促进了卫星通信单星多专网模式的发展。受多波束星载天线技术发展的推动，卫星通信实现了单星一张网的移动业务和高通量宽带业务，尽管具体的使用者依然基于这张基础网络构建不同的专业虚拟子网，但是至少单星下的所有用户必须通过统一的空口接入网络。即使在这种情况下，从关口站到用户终端的网络研制也是由专业的企业提供完整的解决方案，比如 Gilat、Newtec 等公司的产品用于支持高通量卫星通信系统。

图 1-15 和图 1-16 给出了基于透明转发系统和基于星上处理系统研制组织核心工作示意图，可以看出，针对基于透明转发系统，卫星研制和网络研制可以独立安排，分别由卫星总体和网络总体牵头。几十年来，卫星系统和网络系统（TDMA 网、FDMA 网、CDMA 网）长期独立发展。基于星上处理系统与基于透明转发系统相比，不同之处在于，从网络系统看，基于星上处理系统可以认为是在基于透明转发系统内增加了一个星上节点，对卫星而言，需要增加处理单元。针对基于星上处理系统，卫星总体、网络总体和工程总体一并安排。图 1-17 给出了系统在工程建设阶段的组织方式，先建卫星、关口站、网控中心等基础设施，终端用户群按需建设，随时接入。

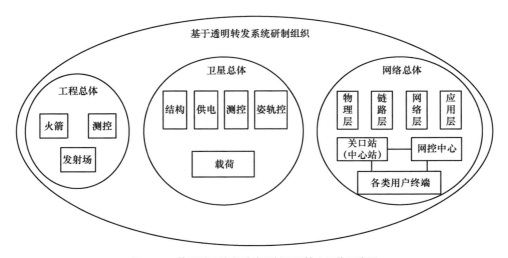

图 1-15　基于透明转发系统研制组织核心工作示意图

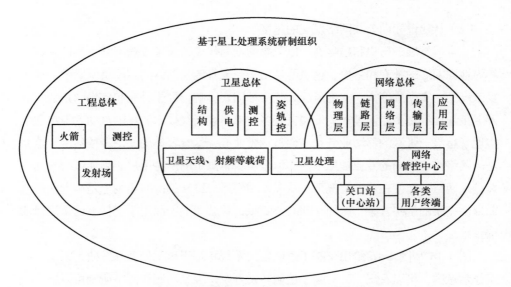

图1-16 基于星上处理系统研制组织核心工作示意图

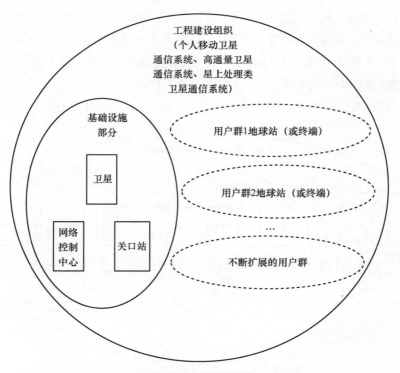

图1-17 系统在工程建设阶段的组织方式示意图

### 1.3.4 未来全激光天基骨干网定义

现阶段天地一体化的天基骨干网采用激光微波混合方式，提供星间激光和微波混合骨干传输，也提供面向宽带用户（多数为微波链路）的接入能力，总容量为几到几十吉字节。由于微波频段卫星的频率轨位十分紧张，国际协调难度越来越大，而激光链路波束更窄，容量更大，干扰更小，频率轨位协调难度小，因此未来发展太字节以上量级容量的全激光星间骨干网具有可行性。全激光天基骨干网主要对天基接入网等信息进行交互传输。如图 1-18 所示，全激光天基骨干网的信息可以不直接落地，天地一体化的天基接入网设置落地关口站，对全激光天基骨干网的管控可通过天地一体化天基接入网实施。

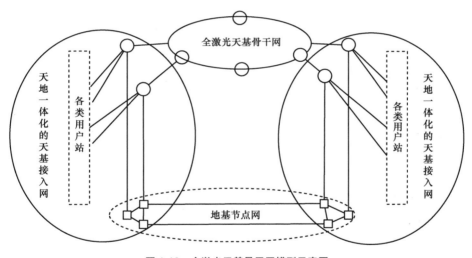

图 1-18　全激光天基骨干网模型示意图

# |1.4　天基信息港等新网络定义 |

## 1.4.1　天基信息港

天基信息港是近几年提出的新概念。天基信息港由一颗大型卫星或者多颗卫星构成的星群组成,是位于空间段的信息节点,具有信息接收、处理、传输、交换、服务等能力,具有对天基网络的自主管控能力,是卫星传输节点的提升,是在轨人工智能、星载计算存储软/硬件平台发展到一定程度的产物,是将天基传输网络转变为天基信息网络的重要标志,是天基骨干节点发展到一定程度的新装备形态。

## 1.4.2 天地一体信息港系统

天地一体信息港系统是基于空间段天基信息港构建的天地一体化信息网络,包括天基信息港,接入天基信息港的陆、海、空、天用户终端,以及地面关口站、地面运控中心、地面信息处理中心等。它从天地一体化的天基骨干网发展而来,在天基骨干网的基础上,增加了星上信息处理能力和地面信息处理能力,增强了网络和信息融合度,可大幅提升天基信息系统的时效性。

## 1.4.3 地面信息港

地面信息港通常是指信息汇聚节点或处理中心、信息产品存储分发中心。在天地一体信息港系统中,它承担着系统所服务的感知类用户卫星的地面信息处理中心的角色,与星上智能在轨处理中心共同实现信息处理。

## 1.4.4 微波激光混合宽带传输网与天地一体信息港系统

微波激光混合宽带传输网是指星间链路、星地链路均可以采用微波链路或者激光链路实现宽带传输,星上可以采用微波交换、光交换或者光电混合交换实现高速大容量信息交换的天基网络,是天基骨干网发展的一个历史形态。其中,星间链路是指节点卫星之间的骨干链路,或者用户卫星和节点卫星之间的接入链路;星地链路是指节点卫星和关口站之间的链路;微波和激光混合使用,综合运用,优势互补,实现大容量可靠传输。微波激光混合宽带传输网是天地一体信息港系统的基础。天地一体信息港基于微波激光混合宽带传输网,借助感知类用户卫星接入的优势,结合人工智能技术就近在节点卫星上进行信息智能处理,形成一部分产品,直接分发给用户。

# |1.5 运维管控相关定义|

## 1.5.1 广义运维管控和狭义运维管控定义

广义的运维管控是指对天地一体航天装备系统全寿命周期进行运行控制、测量维护、管理控制的各项功能的综合（有时也认为包括发射测控、运营服务）；天基传输网络运维管控是指对卫星通信类、卫星中继类以及通信中继综合类系统的空间段、地面段、用户端进行运行维护、管理控制、测量控制等。

狭义的运维管控可以理解为通常所说的运控或者管控，侧重于长期管理过程的控制维护。不同类型的航天装备系统的运控系统功能有较大差异。尽管运维管控在概念上包含测控，而对天基传输网络，尤其是卫星通信系统而言，多数场景是对由大量用户构成的网络进行管控。

## 1.5.2 测控相关定义

航天测控是指对运载火箭和航天器的飞行状态进行跟踪、测量，并对其运动和工作状态进行控制。

火箭测控用于感知、记录、下传、处理、显示、存储火箭在飞行过程中各部分的工作状态（作为确定发射结果的依据和事后发现问题、改进设计的依据），并自火箭升空起进行实时跟踪测量、状态监视、姿态调整、轨道控制，最终使航天器准确进入预定轨道，使之进入正常工作状态，投入应用。

卫星控制是针对卫星的控制技术，包括卫星姿态控制、温度控制、卫星轨道控制、动力控制等。卫星姿态控制获取并保持卫星在太空中的方向（即卫星相对于某个参考物的姿态），包括姿态稳定和姿态机动两个方面；温度控制是卫星在轨飞行时，对卫星内部和外部温度进行控制，使卫星温度达到所要求的范围；卫星轨道控制是指控制卫星按照预定轨道飞行；动力控制主要是指卫星电力和电力控制。

### 1.5.3　天基传输网络运维管控相关定义

随着卫星通信系统功能越来越强大，支持的应用模式越来越多，尤其是在军用领域，对多星、多网的管理日益重要。因此，在传统卫星测控、网管网控的基础上提出了包括业务测控、应用管理、决策支持、波束标校在内的卫星通信运控系统。

网管网控中的网管即网络管理，主要是指完成对构成卫星通信网络的各要素的管理（以地球站为主的要素）；网控即网络控制，则是指完成对网络所用资源的实时按需分配、用户站接入控制、入网申请许可控制等。

站控常称为地球站站内监控，主要完成对地球站设备参数和状态的查询及控制。根据卫星通信网络的特点和要求，也实现网管代理或网控代理功能。

运控代理为运控系统提供站管理、波束管理等代理功能；网管代理主要代理本站的参数查询控制响应和控制执行；网控代理主要代理本站的申请提出、响应执行等功能。

## ┃ 1.6　不同系统运维管控特点 ┃

### 1.6.1　卫星通信、卫星中继系统运维管控特点

卫星通信系统运维管控具有以下几个特点：
- 关注网络管理，管理的用户规模大、子网多；
- 基于全天候、全天时服务管理。

卫星中继系统运维管控具有以下几个特点：
- 关注对目标卫星的测控；
- 基于测控任务万无一失。

### 1.6.2　军用、民用系统运维管控特点

军用系统运维管控具有以下几个特点：
- 更加强调多星、多网的综合运维管控；

- 更加强调按照作战区域和军种设计管控中心；
- 更加强调机动部队、模型化前出、一定范围内基于任务的网络管理控制（简称"管控"）；
- 更加强调与各级指挥所、各通信系统、各作战单元的管控功能集成。

民用系统运维管控具有以下几个特点：

- 不同运营商各自独立进行运维管控；
- 宽带和移动不同体制具有不同的网络管控；
- 具有更加灵活的用户专网管理系统。

## 1.6.3　宽带、移动、抗干扰系统运维管控特点

以高轨宽带系统为例，运维管控具有以下几个特点：

- 支持独立构建的专网最多；
- 对高通量卫星通信系统而言，需要管理的用户数最多；
- 星上处理载荷类系统，星上部署网控和代理的情况最多；
- 站监控复杂，体制选择最多，网控类型最多。

以高轨移动系统为例，运维管控具有以下几个特点：

- 专网管理实体最少；
- 接入网与核心网关联完成管理控制；
- 一颗卫星一个控制中心的情况居多；
- 用户终端监控简单。

抗干扰系统比较特殊，除了与宽带固定业务有相同的特点外，运维管控方面也会考虑与抗干扰相对应的相关体制、资源、决策等方面的管理内容。

## 1.6.4　高轨、中轨、低轨系统运维管控特点

高轨系统运维管控具有以下几个特点：

- 卫星相对于地球静止，因此对卫星平台的控制不频繁；
- 卫星数量少，一站一星控制情况较多。

中轨、低轨系统运维管控具有以下几个特点：

- 近实时对卫星姿态等进行控制和跟踪；

- 需要支持同时对多颗卫星测控;
- 对于星间组网的系统,需要实时进行路由控制。

### 1.6.5 基于透明转发、基于星上处理系统运维管控特点

基于透明转发系统由于组网的节点位于地面(卫星不是网络节点,只是透明弯管),运维管控的要素均位于地面站点。在基于星上处理系统中,卫星是网络中的一个节点,参与组网,必要情况下需要配置星载网控。星载网控可基于地面网控实现裁剪、派生。

## |1.7 天基传输网络运维管控涉及的专业领域 |

天基传输网络运维管控涉及通信网络、航天系统、软件工程等专业领域,如图 1-19 所示。通信网络专业包括卫星通信网络、计算机网络、移动通信网络、专用机动通信网络等,航天系统专业涉及卫星通信系统、卫星中继系统、卫星通信与中继融合系统、航天测控系统、轨道及星座构型、载荷及卫星系统等,软件工程专业包括软件体系结构、软件工程化、软件编程、软件图形学等。此外,天基传输网络运维管控还涉及频谱管理、测试、数据分析处理、仿真建模等,大数据、云平台与云服务、人工智能也将在运维管控中得到运用。

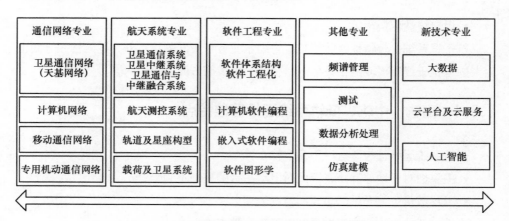

图 1-19 天基传输网络运维管控涉及的主要专业领域

# 第 2 章

# 典型航天装备的运维管控体系

航天装备运维管控有其独特体系，天地一体化的天基传输网络是一类典型的航天装备。本章从航天装备分类、航天装备运维管控体系、不同航天装备运维管控共性与特性等方面进行概述，并在此基础上给出天基传输网络运维管控总体框架。

# | 2.1 航天装备分类 |

航天装备主要分为天基传输（通信中继类）、天基时空基准（导航类）、对地观测（遥感类）三大类，随着低轨星座尤其是巨型星座的发展，以通信为主，兼顾导航增强、对地观测等功能的综合星座系统成为发展热点。图 2-1 给出了主要的航天装备分类。

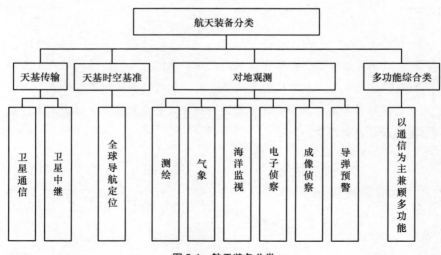

图 2-1 航天装备分类

## | 2.2 航天装备运维管控顶层概要 |

### 2.2.1 总体体系架构

航天装备运维管控（也简称"运控"）体系如图 2-2 所示。总体上看，航天装备运维管控体系由地基测控网、天基测控网以及通信卫星、导航卫星、对地观测卫星、空间站、试验卫星等不同类型航天装备的运控系统组成。天基传输系统涉及卫星通信系统、卫星中继系统，两者的运控系统也有较大区别，而卫星通信系统的运维最复杂、最多样。对地观测类卫星根据业务不同、所属部门不同，可由不同运控系统实施管控，也可由统一的运控系统管控。

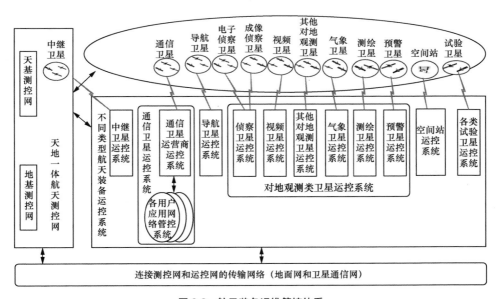

**图 2-2 航天装备运维管控体系**

### 2.2.2 运维管控体系特点

如图 2-3 所示，航天装备运维管控体系具有以下显著特点：一是天地双平面；二是分散与集中相结合，三是全球可达性，四是业务相关性。

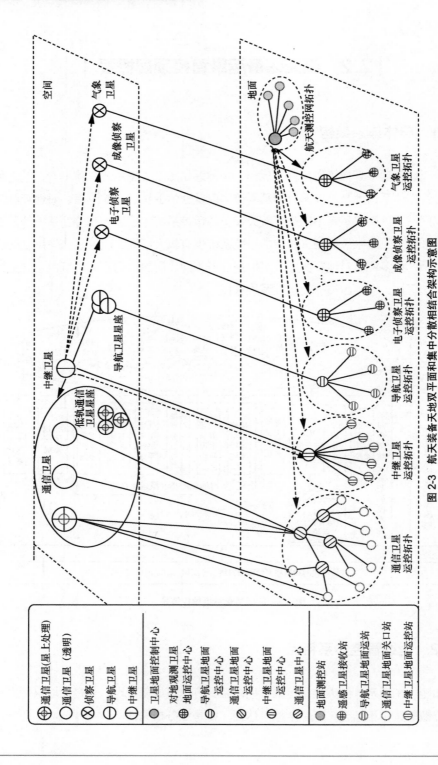

图 2-3 航天装备天地双平面和集中分散相结合架构示意图

（1）天地双平面

天地双平面是指天基测控网和地基测控网互相补充，地面中心站用户接入处理和星上用户接入处理相结合。天基平面一方面依托中继卫星对低轨航天器进行测控；另一方面，针对具有星上再生处理能力的卫星节点，星上处理载荷可有效实施对用户终端所构成通信网络的管控。地基平面主要有两类支撑能力，一是共用的航天测控网，各类航天器发射段共用该航天测控网，在长期管理过程中，航天测控网也可以对卫星平台、载荷进行监视控制；二是不同类型航天装备各自独具特色的运控能力，天基传输类航天装备运控系统主要对通信网络和转发器资源进行管控，天基时空基准类航天装备运控系统主要对导航信号、载荷等进行管控，对地观测类航天装备运控系统主要对不同传感器载荷进行控制。地基平面由于受布站限制，难以实现全球可达，天基平面用于拓展覆盖范围。图 2-3 很好地展现了天地双平面的架构。

（2）分散与集中相结合

对卫星平台控制而言，一级中心为国家级卫星地面控制中心，二级中心为各类卫星主管部门或执勤部门的运控中心。载荷管控以各用户主管部门或执勤部门的运控中心为主，一级地面卫星管控中心在必要时可以接管。对于通信卫星而言，各运营商设置一级运控中心，各用户专网设置独立的管控中心。如图 2-3 所示，地基平面体现了集中和分散相结合的特征。

（3）全球可达性

航天装备运控体系一方面依靠地基测控网尽可能全球部署，另一方面通过中继卫星实现全球范围拓展补充。以美国为例，其航天测控网包括美国国家航空航天局（NASA）地基测控网、天基测控网以及空军管辖地基测控网。NASA 地基测控网分布在全球 7 个区域，分别是挪威、佛罗里达州、阿拉斯加州、弗吉尼亚州沃洛普斯岛、戈达德航天中心（网络集成中心）、新墨西哥州（数据服务管理中心）、白沙导弹靶场（甚高频系统），也租用商业航天测控站网站（澳大利亚、夏威夷等地）；空军管辖地基测控网在全球 8 个地方设立跟踪站，位于科罗拉多州法尔肯空军基地、印度洋迭戈·加西亚岛、格林兰图勒等地，每个站与卫星之间形成天地回路，可以看出美国具有大量的全球测控站网资源。我国地基测控站网采用以国内为主、境外辅助，以固定为主、机动辅助的方式，保障航天测控任务。我国中继卫星系统快速发展，有效提高了航天器覆盖率，解决了跟踪测控和数据回传问题。

（4）业务相关性

天基测控网和地基测控网是所有航天器（卫星）发射均需要的测控网络。但是，卫星在轨后的管控与卫星业务密切相关，不同功能卫星的管控功能具有较大差异。以对地观测类卫星和通信卫星为例进行简单对比如下。

对地观测类卫星多数为低轨卫星，需要根据观测地点、观测时间、观测天气等情况，并结合卫星重放周期，进行任务规划，地面接收（具有测控功能）资源需要协调调度，同时需要按照任务要求对卫星载荷（传感器）进行调整。

通信卫星按轨道可分为高轨、中轨、低轨卫星。高轨卫星轨道位置稳定，在轨后对平台测控压力小，长期管理测控主要是业务测控。而通信卫星一般要保障全天时、全天候通信，因此，不允许对载荷经常调整，以免影响使用卫星载荷的卫星通信网络性能。一般透明转发器可以调整的参数为增益，在转发器提供给用户使用时，就设置为最优状态。因此，对于卫星通信系统的运控，实施控制的是网络中心节点。

## | 2.3  天基、地基测控网 |

### 2.3.1  天地一体融合关系

天基测控网和地基测控网均是航天器发射测控和长期管理测控的重要资源，是航天测控基础设施。卫星管控中心可统筹天基、地基测控资源，以提高利用效率。使用天基测控资源时，需要在中继卫星管控中心控制下，通过中继卫星和地面终端站对航天器进行测控和数据传输；天基测控网管控中心可以通过地面网络与卫星管控中心交互信息，天基测控网也可独立执行任务；卫星管控中心与地基测控网资源调度中心、地面测控数据传输站协同完成地基测控网承担的测控任务，如图2-4所示。

图2-4  天基、地基测控网融合一体关系示意图

## 2.3.2　地基测控网

地基测控网对支撑航天系统正常发射和运行不可缺少，是国家共用测控基础设施，因此，在此做简单介绍。

地基测控网主要由测控站、卫星管控中心、站网资源调度中心、指控中心、地面传输链路、卫星传输链路等组成，如图 2-5 所示。测控站由部署于境内/外固定站、机动站、移动站组成，测控站部署地域越广泛，覆盖率越高；卫星管控中心、站网资源调度中心和指控中心按需部署于相关业务主管部门。各站点和中心通过地面网络和卫星通信网络实现互联，地基测控网也连接不同功能的卫星运控中心，便于协同、备份或者信息共享。

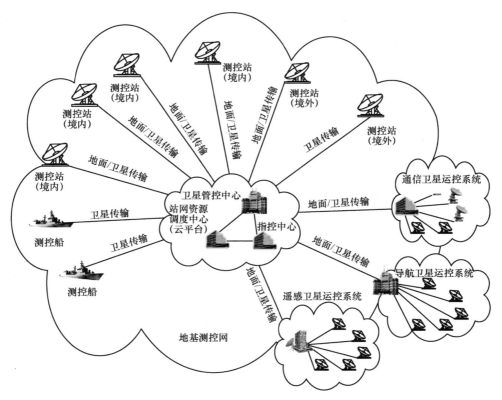

图 2-5　地基测控网示意图

### 2.3.3　天基测控网

　　天基测控网主要依托跟踪与数据中继卫星系统（简称中继卫星系统），实现对目标航天器测控。中继卫星系统典型组成如图 2-6 所示，包括卫星系统和地面系统。卫星系统包括对用户航天器载荷和对地面终端站载荷等；地面系统包括地面终端站、遥测单收站、测距转发站、星间波束标校站、在轨测试分系统、通信分系统、管理控制中心等。

　　地面终端站集卫星测控和数据中继于一体，完成数据传输任务，对中继卫星进行日常测控，配合完成卫星在轨测试和模拟测试。遥测单收站完成遥测数据接收、解调、发送和记录工作。测距转发站主要完成中继卫星转发的测距信号接收、处理和转发，与地面终端站配合实现对中继卫星的多站距离测量。星间波束标校站主要产生星间链路天线指向标定和自动跟踪控制回路校相所需的标校信号。在轨测试分系统通常配置在轨测试及入网验证相关支撑系统，用于配合在轨测试和用户入网指标一致性和匹配性验证。通信分系统负责按需连接中心、站和用户。管理控制中心负责中继卫星在轨长期管理控制，包括对卫星平台和载荷的管理控制，还负责对地面站设备的远程监控，负责业务协调、工作计划及业务运行控制。

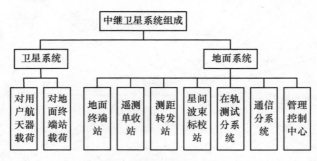

图 2-6　中继卫星系统典型组成

　　天基测控网原理示意图如图 2-7 所示，空间段由多颗卫星组成，卫星配置 S/Ka/Ku 频段单目标或者多目标跟踪天线（或相控阵天线）用于跟踪目标航天器，配置对地面终端站链路天线，用户航天器、卫星、地面终端站在管理控制中心的控制下，基于任务规划，实现目标航天器测控和数据信息回传。星间波束标校站、测距转发站等均为系统良好运行和任务执行提供相关支撑。

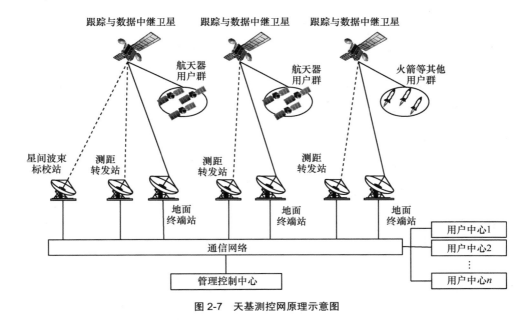

图 2-7　天基测控网原理示意图

## | 2.4　不同航天装备的运维管控系统概要 |

### 2.4.1　通信、遥感、导航运维管控系统的相同点

1. "中心+站" 的组成架构相同

无论是通信卫星，还是中继卫星、遥感卫星、导航卫星，其运维管控（下文简称 "运控"）系统均由地面站和运控中心组成。各类卫星运控系统均具有业务测控功能、载荷管理功能，这些功能必须通过地面站才能实施。不同航天装备的运控系统功能体系如图 2-8 所示，可以发现，通信卫星运控系统涉及的地面站级别多、数量多。

2. 中心的功能体系类似

如图 2-8 所示，可以看出各类航天装备的运控中心均具有任务管理和规划、载荷管理、标校、推演评估、地面站管理等功能，但是卫星类型不同，则管理内容和管理对象有很大差异。

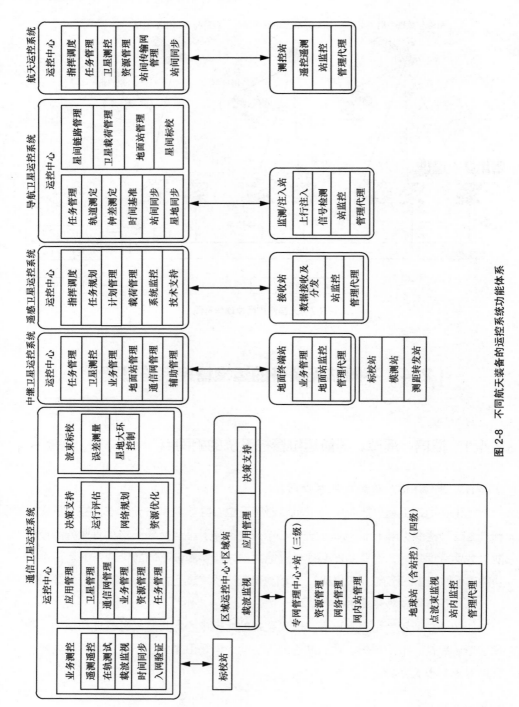

图 2-8 不同航天装备的运控系统功能体系

### 3. 中心的软件架构可以相同

各运控系统软件可以采用"平台+插件"架构,尤其是目前应用广泛的云平台架构。从体系架构看,各运控系统软件均可以分为基础设施即服务( Infrastructure as a Service, IaaS )、平台即服务( Platform as a Service, PaaS )、软件即服务( Software as a Service, SaaS )、云端应用以及综合运维和云安全等。

## 2.4.2　通信、遥感、导航运维管控系统的不同点

### 1. 通信卫星运控系统特点

通信卫星是天基传输网络的最主要代表,通信卫星运控系统是天基传输网络运控的典型代表,与其他系统的不同主要在于以下几个方面。

第一,以网络管控为主,管理地面终端数大。表 2-1 给出了通信卫星运控系统管理的规模举例。通信卫星运控系统管理的主要对象是以数百万计的网络用户。

表 2-1　通信卫星运控系统管理的规模举例

| 系统类型 | TDMA VSAT | FDMA VSAT | DVB/SX-RCS | 高通量 | 高轨移动 |
|---|---|---|---|---|---|
| 被管网络用户规模 | 几十至几百 | 几十至几千 | 几万至几十万 | 几百万 | 几十万至几百万 |

第二,直接控制卫星参数,间接控制卫星资源。对于通信卫星的频率、功率资源,不需要对卫星进行直接控制,通过控制地面站的频率和发送功率等实现;对卫星转发器增益、波束位置调整的参数才需要直接控制,这些参数绝大多数是保持不变的。表 2-2 给出了卫星资源和卫星参数的直接控制对象举例。

表 2-2　卫星资源和卫星参数的直接控制对象举例

| 卫星资源 | 功率占用 | 频率占用 |
|---|---|---|
| 直接控制对象 | 地球站发射功率 | 地球站发射频率 |
| **卫星参数** | **转发器增益** | **波束位置** |
| 直接控制对象 | 卫星转发器增益 | 卫星转发器波束指向 |

第三,以全天候、不间断自动控制为主。要保障各类用户随时通信,而业务量、在网用户数、呼叫次数处于动态变化中,因此通信卫星运控系统以自动化、不间断、用户无感模式为主,只有在网络初始创建、更换网络所使用的卫星、进行波束位置调整或者转发器增益调整等特殊情况下,才会进行人工干预或者规划。一般网控中

心对用户的呼叫处理能力在每秒数千次以上。

第四，载荷控制简单，地面应用系统网络控制复杂。多数卫星转发器载荷为透明或者铰链模式，在这种情况下，应用网络的控制流程、技术体制等与卫星没有直接关系，控制是地球站和网控中心之间的交互，最终地球站实际频率和功率设置决定了对卫星资源的占用情况。

必要时通过业务测控、星地测控通道，对载荷参数进行调整控制。星上处理卫星的部分网络控制功能在星上实现，但是全功能集的网络控制依然位于地面中心站。

### 2. 遥感卫星运控系统特点

第一，以卫星载荷控制为主，控制算法与载荷类型密切相关。如图 2-9 所示，遥感卫星的运控系统首先需要获得用户的需求，进行业务管理处理，将需求整理成任务订单，进行任务规划和计划编制，生成任务规划方案各类计划，任务规划方案各类计划经过仿真检验后，用于对载荷进行控制。针对不同遥感卫星，卫星计划编制体现个性化，比如对侦察卫星而言，需要对传感器单个动作、动作间隔、相机开关组合、记录速度、数据压缩比、回放时间等进行设计和仿真验证。

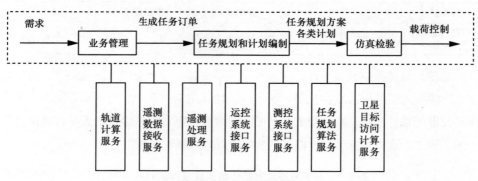

图 2-9　遥感卫星运控系统功能举例

第二，被管站网规模小，侧重站资源调度。遥感卫星的站网管理功能主要依据卫星任务计划、卫星过顶时间与接收站的关系，向接收站发送跟踪接收计划，接收站按照计划规定的时间启动本站跟踪接收。同时，站网管理功能也对每个接收站设备状态进行检测，确保及时发现问题并提供告警指示。

第三，测运控一体，多站多星一中心。遥感卫星多数为低轨卫星，其运控系统接收站与测控网功能配置相近，可以实现接收站与测控站的一体化集成，使得接收站具有测控功能、测控站具有数据接收功能。针对不同类型卫星任务，可以统一使用测运控一体化站，提高站网服务效率。可以实现一个中心对多种卫星统一运控，采用分布和集中相结合的运控中心部署方式，即一个中心集中管控多星多站，同时设置分中心，对其所辖业务卫星进行运控。

### 3. 导航卫星运控系统特点

第一，侧重电文参数管理和时间基准维持。导航卫星运控系统除了管理卫星星座，还需要对导航所需的卫星星历和钟差等导航电文参数进行预报、更新。同时建立导航系统的时间基准、维持全系统时间和坐标基准的统一。导航卫星配置注入站，注入站负责完成对卫星位置、钟差、完好性状态、空间路径传播误差修正模型等导航电文参数的注入，提供导航服务所需的各类业务信息。

第二，注重对导航信号质量的检测。导航卫星运控系统配置一系列监测站，监测站是导航卫星的观测数据采集与监测单元，主要采集卫星的多频伪距、相位和多普勒数据，用于卫星位置和钟差测定、电离层模型参数处理以及完好性信息处理等。

## | 2.5 天基传输网络运维管控 |

## 2.5.1 天基传输网络运维管控场景分类

天基传输网络运控系统针对不同的场景，其功能要求和复杂度不同，大致可以分为国家级、运营商级、用户专网级 3 类，如图 2-10 所示。一般来讲，国家级运控系统综合性最强，运营商级运控系统可分为卫星和网络资源一体化运营类和透明转发器资源运营类。卫星和网络资源一体化运营类目前主要有高轨移动、高轨高通量、低轨星座等系统，有一定综合性；而透明转发器资源运营类重点关注卫星和卫星转发器可靠性问题。用户专网级运控系统专注网络管理和控制，具体的技术与体制相关。

由于卫星通信产业在整个航天产业中占比最高，其运营商最多。有代表性的运营商有 Intelsat、SES、Eutelsat、Inmarsat、Iridium、Thuraya、Globalstar、ORBCOMM、中国卫通等。多数运营商针对一类业务和特定的卫星进行运营。Intelsat 是全球最大的固定卫星业务（宽带卫星业务）运营商，运营范围包括传统透明转发器卫星、高通量卫星、星上处理卫星，因此，其运控系统要求综合性比较强。Inmarsat 是全球最大的移动卫星通信系统运营商，提供卫星和网络资源一体化运营服务。

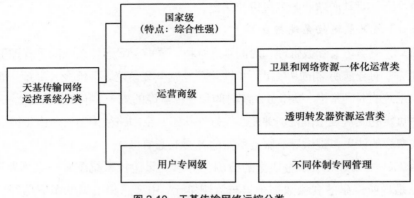

图 2-10　天基传输网络运控分类

## 2.5.2　综合运维管控系统框架

综合运维管控系统功能最全，最复杂，其他运控系统、网管网控系统可以由此派生，因此，本节给出综合运维管控系统框架。

### 1. 基本组成

如图 2-11 所示，天基传输网络综合运维管控系统基本组成主要包括测控站网、关口站网、标校站及模拟测试站网，以及卫星管控中心、通信业务检测中心、网络管理控制中心（简称"网控中心"）、需求统筹与决策支持中心、入网验证及在轨测试等服务支撑中心、一体化运营中心组成。

### 2. 综合运维管控系统主要功能

天基传输网络综合运维管控系统主要功能如图 2-12 所示。

（1）需求统筹与决策支持

前面提到天基传输网络的常态化运行以自动化为主，但是不代表不需要需求统筹。需求统筹通常是统计用户网络创建、资源划分、波束调整、转发器参数调整等任务，根据资源使用情况给出资源划分方案，根据机动性覆盖需求给出波束调整方案，根据地球站大小给出转发器增益档设置方案。决策支持相当于专家系统，可以基于业务及互通关系给用户提供技术体制选用决策支持，根据链路预算情况、气象信息情况给出链路调整策略。同时，也可以给出基于任务的网络运行评估结果。

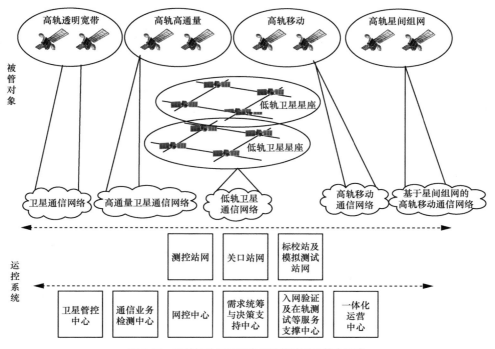

**图 2-11　天基传输网络综合运维管控系统基本组成**

（2）多星测控及卫星管控

主要由测控站网和卫星管控中心实现，具有数据接收发送、遥测数据处理、卫星状态监视、轨道控制计算、姿态控制计算、遥控指令处理、测控计划管理、卫星健康管理以及站资源调度等功能，基于各项子功能可以实现对卫星的遥测、遥控和定轨等。

（3）通信业务检测及频谱监测

通信业务检测对电视直播业务十分关键，必须实时检测相关直播信号、画面质量，确保卫星电视广播效果。由于高轨透明转发器卫星覆盖范围大，易有非恶意干扰（或者恶意干扰），因此需要配置载波监视设备，实时监测整个卫星转发器频谱，发现非合作方频谱，及时采取措施驱离或者进行干扰、排查定位。

（4）网络管控

军事等特殊领域由于具有不同体制互联互通、多种体制站型集成等特殊需求，天基传输网络的网络综合运行情况需要接入上级通信网络或者指挥体系，因此需要配置综合网管系统，综合网管系统依托各不同体制的网管网控系统进行综合。商业

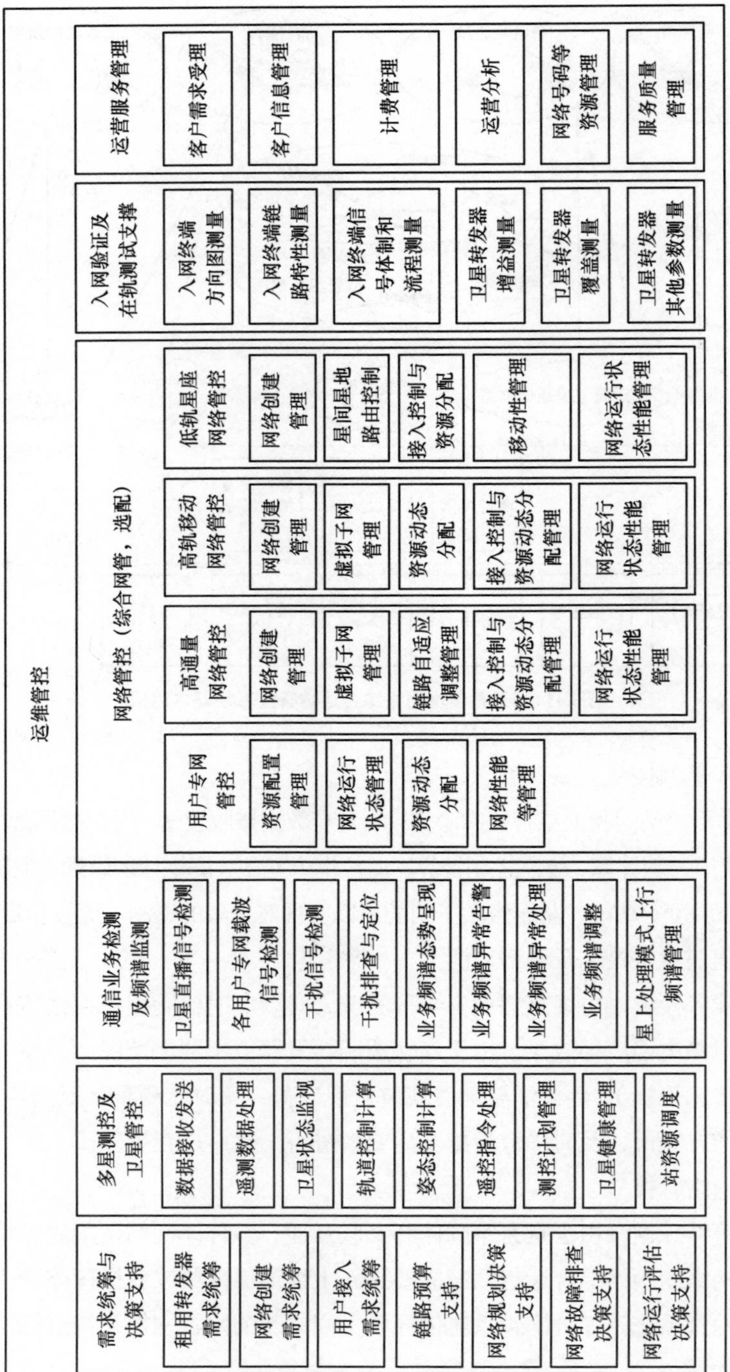

图 2-12　天基传输网络综合运维管控系统主要功能

运维管控

**运营服务管理**
客户需求受理
客户信息管理
计费管理
运营分析
网络号码等资源管理
服务质量管理

**入网验证及在轨测试支撑**
入网终端方向图测量
入网终端链路特性测量
入网信号体制和流程测量
卫星转发器增益测量
卫星转发器覆盖测量
卫星转发器其他参数测量

**网络管控（综合网管，选配）**

低轨星座网络管控
网络创建管理
星间星地路由控制
接入控制与资源分配
移动性管理
网络运行状态性能管理

高轨移动网络管控
网络创建管理
虚拟子网管理
资源动态分配
接入控制与资源动态配置管理
网络运行状态性能管理

高通量网络管控
网络创建管理
虚拟子网管理
链路自适应调整管理
接入控制与资源动态分配管理
网络运行状态性能管理

用户专网管控
资源配置管理
网络运行状态管理
资源动态分配
网络性能等管理

**通信业务检测及频谱监测**
卫星直播信号检测
各用户专网载波信号检测
干扰信号检测
干扰排查与定位
业务频谱态势呈现
业务频谱异常告警
业务频谱异常处理
业务频谱调整
星上处理模式上行频谱管理

**多星测控及卫星管控**
数据接收发送
遥测数据处理
卫星状态监视
轨道控制计算
姿态控制计算
遥控指令处理
测控计划管理
卫星健康管理
站资源调度

**需求统筹与决策支持**
租用转发器需求统筹
网络创建需求统筹
用户接入需求统筹
链路预算支持
网络规划决策支持
网络故障排查决策支持
网络运行评估决策支持

卫星公司通常不需要设置综合网管系统，各体制的网管网控系统不能脱离系统体制特点，一般随系统配置。运营商允许或者鼓励多厂商系统并行运行，为用户带来更多便利和更多选择。网管网控系统是通信卫星运控系统的核心，是网络的控制大脑，是全天候不间断自动化运行的部分。

（5）入网验证及在轨测试支撑

入网验证是指验证地球站使用卫星的合法性，主要验证功率谱密度、天线旁瓣、射频通道技术体制等是否符合卫星使用要求。一方面确保地球站使用卫星转发器后不影响其他卫星使用者，另一方面确保终端经过入网测试后，本身可以在网内正常工作。在轨测试主要是指卫星发射后用户对卫星相关指标的测试，测试卫星是否能够发射接收卫星信号，并测量卫星发射的信号。

（6）运营服务管理

主要包括客户需求受理、客户信息管理、计费管理、运营分析、网络号码等资源管理、服务质量（Quality of Service，QoS）管理等，全面支撑系统运营保障。

# 第 3 章

# 互联网、计算机网络与
# 地面移动通信网络的运维管控

通信网络目前已经形成包含计算机网络、地面移动通信网络、天地一体化的天基传输网络等多形式网络互相连接的天地一体的互联网体系。通信网络的运维管控技术首先产生、应用于计算机网络的管理，并很快在地面移动通信网络、天地一体化的天基传输网络的管理中得到广泛应用，目前仍在不断发展和演进中。本章首先简单介绍计算机网络、移动通信网络、天地一体化的天基传输网络等多种网络互联结构及互联网的管理，然后阐述计算机网络、地面移动通信网络的运维管控技术，最后说明天地一体化的天基传输网络与计算机网络、地面移动通信网络在运维管控方面的共性与区别，作为后续章节详述天地一体化的天基传输网络运维管控技术的铺垫。

# | 3.1  互联网的管理 |

## 3.1.1  互联网的构成现状

现代数据通信网络是从计算机网络的出现开始迅速发展的。目前，计算机网络、地面移动通信网络和天地一体化的天基传输网络等各类通信网络一般以互联网协议（Internet Protocol，IP）网络形式向大众用户提供数据服务，并接入国际互联网，形成融合了计算机网络、地面移动通信网络和天地一体化的天基传输网络的天地一体的、覆盖全球的、整体性的国际互联网。这种互联在一起的面向大众用户提供数据通信的网络，我们通常称之为公用数据通信网（简称公网）。此外，很多部门存在自己的计算机专用网络（地面专网）、移动通信专用网络（移动专网）、卫星通信专用网络（卫星专网）等，如公安地面通信专网、公安卫星通信专网、公安移动警务专网、军用卫星通信专网、应急卫星通信专网、军用光纤通信专网、电力通信专网、铁路通信专网、民航通信专网等。

多种通信网络技术独立发展，又相互不断融合，通过互联网连接成一个天地一体的整体的互联网公网，从多种通信方式角度来看，互联网的构成如图 3-1 所示，由多种形式通信网络构成的互联网存在多个层次的管理分工，互联网层级管理的主要职责是保证各个网络之间的互联互通和信息共享。

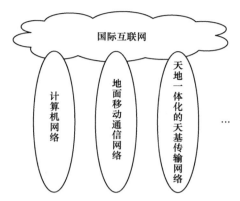

图 3-1　包含多种形式通信网络的互联网构成示意图

## 3.1.2　互联网的管理控制

基于各种现代通信技术构建的众多网络之间互相连接成的庞大网络，形成了现在的互联网络，即互联网，是世界上最大的计算机网络。当前的互联网结构可以描述为多层次互联网服务提供商（Internet Service Provider，ISP）结构。如图 3-2 所示，每个本地 ISP 都安装了路由器连接某个地区 ISP，而每个地区 ISP 也有路由器连接主干 ISP，在这些相互连接的 ISP 的共同合作下，就可以完成互联网中所有的数据分组转发任务。一般 ISP 都拥有自己的通信线路，并且拥有许多从互联网管理机构申请得到的 IP 地址，用户计算机若要接入互联网，必须获得 ISP 分配的 IP 地址。中国三大网络运营商（中国电信集团有限公司、中国移动通信集团有限公司、中国联合网络通信集团有限公司）是一级 ISP，提供 IP 网络接入互联网的服务。中国电信集团有限公司运营 ChinaNet，中国移动通信集团有限公司运营 CMNET，中国联合网络通信集团有限公司运营 UNINet。

互联网管理主要包括两个方面，一方面是 IP 地址及域名的分配与管理，另一方面是对互联网信息内容的管理。IP 地址及域名的分配与管理是为了支持网络与网络之间的互联互通；对信息内容的管理是由于互联的网络属于不同的国家/地区，出于国家利益、安全的需要，需要对某个地理区域的互联网进行管理。

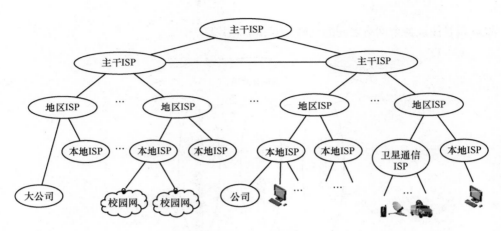

图 3-2　基于 ISP 的互联网多层结构

（1）IP 地址的分配与管理

IP 地址的分配与管理是互联网管理的主要内容之一。互联网 IP 地址分配机构分为 3 级：互联网编号分配机构（Internet Assigned Numbers Authority，IANA）、地区性互联网注册机构（Regional Internet Registry，RIR）和本地互联网注册机构（Internet Registry，IR）。IANA 是负责对全球互联网 IP 地址进行编号分配的机构。RIR 负责地区内号码登记注册服务、域名注册服务、自治系统号（Autonomous System Number，ASN）的分配和管理。全球共有五大 RIR：美国互联网编号注册局（American Registry for Internet Numbers，ARIN）、欧洲 IP 网络资源协调中心（Réseaux IP Européens Network Coordination Center，RIPE NCC）、亚太互联网信息中心（Asia-Pacific Network Information Center，APNIC）、拉丁美洲和加勒比地区互联网地址注册管理机构（Lation American and Caribbean Internet Address Registry，LACNIC）和非洲互联网信息中心（African Network Information Center，AFRINIC）。本地 IR 从 RIR 获得 IP 地址空间。本地 IR 一般是以国家为单位设立的（称为国家 IR（National Internet Registry，NIR）），它为本国的 ISP 和用户向地区级的 IR 申请 IP 地址。

目前，全球 IPv4 地址均已耗尽，互联网正在从 IPv4 向 IPv6 演进。在全球 IPv4 地址耗尽后，新的互联网用户入网将只能获得 IPv6 地址。

（2）域名的分配与管理

域名解析协议是互联网核心协议之一，互联网通过域名系统（Domain Name

System，DNS）进行域名到 IP 地址的翻译。在互联网中，域名系统采用分级的体系结构，由根域名、顶级域名、二级域名、三级域名、四级域名等多层级组成，如图 3-3 所示。

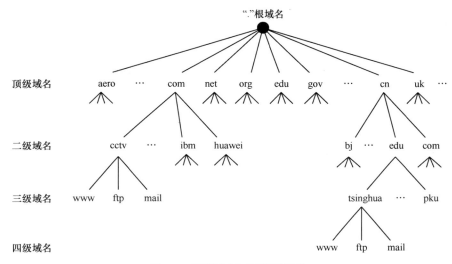

图 3-3　互联网域名体系层级结构

　　层级式域名解析体系的第一层是根服务器，负责管理世界各国的域名信息；在根服务器下面是顶级域名服务器，即相关国家域名管理机构的服务器，如中国互联网络信息中心（China Internet Network Information Center，CNNIC）；然后是再下一级的域名服务器和 ISP 的缓存服务器。一个域名必须首先经过根服务器的解析后，才能转到顶级域名服务器进行解析。在互联网 IPv4 时代，美国通过控制所有 IPv4 根服务器控制了整个互联网，对其他国家的网络安全构成了潜在的重大威胁。互联网发展到 IPv6 时代，2016 年，在全球 16 个国家完成了 25 台 IPv6 根服务器架设，美国控制整个互联网的情况得到了改变。中国部署了其中的 4 台 IPv6 根服务器，打破了中国过去没有根服务器的困境。

　　（3）中国互联网信息内容管理
　　世界各国对互联网信息内容的管理大多以法律手段、行政手段、道德手段、技术手段为主要管理手段，其中尤以行政手段、法律手段、技术手段最为有效。
　　中国对互联网信息内容的管理由法律、行政法规和部门规章组成的三层级规范体系保证。中国政府和行业部门发布了一系列互联网法律、法规，如《互联网信息服务管理办法》《信息网络传播权保护条例》《中国互联网络域名管理办法》《互联网 IP 地址备案管理办法》《互联网著作权行政保护办法》等。互联网信息内容管理的技术手段主要针对互联网中的有害信息，大多是通过设置防火墙、安装过滤软件、实施内容监控等手段实现的。我国采取的技术手段主要是身份认证、阻止进入、过滤 3 种。

# |3.2   计算机网络的运维管控|

## 3.2.1   网络管理控制拓扑与信道

计算机网络是以资源共享和信息交换为目的、通过通信手段将两台以上的计算机互联而形成的一个计算机系统。计算机网络由终端计算机、交换机、集线器、路由器等设备组成，网络设备是组成计算机网络的基本元素，简称网元（Net Element，NE）。

（1）网络管理控制拓扑

计算机网络的管理控制拓扑一般根据网络的大小、地域等因素设计，主要是多级分布的集中式管理控制拓扑，如图 3-4 所示。对局域网、城域网等本地网络一般采用集中式管理控制拓扑，对广域网、互联网等大地域分布网络则采用多级分布式管理控制拓扑。通常，计算机网络管理系统侧重于对网络的管理，而控制层面功能则由网络设备间的分布式网络协议完成。

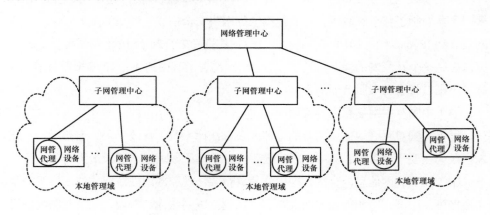

图 3-4　多级分布的集中式管理控制拓扑

（2）网络管理控制信道

指计算机网络管理控制信令传输与业务信息传输共享信道。

网络设备采用分布式交换网络控制信令来建立和维护数据传输通道。网络控制信令的交换功能主要由网络控制协议实现，如地址解析协议（Address Resolution Protocol，ARP）、各种路由协议（路由信息协议（Routing Information Protocol，RIP）、边界网关协议（Border Gateway Protocol，BGP）等）。网元之间的数据传输通道承载用户业务信息，也承载网络管理系统的管理信息。

## 3.2.2　网络管理控制对象

计算机网络管理系统的管理控制对象包括硬件设备、网络、软件等，如图 3-5 所示。硬件设备通过网络总线连接，被管理的硬件设备主要有服务器、工作站、交换机、网络连接设备（如 VPN 服务器等）、路由器和防火墙等。被管理的网络对象主要包括网络拓扑和网络性能（如丢包率、误比特率等）。被管理的软件对象包括系统软件（操作系统软件、数据库软件等）和应用软件。

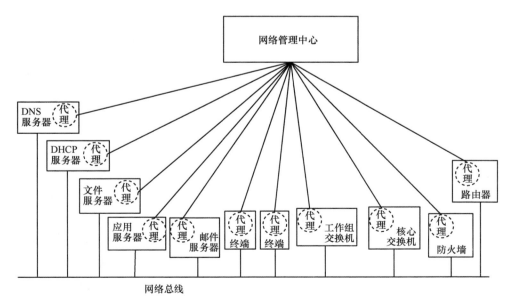

图 3-5　计算机网络管理系统的管理控制对象

### 3.2.3　网络管理控制功能

计算机网络管理控制功能包含管理和控制两方面功能，如图 3-6 所示。

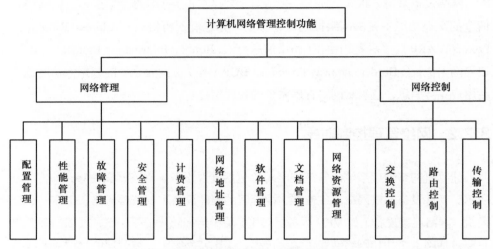

图 3-6　计算机网络管理控制功能组成

（1）网络管理功能

计算机网络的网络管理功能包括常规的配置管理、性能管理、故障管理、安全管理和计费管理五大功能，还包括网络地址管理、软件管理、文档管理和网络资源管理等功能。

配置管理自动发现网络拓扑结构，构造和维护网络系统的配置，包括监测被管理对象的状态、完成网络关键设备配置的语法检查、自动生成和自动配置备份系统、对配置的一致性进行严格的检查等。

性能管理对被管理对象的行为和通信活动的有效性进行管理，主要包括性能检测和网络控制。性能检测是对网络工作状态信息的收集及整理，网络控制是用于改善网络设备性能而采取的动作及操作。性能管理的主要对象包括线路和路由器，管理的主要性能参数包括流量、时延、丢包率、CPU 利用率、温度、内存余量等。

故障管理包括故障监测、报警、故障信息管理、故障分析等，通过过滤、归并网络事件有效地发现、定位网络故障，给出排错建议与排错工具，形成整套的故障发现、报警与处理机制。

安全管理包括对网络管理系统本身安全以及被管理对象安全的管理。综合使用用户认证、访问控制、数据传输、存储的保密与完整性机制，保障网络管理系统本身的安全。维护系统日志使系统的使用和网络对象的修改有据可查，控制对网络资源的访问。

计费管理用来对网络用户进行流量计算、费用核算和费用收取。通过对网际互联设备按 IP 地址的双向流量的统计，产生多种信息统计报告及流量对比，用户依据通信流量报告实施网络计费。

网络地址管理用于为终端分配网络地址。每一种网络协议都有自己的寻址机制，以 TCP/IP 中的 IP 地址为例，媒体存取控制（Media Access Control，MAC）地址的查找方式有两种：引导协议（Boot Strap Protocol，BOOTP）和动态主机配置协议（Dynamic Host Configuration Protocol，DHCP）。

软件管理主要包括软件计量、软件分布、软件核查等。

文档管理主要针对硬件配置文档、软件配置文档和网络连接拓扑结构图等进行管理。硬件配置文档包含 CMOS 配置、跳线设置、驱动程序设置、内存映像、已安装类型和版本等内容。软件配置文档主要包括应用程序和用户文件的目录结构、应用程序序列号、软件许可证和购买证明、系统启动和配置文件等内容。网络连接拓扑结构图详细描绘网络设备的名称、规格、型号、位置、连接线缆的规格、型号及连接方式。

网络资源管理指的是对网络设备、设施以及网络操作、维护和管理人员进行登记、维护和查阅等一系列管理工作，通常以设备记录和人员登记表的形式对网络的物理资源和员工实施管理。

（2）网络控制功能

计算机网络的网络控制功能包括交换控制、路由控制、传输控制等功能，分别对数据链路层、网络层、传输层和网络安全进行控制管理。网络控制功能一般由网络设备基于各层网络控制协议完成，数据链路层协议有高级数据链路控制（High Level Data Link Control，HDLC）协议、点对点协议（Point to Point Protocol，PPP）、IEEE 802 系列协议、帧中继（Frame Relay，FR）协议、异步传输模式（Asynchronous Transfer Mode，ATM）协议等，网络层协议有 ARP、RIP、互联网控制报文协议（Internet Control Message Protocol，ICMP）、互联网组管理协议（Internet Group Management Protocol，IGMP）、BGP 等，传输层协议有用户数据报协议（User Datagram Protocol，

UDP）、传输控制协议（Transmission Control Protocol，TCP）等。网络安全控制一般由网络防火墙基于过滤策略实现。

## 3.2.4 网络管理控制协议

简单网络管理协议（Simple Network Management Protocol，SNMP）是计算机网络及互联网管理中最常见的协议。SNMP 是一种简单的 SNMP 管理进程和 SNMP 代理进程之间的请求应答协议。SNMP 框架主要由管理信息库（Management Information Base，MIB）、管理信息结构（Structure of Management Information，SMI）和 SNMP 报文 3 个部分组成。SMI 是 SNMP 的描述方法，主要包括对象标识、对象信息描述和对象信息编码 3 个方面。被管理对象的标识采用层次型的对象命名规则，网络中所有的被管理对象和服务组成一棵命名树，即 MIB。被管理对象信息采用 ASN.1 的子集进行描述，被管理对象信息的编码通常采用基本编码规则（Basic Encoding Rule，BER）进行字符串编码。

MIB 是被管理对象的集合，它提供了一个管理站的基础。每个 SNMP 设备（内嵌代理）都有自己的 MIB，是 SNMP 管理者和代理之间的沟通桥梁。MIB 是一种分级树的结构，如图 3-7 所示，一个特定对象的标识符可通过由根节点到该对象的路径获得。

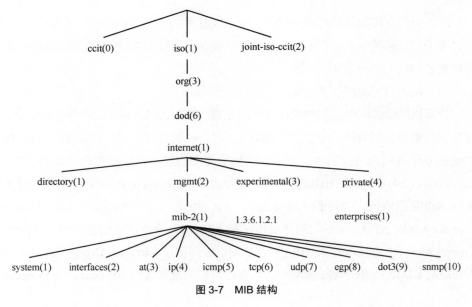

图 3-7　MIB 结构

SNMP 报文是网络中传输的数据分组,即 SNMP 的协议数据单元(Protocol Data Unit,PDU)。SNMP 经历了 SNMPv1、SNMPv2 和 SNMPv3 共 3 个版本的发展。

(1)SNMPv1

SNMPv1 是 SNMP 的最初版本,提供最小限度的网络管理功能。SNMPv1 规定了 5 种 PDU,用来管理进程和代理之间的交换。

Get-Request 操作:从代理进程处提取一个或多个参数值。

GetNext-Request 操作:从代理进程处提取紧跟当前参数值的下一个参数值。

Set-Request 操作:设置代理进程的一个或多个参数值。

Get-Response 操作:返回一个或多个参数值。这个操作是由代理进程发出的,它是前面 3 种操作的响应操作。

Trap 操作:代理进程主动发出的报文,通知管理进程有某些事情发生。

SNMPv1 报文格式如图 3-8 所示。一个 SNMPv1 报文共由 3 个部分组成,即公共 SNMP 首部、Get/Set 首部或 Trap 首部、变量绑定。

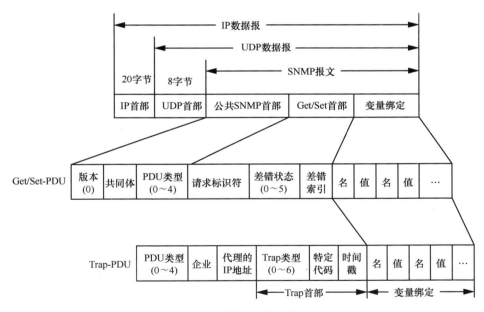

图 3-8　SNMPv1 报文格式

(2)SNMPv2

SNMPv1 的 MIB 和 SMI 都比较简单,且存在较多安全缺陷。SNMPv2 在兼容

SNMPv1 的同时又扩充了 SNMPv1 的功能。SNMPv2 在 SNMPv1 的基础上新增了 GetBulk 操作报文和 Inform 操作报文。SNMPv2 报文格式如图 3-9 所示。

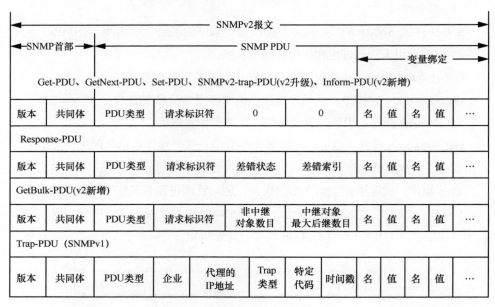

图 3-9　SNMPv2 报文格式

（3）SNMPv3

SNMPv3 主要在安全性方面进行了增强，它采用了基于用户的安全模型（User-Based Security Model，USM）和基于视图的访问控制模型（View-Based Access Control Model，VACM）技术。USM 提供了认证和加密功能，VACM 确定用户是否允许访问特定的 MIB 对象以及访问方式。SNMPv3 定义了一种新的报文格式，包含了许多 SNMPv2 PDU 没有的内容，SNMPv3 报文格式如图 3-10 所示。

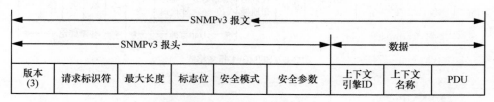

图 3-10　SNMPv3 报文格式

（4）SNMPv1、SNMPv2 和 SNMPv3 比较

SNMP 的 3 个版本比较见表 3-1。

表 3-1 SNMPv1、SNMPv2 和 SNMPv3 比较

| 接口类型 | SNMPv1 | SNMPv2c | SNMPv3 |
|---|---|---|---|
| 支持的 PDU | 5 种：<br>Get-Request<br>GetNext-Request<br>Get-Response<br>Set-Request<br>Trap | 8 种：<br>Get-Request<br>GetNext-Request<br>Response<br>Set-Request<br>GetBulk-Request<br>Inform-Request<br>Trap<br>Report | 8 种：<br>Get-Request<br>GetNext-Request<br>Response<br>Set-Request<br>GetBulk-Request<br>Inform-Request<br>Trap<br>Report |
| 安全性 | 使用明文传输的团体名进行安全机制管理，安全性低 | 使用明文传输的团体名进行安全机制管理，安全性低 | USM（认证和加密），VACM，安全性很高 |
| 复杂性 | 简单，使用广泛 | 简单，使用广泛 | 开销大，比较烦琐 |

在实际中，SNMPv1 和 SNMPv2 被广泛应用，但是由于这些协议的不安全特性，通常采用只读访问。SNMPv3 在实际中应用不多，一般在需要附加安全特性时才被采用。

## 3.2.5 网络管理控制流程

计算机网络管理控制流程主要体现为 SNMP 的工作流程，即协议报文（采用 PDU 封装）在管理进程和代理进程之间的交互流程。以 SNMPv1 为例，其 5 种报文消息中 Get-Request、GetNext-Request 和 Set-Request 是由网管中心发送到网管代理的，向代理查询和设置对象值；后面两种 Get-Response 和 Trap 是由网络设备中的网管代理发给网管中心的，返回对象值和突发事件信息。

SNMP 工作流程如图 3-11 所示，描述了 SNMP 的 5 种报文操作的交互过程。

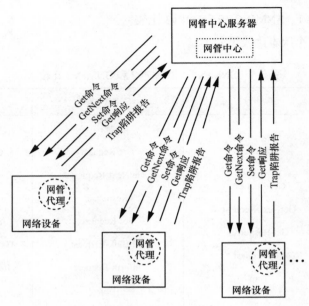

图 3-11　SNMP 工作流程

## 3.2.6　SDN 的网络管理

软件定义网络（Software Defined Network，SDN）技术应用是当前通信网络的一个发展方向。SDN 具有"控制和转发分离""设备资源虚拟化""通用硬件及软件可编程"三大特性。SDN 是对传统网络架构的一次重构，将原来分布式控制的网络架构重构为集中控制的网络架构。SDN 典型架构共分 3 层，最上层为应用层，包括各种不同的业务和应用；中间的控制层主要负责处理数据平面资源的编排，维护网络拓扑、状态信息等；最底层的基础设施层负责基于流表的数据处理、转发和状态收集。

SDN 的管理控制主要在第二层和第三层，与 SDN 主要解决网络交换和路由问题的技术定位是一致的。SDN 控制器不需要借助传统的网络硬件的控制平面，可以对网络系统中的各类设备（支持 SDN 控制协议）进行有效的管理，主要管理控制功能包括配置管理、故障管理、性能管理、安全管理等。

SDN 控制器南北向接口及相关协议构成了 SDN 管理控制平面，其中，北向接口主要应用管理协议完成管理功能，南向接口实现控制和管理功能。北向接口是

SDN 控制层向上层业务应用开放的接口，使应用层能快速调用控制层实现和调整网络功能。目前，市场上大多数主流的控制器（ODL、Floodlight、RYU 等）采用描述性状态转移（Representational State Transfer，REST）应用程序接口（Application Programming Interface，API）作为向应用层提供服务的接口。南向接口是 SDN 控制器与业务转发设备之间的接口，主要控制协议有 OpenFlow、路径计算单元通信协议（Path Computation Element Communication Protocol，PCEP）等，用于控制转发平面的工作规则；主要的管理协议有网络配置协议（Network Configuration Protocol，NETCONF）、开放虚拟交换机数据库（Open vSwitch Database，OVSDB）管理协议、BGP-LS 等，用于配置转发设备的工作参数或采集转发设备的工作状态。南向接口主要控制协议已标准化，能够很好地实现与网络设备的对接，为 SDN 的发展提供坚实基础。

## | 3.3　地面移动通信网络的运维管控 |

### 3.3.1　网络管理控制拓扑与信道

（1）网络管理控制拓扑

地面移动通信网络的管理控制拓扑如图 3-12 所示。移动通信网络的管理系统一般按照行政区划分为集团总部网管系统、省级网管系统和本地操作维护中心（Operation Maintenance Center，OMC）等多个级别。集团总部网管系统负责管理运营商全国范围内的移动通信网络。本地 OMC 对所辖移动通信网络网元设备进行集中监控、测试，并完成故障的修复。省级网管系统上连集团总部网管系统，下接省内各本地 OMC，监视全省移动通信网络的运行状态，对故障告警数据进行采集、显示、定位，并组织指挥维护人员进行故障修复。

图 3-12 中本地 OMC 负责对本地移动通信网络网元进行管理，包括物理网络功能（Physical Network Function，PNF）和虚拟网络功能（Virtualized Network Function，VNF），实现对网络设备的虚实共管。集团和省级管理系统则包含了网络管理、资源管理和运维管理的广义运营支撑系统（运行支撑系统（Operational Support System，OSS）/业务支撑系统（Business Support System，BSS）），其中网络管理通过网络功能虚拟化编排器

（Network Functions Virtualization Orchestrator, NFVO）实现对虚拟网元的功能编排管理。

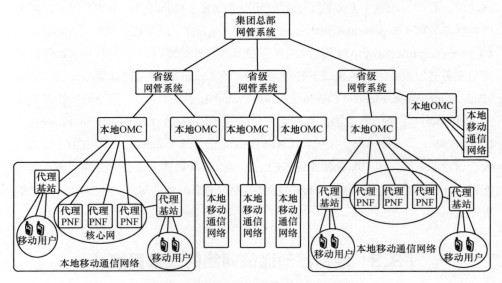

图 3-12　地面移动通信网络的管理控制拓扑

（2）网络管理控制信道

移动通信网络的管理控制信道包括网管实体（集团总部网管系统、省级网管系统以及本地 OMC）之间的管理信道和接入网基站到移动用户的无线控制信道等。网管实体之间的管理信道一般基于各运营商自建的广域互联骨干网的 IP 链路，同时骨干网也将各地移动核心网进行互联。无线控制信道是移动用户终端（User Equipment，UE）与基站之间的信令信道。

无线控制信令一般包括广播信令、寻呼信令和点到点一般控制信令，在 5G 新一代无线技术（New Radio，NR）中对应逻辑无线控制信道（Control Channel，CCH），如图 3-13 所示，有广播控制信道（Broadcast Control Channel，BCCH）、寻呼控制信道（Paging Control Channel，PCCH）、公共控制信道（Common Control Channel，CCCH）和专用控制信道（Dedicated Control Channel，DCCH）。BCCH 用于下行广播系统控制信息；PCCH 用于下行传输寻呼信息和系统信息变化通知；CCCH 用于在 UE 和网络之间还没有建立无线电资源控制（Radio Resource Control，RRC）连接时，发送上/下行控制信息；DCCH 用于在 RRC 连接建立之后，UE 和网络之间发送一对一的专用控制信息。

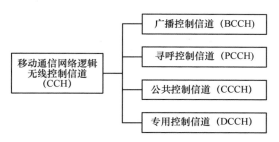

图 3-13 移动通信网络逻辑无线控制信道组成

## 3.3.2 网络管理控制对象

地面移动通信网络的管理控制层级主要有物理层、链路层。管理控制对象包括设备、功能、链路等。

在 4G 网络中,设备类管理控制对象包括基站 eNodeB(基站处理单元(Base Band Unit,BBU)+射频拉远单元(Remote Radio Unit,RRU))设备以及核心网服务网关(Serving Gateway,SGW)、公用数据网网关(Public Data Network Gateway,PGW)、移动性管理实体(Mobile Management Entity,MME)、策略与计费规则功能单元(Policy and Charging Rules Function,PCRF)、通用分组无线业务服务支持节点(Serving General Packet Radio Services (GPRS) Support Node,SGSN)等设备;链路类管理控制对象主要包括 UE 到 eNodeB 的无线连接、UE 到核心网的会话连接、BBU 到 RRU 之间的连接和核心网网元之间的连接等。

在 5G 网络中,设备类管理控制对象包括基站 gNodeB(有源天线单元(Active Antenna Unit,AAU)+集中单元(Centralized Unit,CU)+分布单元(Distributed Unit,DU))设备及核心网服务器等硬件设备;功能类管理控制对象主要指核心网 VNF 网元,如接入和移动管理功能(Access and Mobility Management Function,AMF)、会话管理功能(Session Management Function,SMF)、策略控制功能(Policy Control Function,PCF)、网络切片选择功能(Network Slice Selection Function,NSSF)、认证服务器功能(Authentication Server Function,AUSF)、网络开放功能(Network Exposure Function,NEF)、网元查询功能(Network Repository Function,NRF)、统一数据管理(Unified Data Management,UDM)等;链路类管理控制对象主要包括 UE 到 gNodeB 的无线连接,UE 到核心网的会话连接,AAU、CU、DU 之间的有线连接,核心网网元的服务状态,以及核心网用户面功能(User Plane Function,UPF)网元内的转发流表等。

除了以上管理控制对象，地面移动通信网络的管理控制对象还包括网管系统、OMC 等管理设备。

### 3.3.3　网络管理控制功能

移动通信网络的管理控制功能包含网络管理和网络控制两个方面内容。广义的移动通信网络的管理功能称为运营支撑功能，包含网络运营支撑和业务运营支撑两方面功能。网络运营支撑功能面向网络运维，包括服务开通、网络管理、资源管理等；业务运营支撑功能面向客户和业务，包括计费结算、营业账务、客户服务、决策支持等。移动通信网络的控制功能主要指对业务传输链路的控制，与网络管理功能相对独立，从内容上大致包括接入网对无线链路的控制和核心网对移动业务的控制。其中，无线接入网主要负责完成 UE 到网络的无线接入链路的控制，包括系统接入控制、连接管理、无线资源分配、功率控制、移动性管理、无线承载控制及 UE 测量等；核心网完成对移动业务层面的控制功能，主要包括用户接入控制、用户鉴权认证、会话管理、移动性管理、安全控制等。

移动通信网络的管理控制功能组成如图 3-14 所示。

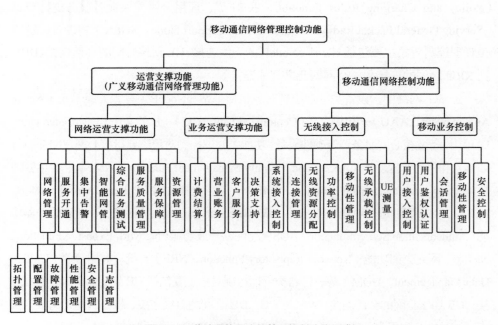

图 3-14　移动通信网络的管理控制功能组成

### 3.3.4　网络管理控制协议

现代移动通信网络架构已逐渐实现了管理面、控制面、用户面（转发面）的分离，每个平面分别具有自己的协议体系。移动通信网络管理控制协议也包含了网络管理协议和网络控制协议两方面内容，其中网络管理协议支持对网络配置、运行维护等的管理实现，网络控制协议支持对移动通信网络数据传输通道的控制实现。

（1）网络管理协议

在移动通信网络中，网管系统直接管理网元设备，或通过移动设备厂商提供OMC 系统间接管理特定厂商的移动通信设备。目前，常用的网络管理协议主要有：Q3 协议、SNMP、文件传输协议（File Transfer Protocol，FTP）、公共对象请求代理体系结构（Common Object Request Broker Architecture，CORBA）协议等。Q3 协议主要用于管理传统的电信管理网（Telecom Management Network，TMN）设备，在底层实际应用中一般基于 TCP/IP 栈实现。SNMP 用于管理提供 SNMP 接口的网元设备，或用于通过下级网管系统对其管理域网元的管理。FTP 一般用于通过管理接口进行文件传输。CORBA 协议采用互联网内部对象请求代理协议（Internet Inner-ORB Protocol，IIOP），它能对管理对象执行操作，还能完成对管理对象的重定向操作，达到位置透明的目的。通过 CORBA 接口的 IIOP 可以查询和修改管理对象属性，可以执行管理对象的操作，从而完成对网络设备的控制。

（2）网络控制协议

从 4G 到 5G，控制面协议栈变化不大，5G 网络控制面协议栈如图 3-15 所示，其中分组数据汇聚协议（Packet Data Convergence Protocol，PDCP）及以下各层是控制面和用户面共有的层次，非接入层（Non-Access Stratum，NAS）、无线电资源控制（Radio Resource Control，RRC）层是控制面专有层次。NAS 负责用户的移动业务控制，RRC 层负责无线资源控制，下面依次是 PDCP、无线链路控制（Radio Link Control，RLC）层协议、媒体访问控制层（Media Access Control，MAC）和物理层（Physical Layer，PHY）等协议层，这些层完成低层支持。

5G 空口控制面协议（RRC 层及以下各层）与 4G 的基本一样，NAS 协议层分为了 NAS 消息管理（NAS Message Management，NAS-MM）和 NAS 会话管理（NAS Session Management，NAS-SM）两部分，其中 NAS-MM 协议负责注册管理（Registry

Management，RM）、连接管理（Connection Management，CM）、用户面连接的激活和去激活操作，负责 NAS 消息的加密和完保。NAS-SM 消息支持用户面 PDU 会话的建立、修改、释放。NAS-SM 消息通过 AMF 传输，且其对 AMF 是透明的，不对其进行解析处理。

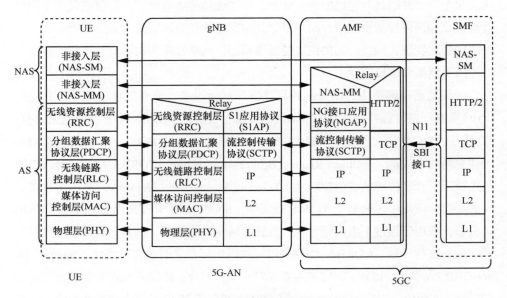

图 3-15　5G 网络控制面协议栈

## 3.3.5　基于 NFV 架构的 5G 网络的管理

目前各个移动运营商的 5G 网络都是在 ETSI（欧洲电信标准化协会）定义的 NFV 体系架构（如图 3-16 所示）基础上设计实施的。网络功能虚拟化后，网络管理系统需要同时管理物理网络功能（PNF）和虚拟网络功能（VNF），以及虚拟化资源管理和业务管理分离（存在 OSS 和 NFVO 两张视图）。现状是通过对原有 OSS 能力增强实现对混合网络的协同管理，通过设计、编排实现对网络云化后的业务支撑。随着网络虚拟化、云化发展，移动通信网络的管理架构和模式也在快速变革。

ETSI 定义的 NFV 体系架构包括基础架构层、网络功能层、资源管理与业务流程编排层以及 OSS 层（网络管理）。在传统 OSS 之外，NFV 增加了一批新的管理组件：NFV 编排器（NFV Orchestrator，NFVO）、VNF 管理器（VNF Manager，VNFM）

和虚拟化基础设施管理器（Virtualized Infrastructure Manager，VIM），构成了 NFV 体系架构中的管理与组织（Management and Orchestration，MANU）层，提供 NFV 的整体管理和编排，向上接入 OSS/BSS。

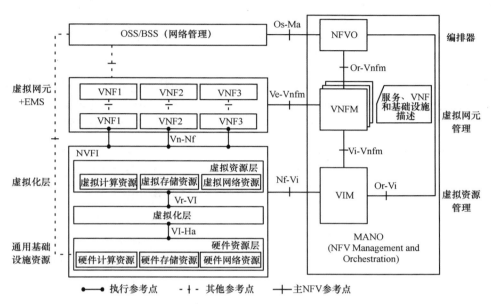

图 3-16　ETSI 定义的 NFV 体系架构

# |3.4　天基传输网络与地面通信网络运维管控的异同 |

## 3.4.1　天基传输网络与地面通信网络运维管控的共性与区别

网络运维管控技术最早产生、应用于计算机网络的管理，天基传输网络的运维管控与地面通信网络（计算机网络、地面移动通信网络等）的运维管控相比，既有共通的方面，也有其特有的方面。

从管理功能方面来讲，天基传输网络与地面通信网络的运维管控的功能一般包括管理和控制两个方面。计算机网络的控制功能依赖于各种交换、路由协议，管理功能则主要基于 SNMP 对各种网元的配置和监视；地面移动通信网络的控制功能主要基于移动通信协议对移动用户的无线接入控制和对端到端会话链路的控制，管理功能则主要是对无线接入网网元、核心网网元的配置和监视管理；天基传输网络的控制功能主要基于天基传输网络管控协议对卫星资源的分配以及对用户卫星链路的控制，管理功能则包含对卫星节点、地球站、站内设备、网络的配置和监视。互联网管理控制的内容主要是 IP 地址的分配和对信息内容的管理控制。

从管理控制拓扑来讲，计算机网络的管理控制拓扑是与业务拓扑相同的总线型拓扑，地面移动通信网络的管理控制拓扑是基于移动小区形成的分层分级的集中拓扑，天基传输网络的管理控制拓扑则由于网络结构的多样性具有星状、网状、星网混合等多种管理控制拓扑。

从管理控制信道方面看，计算机网络的管理控制信道一般与计算机业务网络使用相同的传输通道，即管理信息就承载在计算机网络业务传输信道之上，一般不会构建专用的管理控制信道；地面移动通信网络的管理控制信道从 4G 开始具有了独立的控制面和规范的无线控制信道；天基传输网络大多具有独立的专用管理控制信道或管理控制时隙。移动卫星通信系统的管理控制借鉴了地面移动通信网络的管理控制信道配置思路，并结合卫星通信特点，形成了移动卫星通信系统特有的管理控制信道配置方案。卫星宽带通信系统管理控制信道配置则没有相应的地面网络可借鉴，具有独特的宽带传输网络管理控制信道配置方案。

从管理控制协议方面看，天基传输网络与地面通信网络大部分采用或借鉴了计算机网络的相关管理控制协议，如 SNMP、CORBA、REST API、Web Service 等。天基传输网络管理控制在借鉴以上管理控制协议的同时，针对卫星信道对它们进行了优化；天基传输网络的网络管理控制针对卫星通信网络管理控制需求具有专用的管理控制协议体系，如移动卫星通信网络管理控制协议借鉴了地面移动通信网络基于小区的管理体制，形成基于多点波束的移动卫星通信网络管理控制协议体制。而卫星宽带通信网络则没有相应的地面网络可借鉴，具有独特的天基宽带传输网络管理控制协议体制。

从标准化角度看，地面通信网络的管理控制技术和市场相对成熟，标准化工作也比较好。而在天基传输网络管理控制中，由于传输网络及其管理控制系统往往由不同的系统制造商研制建设，一直以来都没有形成统一的管理控制标准，而是由各研制厂商制定特定系统专属的网络管理控制工程标准。

## 3.4.2　各类通信网络管理控制的层级

前述各类通信网络，由于网络体制及任务目标不同，网络管理控制侧重的层级有所不同，如图 3-17 所示。

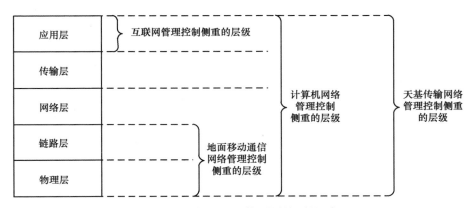

图 3-17　各类通信网络管理控制侧重的层级

互联网管理控制侧重于对应用层的管理，主要是提供域名服务和对信息内容的管理。计算机网络的管理控制层级包含了物理层、链路层、网络层、传输层和应用层共 5 层，对网络的各个层级进行管理和控制。地面移动通信网络管理控制侧重于对物理层、链路层的管理控制，主要为移动用户提供到公网的移动接入链路的控制和对移动网络网元的管理。天基传输网络的管理控制层级也包含了 5 层，其中物理层和链路层的管理控制主要针对卫星链路；网络层管理控制针对承载在卫星链路上的 IP 网络协议；传输层的管理控制主要针对 IP 数据在卫星信道上的传输优化增强；应用层提供通用应用服务和针对卫星通信的专用管理，如卫星 IP 多媒体子系统（IP Multimedia Subsystem，IMS）、DNS 等，卫星 IMS 可为天基传输网络提供统一的业务接入服务。

# 第 4 章

# 基于透明转发器 FDMA
# 卫星通信网络的运维管控

基于透明转发器频分多址（Frequency Division Multiple Access，FDMA）卫星通信网络（以下简称 FDMA 系统）是国内外发展最早、最成熟的卫星通信系统。近 20 多年来，业务 IP 化和业务量的猛增推动了包括 FDMA 系统在内的卫星通信系统发展，相应的网络运维管控也不断增加新功能和新特征。本章结合 FDMA 系统不同发展阶段的特点，给出其网络运维管控系统的相关技术和设计要点。

## | 4.1　FDMA 系统的演进及不同系统特点 |

FDMA 系统的发展经历如图 4-1 所示。早期的 FDMA 系统分为 FDMA/单路单载波（Single Channel per Carrier，SCPC）/按需分配多路寻址（Demand Assigned Multiple Access，DAMA）系统和中低速 FDMA/每载波多路（Multiple Channel per Carrier，MCPC）系统。FDMA/SCPC/DAMA 系统支持低速业务（典型值为2.4/9.6kbit/s），一个系统占用一个资源池，供系统网控中心给每个终端动态分配使用；由于每个用户通信速率很低，即使一个网络内有很多用户，频率池需要占的资源也很少。中低速 FDMA/MCPC 系统支持 2Mbit/s 和 8Mbit/s 通信速率，资源分配方式为预分配，最典型的应用是电话中继之间的干线传输，通常设置一对 2Mbit/s 载波，占用约 6MHz 卫星带宽资源，也就是说 FDMA/MCPC 系统两个站通信所占资源比 FDMA/SCPC/DAMA 500 个站通信需要的资源还多。

随着业务不断丰富，原有 SCPC/DAMA 系统速率太低，支持更高速率的需求推动了 FDMA/DAMA 系统的发展。FDMA/DAMA 系统本质上是 FDMA/SCPC/DAMA 系统和 FDMA/MCPC 系统的融合系统。高速 FDMA/MCPC 系统将中低速 FDMA/MCPC 系统的速率从几十兆比特每秒提升到几百兆比特每秒，但是高速 FDMA/MCPC 系统占用更大带宽，需要更大天线口径地球站的支持。IP/FDMA/DAMA 系统是在 FDMA/DAMA 系统基础上的进一步全 IP 化;基于星上处理的 FDMA 系统则是在 FDMA/MCPC 系统的基础上，实现几十或上百兆比特每秒传输组网和资源的统计复用，减少资源占用。

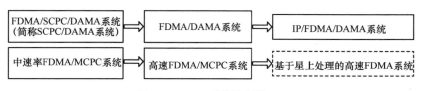

**图 4-1　FDMA 系统的发展经历**

图 4-2 给出了 FDMA/SCPC/DAMA 典型系统组成。系统核心设备是位于各站的 SCPC 信道单元、位于中心站的网络管理控制信道（简称"管控信道"）以及网络管理控制中心（简称"网控中心"）。SCPC 信道单元集调制解调器、接口、管理控制代理（简称"管控代理"）于一体，网控中心的核心功能是实现网络频率、功率等资源的动态分配，也就是卫星通信领域经典的 DAMA 功能。

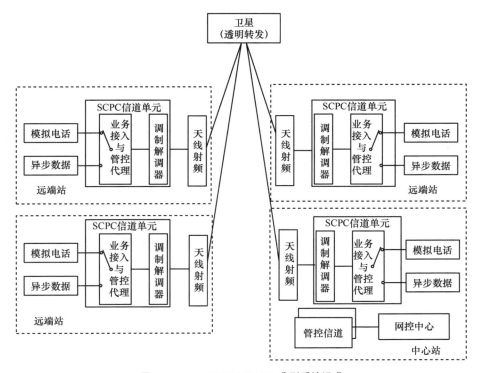

**图 4-2　FDMA/SCPC/DAMA 典型系统组成**

中低速和中高速 FDMA/MCPC 系统体制相同，支持速率不同，发展阶段不同。由于通常资源预分配，链路长连接，需管控的内容少，在站点较少的情况下，不设置网络管理系统，如果站点较多，长期占用较大带宽会造成资源的很大浪费，可配置网络管理系统，基于任务对设备参数和占用资源进行非实时参数调整，中低速/中高速 FDMA/MCPC 系统组成如图 4-3 所示。系统典型设备是中低速/中高速调制解调器、复分接器/IP 路由器/交换机，网络管理中心（简称"网管中心"）和站监控视情选配。

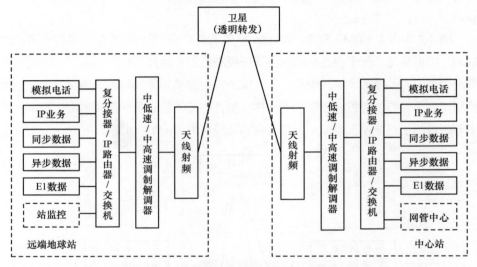

图 4-3　中低速/中高速 FDMA/MCPC 系统组成

FDMA/DAMA 系统组成如图 4-4 所示。典型设备是作为管理控制信道的低速 SCPC 信道单元、中低速调制解调器、复分接器以及网控中心。

# | 4.2　低速 FDMA/SCPC/DAMA 系统的运维管控 |

## 4.2.1　网络管理控制站间拓扑与信道

（1）网络管理控制站间拓扑

FDMA/SCPC/DAMA 系统的网络管理控制中心与各站管控代理构成星形拓扑

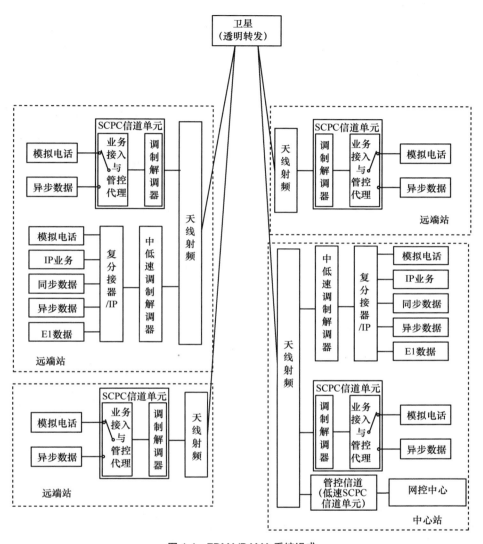

图 4-4 FDMA/DAMA 系统组成

结构。网控中心一般为独立设备，管控代理通常与信道单元集成，信道数多的地球站（如中心站）需要配置的管控代理单元多，管控信息量大，占用管控信道时间长，占用带宽大。如图 4-5 所示，远端站 2 配置两路管控代理模块，对应两路业务；中心站一般配置 $N$ 个信道单元，内置 $N$ 个管控代理模块。中心站需要配置与各站通联、来自所有站管控信息共享的控制信道单元。

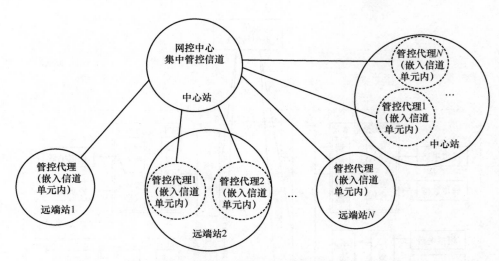

图 4-5　FDMA/SCPC/DAMA 系统管理控制站间拓扑

（2）网络管理控制信道

一般情况下，中心站配置独立的网络管理控制信道（简称"管控信道"），远端站可配置独立的管控信道或与业务信道切换使用信道。管控信道体制通常为低速前向时分复用（Time Division Multiplexing，TDM）/返向 ALOHA，配置如图 4-6 所示。

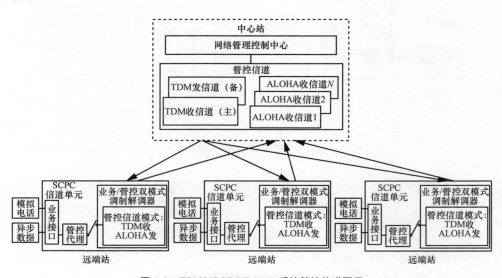

图 4-6　FDMA/SCPC/DAMA 系统管控信道配置

管控信道不仅占用各站硬件资源，也占用卫星频带和功率资源，如图 4-7 所示，下行 TDM 信道采用主备方式，平时工作于一个载波，出现问题时，切换到另一个备用载波；返向 ALOHA 信道配置多个载波，网络用户数多，这就需要多个 ALOHA 信道，最少需要 1 个 ALOHA 系统可以工作；　f0 和 f1 是 TDM 主用载波和备用载波，f2、f3、f4 是 ALOHA 载波，占用 kHz 量级带宽。

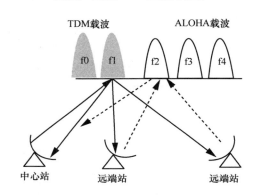

图 4-7　FDMA/SCPC/DAMA 系统管理控制信道载波配置

## 4.2.2　网络管理控制对象和层级

（1）网络管理控制对象

　　FDMA/SCPC/DAMA 系统管理控制的对象为地球站、链路、网络以及卫星资源等，如图 4-8 所示。地球站可分为中心站和远端站，远端站主要包括天线、射频和信道单元（内置管控代理），中心站相比远端站增加了独立管控信道单元组和网络管理控制中心计算机局域网；链路管控主要包括频率、功率、通断、性能、状态等；网络管控主要包括网络拓扑、网络资源、网络性能等；卫星资源主要是全网可用卫星资源库，包括各站功率等级、可用频率集、每个频点的占用带宽和频率范围等。

（2）网络管理控制层级

　　如图 4-9 所示，FDMA/SCPC/DAMA 系统管控层级为物理层和链路层。由于这类网络的传输速率较低，不方便直接承载 IP 业务，站间通信链路和路由是依靠地球站申请和网控中心实现的，不依赖 IP 路由实现。

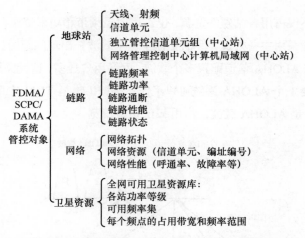

图 4-8　FDMA/SCPC/DAMA 系统主要管理控制对象

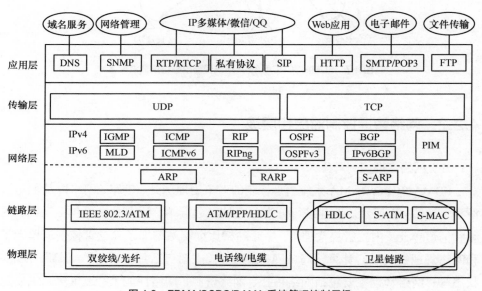

图 4-9　FDMA/SCPC/DAMA 系统管理控制层级

## 4.2.3　网络管理控制功能

FDMA/SCPC/DAMA 系统网络管理控制（简称"网控"）功能主要包括配置管理、入退网管理、信道申请分配（资源管理）、性能管理、故障管理和记账管理等，如图 4-10 所示。

**图 4-10　FDMA/SCPC/DAMA 系统网络管理控制功能**

（1）配置管理

配置管理内容分为中心站网控系统配置和远端站网络预案配置。中心站网控系统配置包括网控信道和网控数据库配置。网控信道需配置 TDM 发送和 ALOHA 接收信道的信道路数以及发射、接收频点等；网控数据库需配置网内信道单元地址、类型（车载、固定、便携等）、分级（按照发射能力大小进行分级），地球站信道单元路数、信道出厂系列号、每路信道电话号码，网络可分配给用户使用的收发频点库和功率等级库。远端站需要通过网控中心配置并本地保存网控中心失效下的互通预案，涉及哪些站、哪些信道、用哪些频点、发多大功率、互通什么业务等内容。表 4-1 给出了 FDMA/SCPC/DAMA 系统配置管理的关键内容。

**表 4-1　FDMA/SCPC/DAMA 系统配置管理的关键内容**

| 配置项目类型 | 具体内容 |
| --- | --- |
| 前向网控信道 | TDM 信道发送频率、TDM 信道对应自环接收频率<br>TDM 发射功率、TDM 发送信道单元地址<br>TDM 信道主/备角色 |
| 返向网控信道 | ALOHA 接收信道路数、ALOHA 信道接收/发送频点<br>ALOHA 远端站发送电平、ALOHA 接收各信道单元地址 |
| 网络参数 | 信道单元地址、类型、等级，各信道单元电话号码<br>信道单元与电话号码的对应关系 |
| 资源池参数 | 可用卫星经纬度、可使用转发器频率范围<br>优选的频率集及站间互通功率等级、各站可用信道单元 |
| 预案参数 | 互通的信道单元、互通所用频点、互通发送功率<br>互通的业务等 |

（2）入退网管理

入退网管理认证信道单元的合法性。信道单元开机，管控代理向网控中心发送入网申请，网控中心比对入网的信道单元地址是否与数据库中的地址匹配，若匹配，允许入网，若不匹配，不允许入网。

（3）信道申请分配（资源管理）

信道申请分配（资源管理）是 FDMA/SCPC/DAMA 系统网络管理控制的核心功能。管控代理根据本信道单元需发送的业务类型、带宽需求、发送功率需求、被叫电话号码、被叫信道单元地址形成申请帧，通过 ALOHA 信道发送。网控中心收到申请后，在信道资源池中选择一对频率和发送功率等级，通过 TDM 信道发送到各站，主叫和被叫都能收到该广播帧，解析出与自己相关的收发信道频率值并进行设置后，进入双方通信模式。通信结束后，管控代理发送完成报告，网控中心闲置并释放所占频率资源。

（4）性能管理和故障管理

性能管理主要对网络进行性能统计，主要统计呼通率，FDMA/SCPC/DAMA 系统支持的业务速率低，面向单路用户业务而不是面向信息节点。故障管理主要收集故障报告，分析链路不能正常建立、控制信道可通率低、业务信道可通率低等的原因，网控中心和管控代理配合，更多、更全面地记录网络发生故障的情况。

### 4.2.4 网络管理控制协议

（1）协议分层

如图 4-11 所示，FDMA/SCPC/DAMA 系统网络管理控制协议由物理层、链路层以及上层构成。链路层协议参照 HDLC 协议进行适应性修改。上层专用信令协议一般为专用自定义协议。

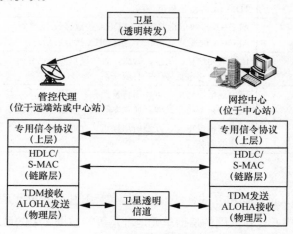

图 4-11　FDMA/SCPC/DAMA 系统网络管理控制分层协议

（2）HDLC 协议

HDLC 协议是卫星通信链路层常用协议，主要涉及帧结构、典型控制过程。HDLC 帧结构如图 4-12 所示，由标志字段、地址字段、控制字段、信息字段和帧校验字段组成。

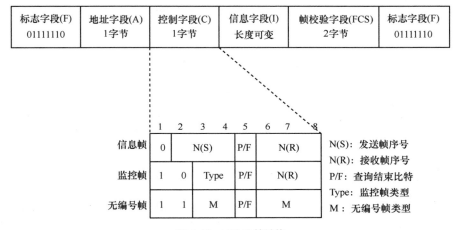

图 4-12　HDLC 帧结构

标志字段是一个独特 8 位序列，用以标识一帧的开始或结束，也可用于帧间填充。接收方检测每一个收到的标志字段，一旦发现某个标志字段后面不再是一个标志字段，则认为新的一帧开始传输。采用"0"位插入法，实现用户数据透明传输。地址字段表示命令帧或响应帧地址。控制字段用于构成各种命令和响应，以便对链路进行监视和控制，控制字段第 1、2 位表示帧类型，即信息帧、监控帧和无编号帧，各字段的含义如图 4-12 所示。在网络控制协议中，信息字段填充专用信令；帧校验字段占用 2 个字节，采用循环冗余校验方法，用来检查所接收到的信息是否在传输过程中发生了差错。

HDLC 协议是一种面向连接的控制协议，其典型控制过程包括链路建立、数据传输和链路拆除 3 个阶段。链路建立阶段发送端通过发送无编号帧置位模式命令启动工作链路，接收端则发送无编号帧确认响应，双方交互正确，则激活链路，转入数据传输模式。在完成信息传输或信息传输阶段出现差错时，均可拆除数据链路。链路中的任意一方通过发送拆链帧，宣布连接终止，对方需用无编号确认帧响应，表示接受拆链。HDLC 典型链路控制过程示意图如图 4-13 所示。

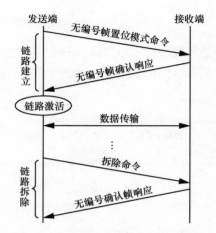

图 4-13　HDLC 典型链路控制过程示意图

（3）上层专用信令

专用控制信令填充HDLC帧中信息字段，主要的管控信令类型及信息内容见表4-2。

表 4-2　FDMA/SCPC/DAMA 系统管控信令类型及信息内容举例

| 信令类型 | 具体项目内容 | 备注 |
|---|---|---|
| 周期性 TDM 广播通告帧 | 主用 TDM 频率+备用 TDM 频率+1-N 路 ALOHA 信道频率列表+全网时统（年月日时分秒等）+互通关系预案信息+电话号码规则信息等 | 网控中心发 |
| 信道申请帧 | 特征字+业务种类+带宽+被叫信道号码 | 管控代理发 |
| 信道分配帧 | 特征字+主被叫收发频点和发送功率等级 | 网控中心发 |
| 入网申请帧 | 特征字+本信道单元地址和序列号 | 管控代理发 |
| 完成报告帧 | 特征字+成功或失败标志 | 管控代理发 |
| 入网允许帧 | 特征字+允许入网的信道单元地址 | 网控中心发 |
| 通信结束命令帧 | 特征字 | 网控中心发 |
| 状态查询帧 | 特征字+查询内容标识 | 网控中心发 |
| 状态上报帧 | 特征字+查询内容参数 | 管控代理发 |

## 4.2.5　典型网络管理控制状态转移图和流程

（1）典型网络管理控制状态转移图

FDMA/SCPC/DAMA 系统典型网络管理控制状态转移如图 4-14 所示。信道单元开机，等待接收网控中心发送的 TDM 通告帧（信道单元内提前预置 TDM 频点或保存上次接收的 TDM 频点，作为开机缺省设置）。通告帧包含主/备 TDM 信道频率、发送管控信息所需要的 ALOHA 信道路数和每路的频点、全网的时间基准、全网电话号码等信息。收到通告帧后，按照从通告帧中得到的 ALOHA 频点等信息对信道进行设置，然后发送入网申请，等待入网允许应答。由于网内用户数多，尤其是每个地球站不止一路信道单元，开机时会出现多个信道单元同时开机，同时收到广播通告帧，同时发送入网申请，这样多路信道申请产生碰撞，入网失败，因此需要考虑失败情况下的重发，每次重发与上一次发送时刻之间按照随机数进行时延，避免碰撞。入网成功后，信道单元处于等待服务状态，随时响应主叫端的呼叫申请，进行信道分配，建立通信链路，通信结束后进行链路拆除，同时等待服务状态下，也响应网络管理控制中心的状态查询等命令。信道单元每一次申请或者命令响应处理完成后再回到等待服务状态。

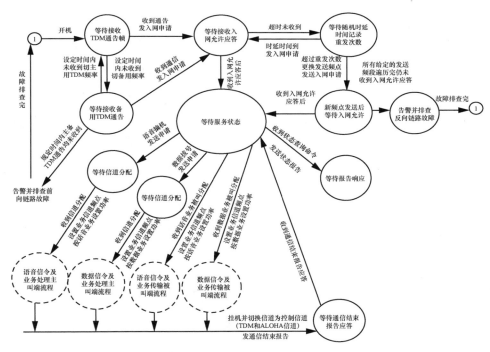

**图 4-14　FDMA/SCPC/DAMA 系统典型网络管理控制状态转移**

（2）典型网络管理控制流程

典型网络管理控制流程与状态转移图相对应，状态转移图呈现瞬间稳定状态，以及触发状态变化的条件。而管理控制流程则突出交互过程。

典型的语音业务申请和信道动态分配流程如图 4-15 所示。

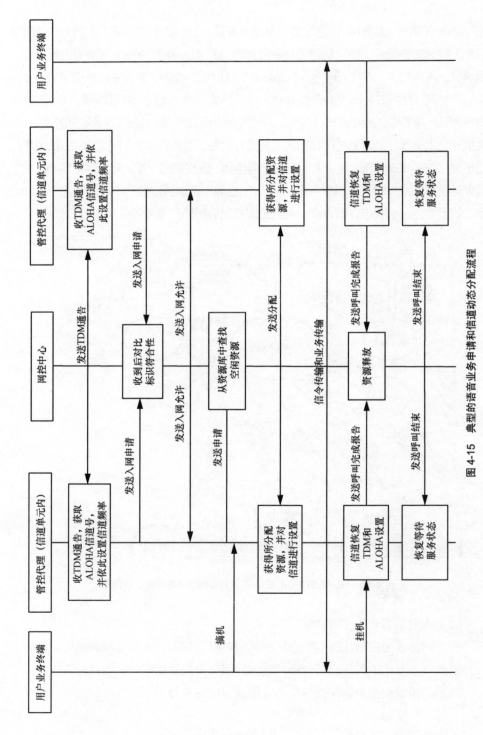

图 4-15　典型的语音业务申请和信道动态分配流程

## 4.2.6　专家系统支撑需求

卫星通信网络管理控制系统离不开卫星通信专家系统的支撑，FDMA/SCPC/DAMA 系统网络管理控制中，典型的专家系统支撑需求体现在以下几个方面。

（1）基于链路预算，形成各站互通关系发送功率等级库

FDMA/SCPC/DAMA 系统逐呼叫进行信道功率资源分配，既节省卫星功率，又确保传输性能，需要根据卫星通信系统透明转发器链路模型进行链路预算，确定每个地球站与不同地球站互通所需发送的功率大小，具体分出功率等级，形成功率等级库，提前录入网络管理控制中心数据库。

（2）基于全网地球站数量、业务量估算，提出对网控信道路数的需求

可根据话务量、呼损率指标、申请帧长度、申请碰撞概率要求等进行估算。

（3）基于卫星转发器特征和全网业务量，确定频率资源池

根据转发器输入输出关系、系统载波大小关系、载波间隔等确定网控中心资源池的频率库。通常以卫星转发器交调最小、大小载波排列最优、资源利用率最高等策略进行优化选择。

（4）进行网络控制参数在本站的转化和执行

需要建立地球站相关参数与网控中心下发参数的转换模型库，对网控中心发送的功率等级与地球站天线、功放、信道单元的具体增益和电平分配进行转换，对网控中心下发的频率进行中频和射频对应转换。

（5）基于智能分析，提供故障诊断及处置功能

用户希望能够及时发现系统设备和链路故障，并能够完成对故障、告警的处置恢复。这往往需要在网控中心构建常见设备故障知识库、链路性能故障知识库、领域专家系统平台等，实时发现、及时通知并辅助支持处理故障。

# | 4.3　中低速和中高速 FDMA/MCPC 系统的运维管控 |

## 4.3.1　网络管理控制拓扑与信道

中低速和中高速 FDMA/MCPC 系统的网络管理拓扑与网管信道设置可以相同。

（1）网络管理控制拓扑

FDMA/MCPC 系统与 FDMA/SCPC/DAMA 系统相比，网络管理控制有很大不同。调整较少、站点较少的 FDMA/MCPC 通信链路一般不需要配置网络管理系统；链路调整大，尤其是在机动应用场景中，同时站点比较多、人工配置太复杂的情况下，通常需配置网络管理系统。为节省开支，通常在 FDMA/MCPC 系统中，不设置独立网络管理控制信道，网络管理信息需要与业务复接后共用载波传输，因此网络管理控制拓扑与业务拓扑相同，如图 4-16 所示。

（2）网络管理控制信道

前面提到了 FDMA/MCPC 系统网络管理控制信道不独立配置，非全 IP 系统通过复接实现网络管理信息与业务信息共用一个信道和载波，全 IP 系统通过 IP 路由器或交换机实现网络管理信息和业务信息共用一个信道和载波，如图 4-17、图 4-18 所示。网络管理信道和业务信道共用时，一旦信道中断，网络管理信道和业务信道同时中断，难以在远端站出现故障时，通过网络管理控制中心远程判断和操作解决问题。

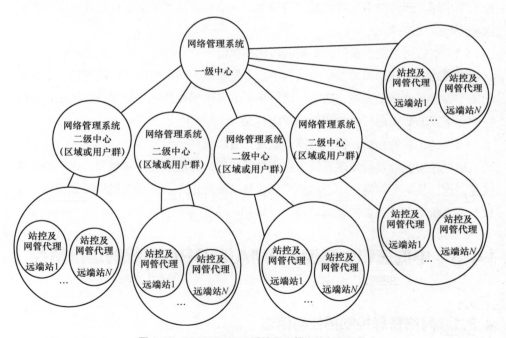

图 4-16　FDMA/MCPC 系统网络管理控制网拓扑

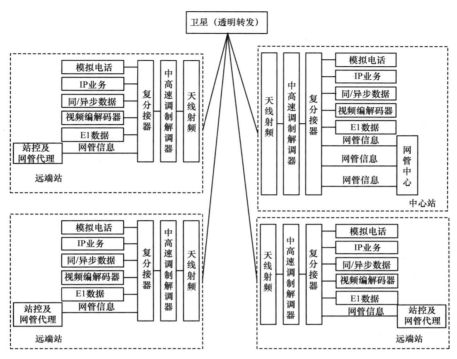

图 4-17　非全 IP 业务 FDMA/MCPC 系统网管信道示意图

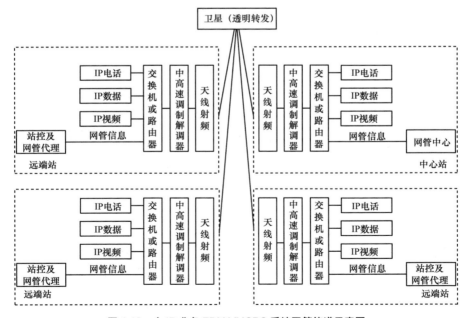

图 4-18　全 IP 业务 FDMA/MCPC 系统网管信道示意图

## 4.3.2　网络管理控制对象和层级

中低速 FDMA/MCPC 系统与中高速 FDMA/MCPC 系统的网络管理控制对象和层级基本相同。

（1）网络管理控制对象

如图 4-19 所示，FDMA/MCPC 系统的管理控制对象主要包括地球站、链路、业务、网络和卫星资源。

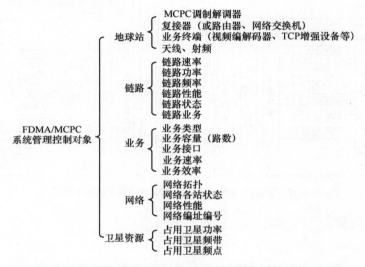

**图 4-19　FDMA/MCPC 系统管理控制对象**

与 FDMA/SCPC/DAMA 系统相比，FDMA/MCPC 系统管理控制对象有较大不同，侧重设备包括 MCPC 调制解调器、业务终端、复接器等，对链路的管理增加了速率、业务等管理内容，对网络的管理增加了网络各站状态的管理，对卫星资源的管理依然是对占用功率、占用频带、占用频点的管理，但是对资源的管理基于配置进行，而不是基于申请动态分配。

（2）网络管理控制层级

如图 4-20 所示，FDMA/MCPC 系统网络管理控制涉及物理层、链路层、网络层、传输层和应用层。由于这类系统传输带宽较宽，支持 IP 多媒体业务、群路语音、视频等业务，不仅对网络层路由配置进行管理，对业务终端、业务传输效率（如 TCP 传输效率）等也要进行监视管理。

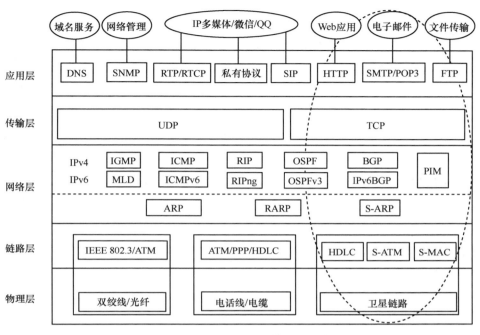

图 4-20　FDMA/MCPC 系统网络管理控制层级示意图

## 4.3.3　网络管理控制功能

FDMA/MCPC 系统网络管理控制功能主要分为地球站监控管理和基于设备参数的网络管理，如图 4-21 所示。

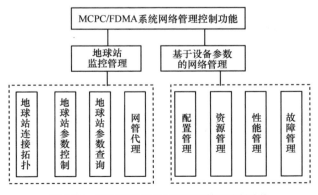

图 4-21　FDMA/MCPC 系统网络管理控制功能

（1）地球站监控管理

FDMA/MCPC 系统地球站设备复杂，因此通常设置地球站监控单元，主要对地球站的设备组成、连接拓扑、设备状态和参数进行管理，实时监视和管理处于工作或者没有开机的设备状态，如设备之间连接是否正常等，对设备进行远程控制和远程状态参数监视，同时作为网管中心的代理，执行网管中心对该站的管理操作。

（2）基于设备参数的网络管理

FDMA/MCPC 系统基于设备参数的网络管理功能主要包括配置管理、资源管理、性能管理和故障管理，但是所有这些管理均基于地球站设备管理和控制实现。

配置管理主要对地球站地址、地球站规模、地球站类型，各站信道类型和数量、所使用卫星参数、各站设备的初始参数、网络的互通关系、互通所占用资源、业务接口参数等进行设置。

资源管理主要根据互通业务带宽需求，调整载波速率、调制编码方式、发射功率等，资源管理通过网管中心的配置管理操作实现。

性能管理主要是对通信链路的性能统计，包括链路质量（接收电平、$E_b/N_0$ 等）、丢包率、流量等。网管中心将采集的性能数据保存在性能数据库中，通过图形化形式呈现，并可对性能数据进行检索、导出备份、清除等处理。

故障管理主要是对通信链路故障和设备故障的管理。链路故障管理分析链路中断的原因，如 $E_b/N_0$ 过低、解调器无法锁定、发送端调制器故障等。设备故障管理则基于设备告警信息和故障判读规则，确定发生故障的设备及具体故障原因。网管中心对发生的故障以图形、语音等形式实时提醒管理人员，并自动记录故障日志。

## 4.3.4　网络管理控制协议

（1）协议分层

FDMA/MCPC 系统的网络管理控制协议可基于 IP 和非 IP 承载。基于非 IP 承载时，协议为 HDLC/专用管理协议；基于 IP 承载时，协议为 HDLC/UDP/SNMP。

基于 IP 承载时，网管信令通过交换机接入业务信道，与业务信息共享载波，这时协议层次由应用层、UDP 传输层、IP 网络层、链路层和物理层构成，如图 4-22 所示。其中 UDP 及 IP 为标准的 UDP 传输层和 IP 网络层，而应用层采用 SNMP 或专用管理协议。

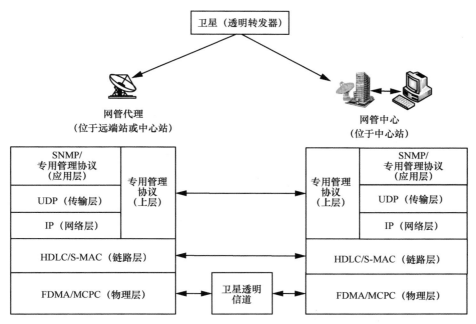

图 4-22　FDMA/MCPC 系统网络管理控制协议分层

（2）专用管理控制信令

FDMA/MCPC 系统网络管理控制信令及信息内容见表 4-3。

表 4-3　FDMA/MCPC 系统网络管理控制信令及信息内容举例

| 信令类型 | 具体项目内容 | 备注 |
|---|---|---|
| 站状态查询帧 | 查询的地球站地址 | 网管中心发 |
| 站状态响应帧 | 地球站地址+站状态 | 站内监控设备 |
| 更改链路配置申请 | 源站地址+目的站地址+复接器参数配置+调制解调器参数 | 站内监控设备 |
| 更改链路配置命令 | 源站地址+目的站地址+复接器参数配置+调制解调器参数 | 网管中心发 |
| 设备参数查询命令 | 查询的站地址+设备地址 | 网管中心发 |
| 设备参数响应 | 设备参数信息 | 站内监控发 |
| 设备参数设置命令 | 查询的站地址+设备地址+参数标识+参数值 | 网管中心发 |
| 设备参数设置响应 | 设置结果（成功/失败） | 站内监控发 |
| 状态查询命令 | 特征字+查询内容标识 | 网管中心发 |
| 状态上报 | 特征字+查询内容参数 | 站内监控发 |
| 设备告警上报 | 站地址+设备地址+告警标识+告警值 | 站内监控发 |

（3）基于 SNMP 的管理控制协议

FDMA/MCPC 系统传输带宽较宽，适合 IP 承载传输，因此可借鉴计算机网络的 SNMP，但需要设计专门的 MIB，即定义私有的卫星通信 MIB 子树，一般将该子树挂接在 enterprises 子树下。典型的 FDMA/MCPC 系统 SNMP 的 MIB 结构如图 4-23 所示。其中，"通信专网"结点（编号 3600）是代表本企业产品的结点，包含光纤网、卫星专网及多种其他形式网络的一类专用网络。

卫星专网子树分为"公共信息"和"专业信息"两大类。"公共信息"子树定义系统通用管理信息，如系统描述、代理 ID、系统名称、系统位置等。"专业信息"子树定义系统专用管理信息，按照类型分为"设备参数"和"网络参数"两个分支，设备参数主要包含被监控地球站的各设备，网络参数包含了节点、链路、卫星、转发器、频率池、资源状态等。对于单个设备 MIB，一般将每个参数定义为单个的 SNMP 变量；而对于整个卫星通信系统的管理，同类设备以及链路、节点等往往都是多重的，因此一般需要将它们设计为 SNMP 表格对象，将多重变量组织在表格的行中。例如，分布在多个站的同型号调制解调器设备参数在 MIB 中存储为表格的多行数据，通过站地址、设备类型、设备序号等进行索引。

# 4.4　非全 IP 业务中低速 FDMA/MCPC/DAMA 系统的运维管理

## 4.4.1　网络管理控制站间拓扑与信道

非全 IP 业务中低速 FDMA/MCPC/DAMA 系统是 FDMA/SCPC/DAMA 系统和 FDMA/MCPC 系统的融合，网络管理控制系统也是以上两个网络管理控制系统的融合。由于将 FDMA/SCPC/DAMA 系统的管控网络作为这种混合系统的管控网络，因此，这种混合系统的站间拓扑及管控信道与第 4.2.1 节的 FDMA/SCPC/DAMA 系统的相同。

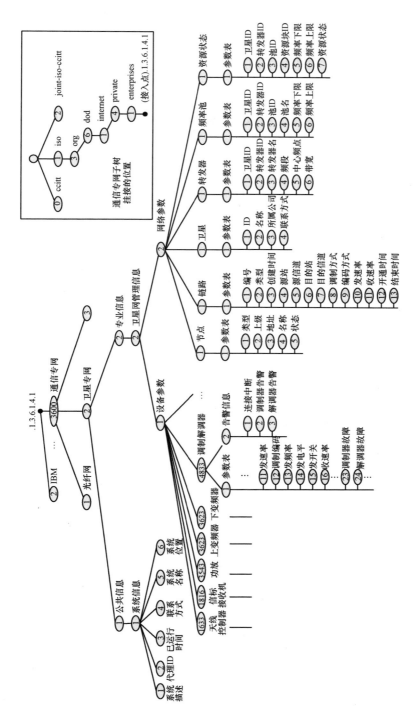

图 4-23　FDMA/MCPC 系统 SNMP 的 MIB 结构

## 4.4.2 网络管理控制对象和层级

（1）网络管理控制对象

网络管理控制对象为 FDMA/SCPC/DAMA 系统管理控制对象和 FDMA/MCPC 系统管理控制对象的综合，如图 4-24 所示。

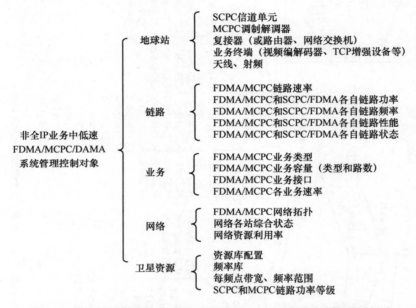

图 4-24 非全 IP 业务中低速 FDMA/SCPC/DAMA 系统网络主要管理控制对象

（2）网络管理控制层级

系统的管理控制层级与 FDMA/MCPC 系统相同。原因是其中的 MCPC 信道带宽宽，支持速率高，支持 IP 承载的各类信息传输，涉及 IP 的各层。

## 4.4.3 网络管理控制功能和协议

（1）网络管理控制功能

非全 IP 业务中低速 FDMA/SCPC/DAMA 系统的管理控制功能是前面两个系统管理控制功能的综合，如图 4-25 所示，包括地球站监控管理、网络管理和网络控制。地球站监控管理是指对网内各个地球站的设备连接拓扑、设备工作状态、设备工作参数等进行管理。网络管理功能主要包括网络的性能管理、故障管理等。网络控制功能主要包括地球站入退网控制和资源动态分配控制。

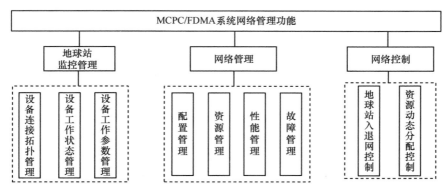

图 4-25　非全 IP 业务中低速 FDMA/SCPC/DAMA 系统网络管理功能

（2）网络管理控制协议

非全 IP 业务中低速 FDMA/SCPC/DAMA 系统的网络管理分层与 FDMA/SCPC/DAMA 系统和 FDMA/MCPC 系统的分层基本相同，但是信令类型是两类系统的综合。尤其是专用类，包括参数查询和设置，是与自动申请分配不同的信令集，如图 4-26 所示。

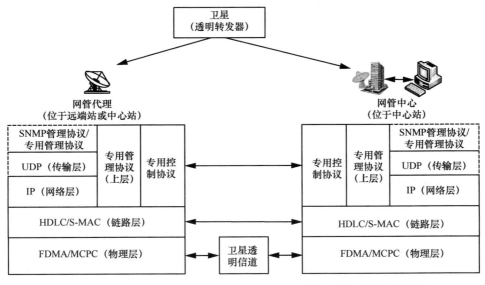

图 4-26　非全 IP 业务中低速 FDMA/MCPC/DAMA 系统网络管理控制协议分层

### 4.4.4　网控中心资源库配置限制和网络规模限制

（1）低速 FDMA/SCPC/DAMA 系统的网控中心资源库配置限制及网络规模限制

最早的 FDMA/DAMA 系统就是低速 SCPC 系统，低速意味着每个 SCPC 载波占用带宽很少。假设业务速率为 9.6kbit/s，每路业务载波占用 15kHz，资源库存储 500 对可用载波，意味着网络内最多可以同时在线 500 路业务（目前我国"天通一号"5000 路在线，网内用户 30 万，则 500 路业务在线能力网络网内用户数上万），一共占用带宽 15MHz。以一颗 Ku 频段通信卫星为例，一般设置不少于 10 个 36MHz 转发器，15MHz 不足半个转发器资源，为一个专网的成千上万个用户服务。而这类 VSAT 网络通常是以专网形式存在的，对于运营商而言，希望一颗卫星为更多的专网提供服务，对于一个专网用户来讲，希望租最少的卫星资源满足网络运行需求，因此这种低速支持按需分配的 VSAT 网络得到广泛应用。

（2）中低速 FDMA/MCPC/DAMA 系统的网控中心资源库配置限制及网络规模限制

中速率意味着每个站每个载波的速率比较高，支持的业务速率比较高，常见的系统每个站每个载波速率可达 2Mbit/s，有些用户希望系统支持更高速率，如 8Mbit/s。如果达到这样的速率，假设网内支持 50 对用户同时在线，每个载波业务速率为 2Mbit/s 时（占据约 3MHz 带宽资源），则 50 对用户在线需要配置 150MHz 资源，相当于一颗卫星转发器资源的一半。因此，这类中速率 FDMA 系统不适合业务量多或规模大的网络，更不适合建立多个网，浪费太多资源。

## 4.5　全 IP 业务 IP/FDMA/DAMA 系统的运维管控

### 4.5.1　网络管理控制站间拓扑与信道

单就组成原理而言，全 IP 业务 IP/FDMA/DAMA 系统就是在 FDMA/SCPC/DAMA 系统的基础上，根据信道单元从支持低速向支持中速发展，增加全 IP 的业务接入功能，但是这一变化却给网络管理控制带来多方面不同，如管控信道组织、路由策略管理、QoS 管理、多载波资源分配管理等。

（1）站间拓扑

全 IP 业务 IP/FDMA/DAMA 系统的网络管理控制典型拓扑为星形,以网络管理控制中心所在的地球站为中心,以管控代理所在站为端站,如图 4-27 所示。可以看出,与 FDMA/SCPC/DAMA 系统站间拓扑有所不同。全 IP 业务 IP/FDMA/DAMA 系统一个地球站配置一个管控代理,这是因为 IP 业务一般是在业务量变化时,需要的带宽就发生变化,调整信道带宽比增加信道路数更有效。网控中心为独立设备,IP 接入与管控代理集成一个设备,配置于每个地球站。

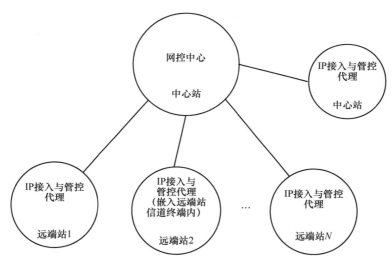

**图 4-27　全 IP 业务 IP/FDMA /DAMA 系统网络管理控制站间拓扑**

（2）网络管理控制信道

一般情况下,中心站配置管控信道,管控信道前向可以和 IP 广播共用信道,返向可以参照 FDMA/SCPC/DAMA 系统配置 ALOHA 接收信道。远端站可配置独立或者不独立的管控信道。

图 4-28 给出了非独立控制信道的远端站配置。远端站采用管控和业务切换使用信道单元的方案,当调制解调器工作在管控模式时,管控代理使用调制解调器与网络管理控制中心进行双向通信,当调制解调器切换到业务模式时,管控代理、IP 接入处理共享使用调制解调器,发送和接收管控和业务数据。

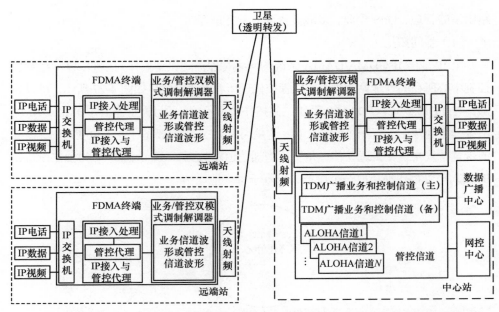

**图 4-28　全 IP 业务 IP/FDMA/DAMA 系统网络管理控制信道配置（远端站管控和业务信道切换）**

　　图 4-29 给出了采用独立管控信道单元的远端站配置，远端站配置独立的管控信道调制解调器，并与管控代理连接，发送和接收管控信令数据。

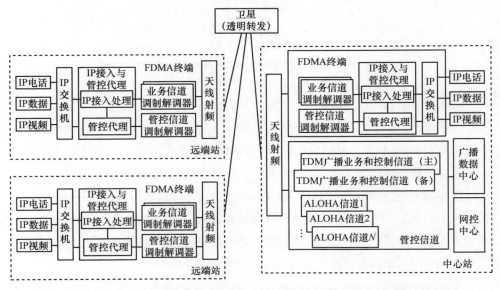

**图 4-29　全 IP 业务 IP/FDMA/DAMA 系统网络管理控制信道配置（远端站配置独立管控信道）**

## 4.5.2　网络管理控制对象和层级

（1）网络管控对象

全 IP 业务 IP/FDMA/DAMA 系统管控对象如图 4-30 所示。

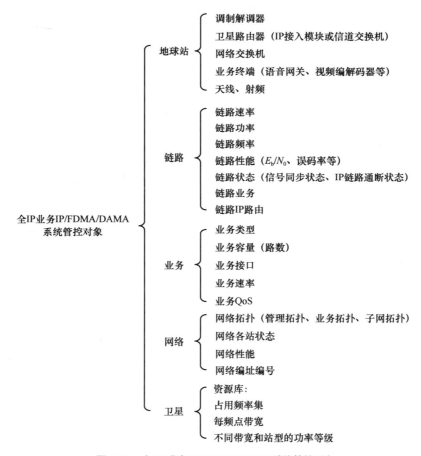

全IP业务IP/FDMA/DAMA 系统管控对象

**地球站**
- 调制解调器
- 卫星路由器（IP接入模块或信道交换机）
- 网络交换机
- 业务终端（语音网关、视频编解码器等）
- 天线、射频

**链路**
- 链路速率
- 链路功率
- 链路频率
- 链路性能（$E_b/N_0$、误码率等）
- 链路状态（信号同步状态、IP链路通断状态）
- 链路业务
- 链路IP路由

**业务**
- 业务类型
- 业务容量（路数）
- 业务接口
- 业务速率
- 业务QoS

**网络**
- 网络拓扑（管理拓扑、业务拓扑、子网拓扑）
- 网络各站状态
- 网络性能
- 网络编址编号

**卫星**
- 资源库：
- 占用频率集
- 每频点带宽
- 不同带宽和站型的功率等级

**图 4-30　全 IP 业务 IP/FDMA/DAMA 系统管控对象**

全 IP 业务 IP/FDMA/DAMA 系统实现了卫星通信网络和地面 IP 网络融合，管控对象和层级延伸到地面网络和用户业务层面，包括地面网络用户业务接入设备，如 IP 语音网关、IP 视频编解码器、路由器等。与 FDMA/MCPC 系统相比，全 IP 业务 IP/FDMA/DAMA 系统具有基于 IP 业务申请检测的带宽动态分配功能，

FDMA/MCPC 系统只是预分配带宽等资源。

与 FDMA/SCPC/DAMA 系统和 FDMA/MCPC 系统不同的是，本系统卫星链路和资源管控更加精细复杂。一方面，按照业务流驱动建立、调整、拆除业务链路；另一方面，资源管控从卫星带宽和功率资源扩展到 IP 路由等资源。

（2）网络管控层级

如图 4-31 所示，全 IP 业务 IP/FDMA/DAMA 系统管理控制从物理层、链路层、网络层扩展到了传输层、应用层。这类网络以 IP 流量驱动动态资源动态申请分配，网络层需要配置卫星 IP 广域链路路由，传输层和应用层需要通过 IP 加速器设备、语音网关、视频编解码器等实施对应用层的管理。

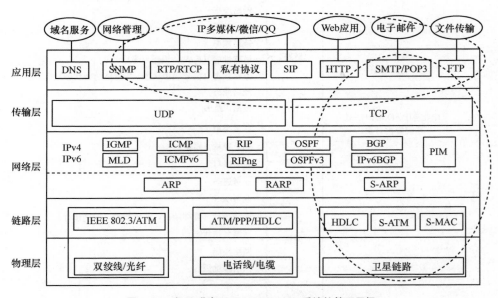

图 4-31  全 IP 业务 IP/FDMA/DAMA 系统的管理层级

## 4.5.3  网络管理控制功能

全 IP 业务 IP/FDMA/DAMA 系统管理控制功能主要包含地球站监控管理、基于业务驱动的网络管理控制和 IP 业务管理控制。前两项功能分别与 MCPC/FDMA 系统的地球站监控管理、FDMA/SCPC/DAMA 系统网络管理控制相关，但是内容和方法都进行了扩展，而 IP 业务管理控制具有独特性，如图 4-32 所示。

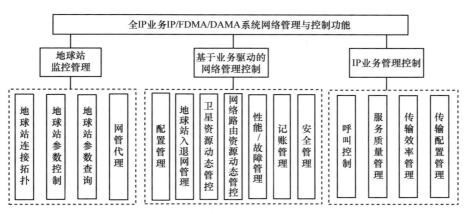

图 4-32　全 IP 业务 IP/FDMA/DAMA 系统管理控制功能示意图

（1）地球站监控管理

全 IP 业务 IP/FDMA/DAMA 系统地球站监控管理与 MCPC/FDMA 系统地球站监控管理类似，但支持的被管设备类型有所拓展。网控中心通过地球站监控单元采集各地球站工作参数和状态。必要时可以通过网控中心远程对地球站进行设置和故障处置。

（2）基于业务驱动的网络管理控制

配置管理与 FDMA/SCPC/DAMA 系统类似，首先对中心站的网控信道和网控中心数据库等进行配置。网控信道需配置广播信道数、发射频率和功率、申请信道数、接收频率等；网控中心数据库需要配置网络参数和站参数以及资源池参数等。

全 IP 业务 IP/FDMA/DAMA 系统网络配置管理关键内容举例见表 4-4。

表 4-4　全 IP 业务 IP/FDMA/DAMA 系统网络配置管理关键内容举例

| 配置项目类型 | 具体内容 |
| --- | --- |
| 管控信道 | TDM 信道发送频率、接收频率、发射功率、信道单元地址、主、备角色，ALOHA 接收信道路数、接收、发送频点、远端站发送电平、ALOHA 信道单元地址，主、备用管控中心 IP 地址 |
| 功率参考库 | 网内站(型)到站(型)发送电平参考值、电平补偿值<br>系统各型调制解调器调制编码组合 $E_b/N_0$ 目标值 |
| 卫星资源和频率库等参数 | 可用卫星经纬度、可使用转发器频率范围、优选的频率集及站间互通功率等级、各频率应用类型（共享、业务专用、子网专用）各站可用的信道单元、各频率池资源分配规则 |
| 子网参数 | 子网标识、名称、子网主站地址、子网互通权限<br>子网专用卫星资源 |
| 业务定义参数 | 业务标识 ID、业务名称、业务识别规则、业务标称带宽、业务占用资源优先等级 |
| 预案参数 | 互通的信道、互通所用频点、互通所发送功率、互通的业务、互通所用业务终端等 |

地球站入退网管理过程类似于 FDMA/SCPC/DAMA 系统，但是随着技术的发展，入网验证过程经常与鉴权过程结合，提高安全性。网控中心对远端站入网请求进行合法性验证，并在入网成功后对其在网内的状态进行监视。入网安全程度与鉴权算法有关，高复杂度鉴权算法安全性更好，但也意味着对处理资源的消耗大。网控中心对远端站轮询检测，超时无响应的站被判定为已退网，重新入网后，才可以使用网控中心的资源。

信道按申请分配（信道资源管理）基于 IP 流量控制的业务驱动机制，建立/拆除链路；根据对 IP 业务的检测，自动提出卫星资源申请，包括速率、带宽、功率等。与 FDMA/SCPC/DAMA 系统业务速率相对固定（如单路电话）不同，全 IP 业务 IP/FDMA/DAMA 系统中的 IP 业务是突发性的，系统需要根据业务变化调整带宽和功率。所谓的带宽按申请分配（Bandwidth on Demand，BOD）和自适应功率控制在这类系统中均得到应用。

路由资源分配方面，全 IP 业务 IP/FDMA/DAMA 系统可以不要求像 FDMA/MCPC 系统一样链路长时间保持，可基于一次申请、一次建链、一次拆链，进行动态控制，这也意味着路由不能长时间保持不变，基于逐呼叫建立、逐呼叫分配的方式使用路由资源。

性能管理主要是对网络性能的统计，针对全 IP 业务 IP/FDMA/DAMA 系统这类业务速率中等、面向各类业务用户的系统，网络的性能除呼通率之外，还有链路质量数据、网管信令流量等统计数据。性能管理功能将采集的网络性能数据自动保存在性能数据库中，并对其进行检索、备份、清除等处理。

故障管理主要是收集故障报告，包含了链路的故障管理等。分析链路不能建立的原因，比如呼叫不成功可能是由无资源可用、控制信道可通率低、业务信道可通率低等多种原因造成的。

安全管理内容包括用户安全、网络安全等。用户安全指网络管理用户（操作员）访问网管系统的安全性。网管中心一般对网络管理用户进行分级管理，不同级别用户拥有不同权限，用户必须登录网管中心后，才可以在权限内对卫星通信网络进行管理。网络安全指代理用户接入网控中心的安全性。

记账管理重点记录各用户使用卫星资源的情况，如使用的带宽、时长、功率等，为运营服务平台提供数据支撑。

（3）IP 业务管理控制

承载链路建立控制方面，以 IP 语音为例，在卫星信道和路由建立后，需要通过会话起始协议（Session Initiation Protocol，SIP）信令建立在 IP 之上的业务连接。

业务拓扑配置方面，在支持多媒体 IP 业务场景中，数据、语音、视频有可能有不一样的通信连接关系，需要进行必要的配置，尤其是多数视频业务为广播或者回传方式。

业务传输效率监视和管理方面，以 TCP 业务为例，需要进行增强才能获得较高的传输效率；网控中心需要监视相关情况，并对增强策略做出调整。

业务服务质量控制方面，识别 IP 业务类型一般基于网络五元组（源 IP、源 Port、目的 IP、目的 Port、传输层协议）以及 IP 报文的服务类型（Type of Service，ToS）值，将符合一定约束规则的 IP 报文流识别为某种业务数据，并按业务类型和流量分配合适的带宽资源。

表 4-5　全 IP 业务 IP/FDMA/DAMA 系统 IP 业务管理控制内容

| 配置项目类型 | 具体内容 |
| --- | --- |
| IP 网络拓扑配置 | 网内地球站 IP 子网地址、掩码、网关<br>网内地球站管控代理 IP 地址 |
| IP 电话拓扑配置 | 全网各站语音网关 IP 地址、全网各站电话号码<br>语音业务 SIP 服务器地址 |
| IP 视频拓扑配置 | 全网各站视频编码器数量、类型、IP 地址<br>全网各站视频解码器数量、类型、IP 地址 |
| IP 实时业务速率等配置 | 视频编解码速率、语音编解码速率<br>子网专用卫星资源 |
| IP 承载端对端连接建立 | SIP 信令 |
| QoS 配置 | 配置业务优先级及相关策略 |

## 4.5.4　网络管理控制协议

（1）协议分层

由于全 IP 业务 IP/FDMA/DAMA 系统需要实时动态地建立业务链路，因此一般配置独立的管控信道，体制采用 TDM/ALOHA，支持上层的管控协议，完成网络管理控制功能。全 IP 业务 IP/FDMA/DAMA 网络管理控制系统管控协议可基于 IP 和非 IP 链路，协议分层如图 4-33 所示。

采用非 IP 链路时，管理控制协议分层基本由应用层、链路层和物理层构成，应用层为专用自定义的网络管控协议。采用 IP 链路时，管理控制协议分层由应用层、

UDP 传输层、IP 网络层、链路层和物理层构成，应用层为 SNMP 或专用网络管控协议。二者在链路层及以下基本一致，链路层协议参照 HDLC 协议进行适应性修改，物理层是独立的 TDM/ALOHA 卫星通信信道。

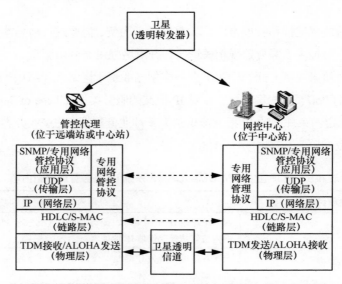

图 4-33　全 IP 业务 IP/FDMA/DAMA 系统管理控制协议分层

（2）HDLC 协议

同 FDMA/SCPC/DAMA 系统网络管理与控制章节（第 4.2.4 节）所述。

（3）应用层专用管控信令

在非 IP 管理链路上，一般采用专用管控信令完成相关功能；在 IP 管理链路上，可采用专用协议（如申请分配等控制采用专用协议，主要是对设备的管理）或标准的 SNMP。上层采用专用管控协议时，专用管控信令填充 HDLC 帧中的信息字段（采用非 IP 管控信道时）或 UDP 报文的信息字段。主要的管控信令类型及信息内容举例见表 4-6。

表 4-6　全 IP 业务 IP/FDMA/DAMA 系统网络管控信令类型及信息内容举例

| 信令类型 | 具体项目内容 | 备注 |
|---|---|---|
| 周期性 TDM 广播 | 主、备 TDM 频率+1-N 路 ALOHA 信道频率列表+时统信息（年月日时分秒等）+互通关系预案信息+电话号码规则信息等 | 网控中心发 |
| 入网申请命令 | 本地球站地址 | 管控代理发 |

（续表）

| 信令类型 | 具体项目内容 | 备注 |
|---|---|---|
| 入网响应 | 允许入网的地球站地址 | 网控中心发 |
| 站状态查询命令 | 查询的地球站地址 | 网控中心发 |
| 站状态响应 | 地球站地址+站状态 | 管控代理发 |
| 通信请求命令 | 数据：源站地址+目的站地址+业务 IP 地址+带宽+编译码方式+业务类型<br>语音：源站地址+目的站地址+业务 IP 地址+带宽+编译码方式+业务类型（语音）+电话号码+语音编码<br>视频：源站地址+目的站地址+业务 IP 地址+带宽+编译码方式+业务类型（视频）+视频码率+视频编码方式 | 管控代理发 |
| 通信分配响应 | 数据：源站地址+源信道+源站路由+目的站地址+目的信道+目的站路由+业务 IP 地址+带宽+编译码方式+业务类型<br>语音：源站地址+源信道+源站路由+目的站地址+目的信道+目的站路由+业务 IP 地址+带宽+编译码方式+业务类型（语音）+电话号码+语音编码<br>视频：源站地址+源信道+源站路由+目的站地址+目的信道+目的站路由+业务 IP 地址+带宽+编译码方式+业务类型（视频）+视频编解码器 ID+视频码率+视频编码方式 | 网控中心发 |
| BOD 资源调整请求命令 | 业务 IP 地址+当前 IP 流量+带宽调整方案 | |
| BOD 资源调整响应 | 链路新的带宽频点+新编译码方式 | |
| 通信结束请求命令 | 请求站的地址 | 管控代理发 |
| 通信结束响应 | 源站地址+目的站地址 | 网控中心发 |
| 设备参数查询命令 | 查询的站地址+设备地址 | 网控中心发 |
| 设备参数响应 | 设备参数信息 | 管控代理发 |
| 设备参数设置命令 | 查询的站地址+设备地址+参数标识+参数值 | 网控中心发 |
| 设备参数设置响应 | 设备结果（成功/失败） | 管控代理发 |
| 设备告警报告 | 站地址+设备地址+告警标识+告警值 | 管控代理发 |

## 4.5.5　典型网络管理控制流程

全 IP 业务 IP/FDMA/DAMA 系统与 FDMA/SCPC/DAMA 系统相比，网络管理控制更加复杂。业务链路的控制基于统一的 IP 业务流驱动，在 IP 业务出现时建立链路，在 IP 业务变化时调整链路，在 IP 业务流量消失时拆除链路。其典型的网络管理控制流程如图 4-34 所示。

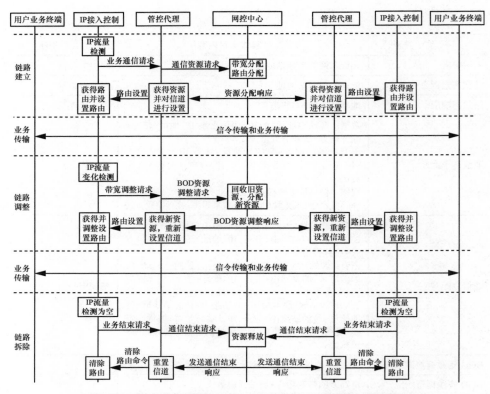

图 4-34　全 IP 业务 IP/FDMA /DAMA 系统典型的网络管理控制流程

（1）链路建立

业务终端启动业务时，IP 接入控制检测到 IP 流量（或业务控制信令，如 H.323 或 SIP），触发业务链路建立流程，通过管控代理向网控中心发送通信资源请求，网控中心进行带宽、路由等资源的配置，并将结果返回给管控代理，管控代理设置信道参数并指示 IP 接入控制单元设置路由参数，建立业务链路。

（2）链路调整

IP 接入控制单元监测到业务流量发生变化时，触发链路调整流程，通过管控代理向网控中心发送 BOD 资源调整请求，网控中心进行资源重新分配、路由调整等计算，并将调整结果返回给管控代理，管控代理及 IP 接入控制单元按要求调整信道参数及链路路由。链路调整完成后继续业务传输。

（3）链路拆除

IP 接入控制监测到业务流量消失后，触发链路拆除流程，通过管控代理向网控中心发起链路结束请求，网控中心回收资源并通知管控代理重置信道参数和路由。

## 4.5.6　专家系统支撑需求

专家系统的支撑作用主要是对资源库所需的配置进行提前建模、计算。专家系统需要对全网的 IP 路由资源、物理信道资源、所使用的频率库资源、各站不同速率的功率等级、业务相关 IP 多播地址资源进行提前设计、预算，为网控中心的资源库配置提供支持。

# 第 5 章

# 基于常规透明转发器或多波束铰链转发器的 MF-TDMA 卫星通信网络的运维管控

基于常规透明转发器或多波束铰链转发器的 MF-TDMA 卫星通信网络（简称 MF-TDMA 系统）相比于 FDMA 系统，具有几个明显的特点，一是支持宽带多点在线组网，二是多站同时工作时节省卫星频率资源，三是技术复杂度高。MF-TDMA 系统近 10～20 年迅速发展，并得到广泛应用。本章结合 MF-TDMA 系统不同发展阶段的特点，给出其网络管理控制相关技术和设计要点。

# 5.1 MF-TDMA 系统的演进及不同系统特点

## 5.1.1 系统演进

MF-TDMA 系统是 20 世纪 90 年代后逐步发展起来的一种新型 VSAT 网络系统技术，起源于 TDMA 系统，又结合了 FDMA 方式的特点，与 IP 等分组交换技术结合形成了可以实现各站点同时在线的宽带组网卫星通信系统，切合了 IP 互联网应用模式的需求。跨波束 MF-TDMA 系统是为了扩大单网覆盖范围、提高地球站单跳可达距离而发展的系统。MF-TDMA 系统的类型及发展演进如图 5-1 所示。

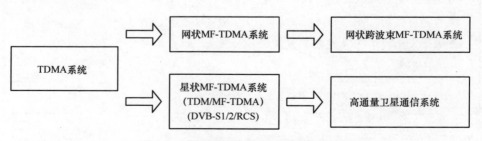

图 5-1 MF-TDMA 系统的类型及发展演进

## 5.1.2 不同系统的特点

单载波 TDMA 系统的特点是全网占用一个载波,如图 5-2 所示。当地球站数量增加时,载波大小需要增加,地球站口径需要增加,地球站增加带来成本的增加,因此单载波的应用受到限制。

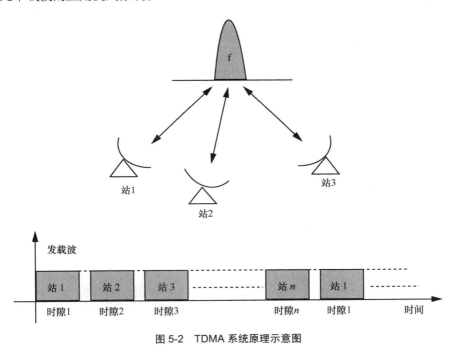

图 5-2 TDMA 系统原理示意图

MF-TDMA 体制是 TDMA 和 FDMA 结合的一种技术体制,既克服了单载波 TDMA 系统地球站大、FDMA 系统组网不灵活的缺点,又继承了 TDMA 系统可以组网、FDMA 系统可以降低天线口径的优点,在 IP 业务和互联网迅猛发展的时代,得到了广泛应用。MF-TDMA 系统通常工作于区域大波束下,而有些情况,一个区域波束覆盖不能满足通信距离要求,人们构想通过前面的可移动点波束与后方的固定区域大波束之间组网通信,实现单跳距离大幅度提升,这种需求催生了波束铰链 MF-TDMA 系统的诞生。MF-TDMA 系统原理示意图如图 5-3 所示。

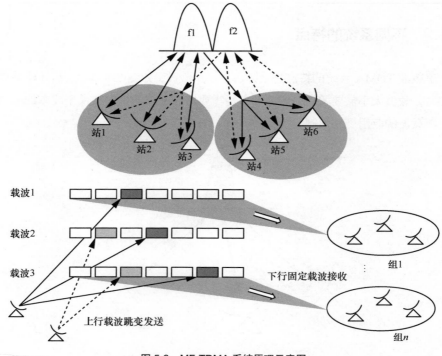

图 5-3　MF-TDMA 系统原理示意图

# | 5.2　单波束 MF-TDMA 系统的运维管控 |

## 5.2.1　网络管理控制拓扑与信道

（1）网络管理控制拓扑

MF-TDMA 系统网络管理控制拓扑如图 5-4 所示。与 FDMA 系统不同，MF-TDMA 管控是以主站和备份主站为中心的双中心星形拓扑结构。设置双中心主要基于两个原因，一是主站的重要性，全网基于主站参考时间基准进行全网同步，主站出现问题，全网将会瘫痪，因此备份主站通常是必须配置的；二是 MF-TDMA 系统主站相对于 FDMA/DAMA 系统设备组成少、费用低，配置一个备份主站，对网络建设总的费用影响不明显。

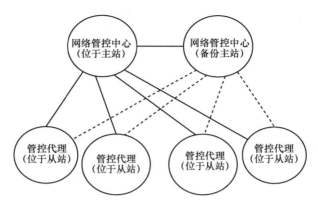

图 5-4　MF-TDMA 系统网络管理控制拓扑

（2）网络管理控制信道

MF-TDMA 系统管控信道与 FDMA 系统完全不同，不需要配置独立硬件，不需要占用独立载波，在主载波上，占用相应的时隙即可。另外，在多数 MF-TDMA 系统中，管理信道和控制信道占用不同类型的时隙，如图 5-5 所示。

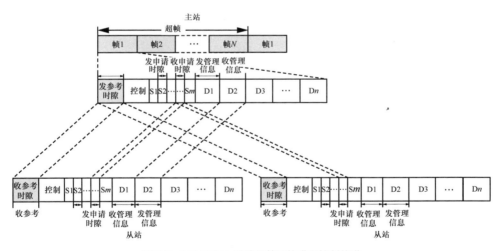

图 5-5　MF-TDMA 系统的管理信道和控制信道

主站发参考时隙信息包含信道分配等一系列控制信息；各站实时同步于参考突发，并根据本站需要传输的业务情况，通过申请时隙发出申请，主站接收申请；控制时隙可能发送接收 TDMA 系统特殊的同步保持相关控制信息；MF-TDMA 系统通常将网络的管理信息作为一种 IP 业务进行传输。

## 5.2.2 网络管理控制对象及层级

（1）网络管控对象

MF-TDMA 系统的管控对象看上去似乎与 FDMA 系统差别不大，实际上管控的重点有很大差别，如图 5-6 所示。MF-TDMA 系统侧重对网络层的管理，增加了对时隙的控制、对系统同步的控制。MF-TDMA 系统信道终端与 FDMA 系统信道终端相比，复杂度、可管控的参数等增强很多。

图 5-6　MF-TDMA 系统管控对象

（2）网络管控层级

如图 5-7 所示，MF-TDMA 系统管控层级有可能涉及网络层，即包含物理层、链路层和网络层 3 层。主要是因为这类系统的传输带宽宽，支持 IP 多媒体业务，对网络层的管理仅限于对各站路由器和路由表的配置管理。

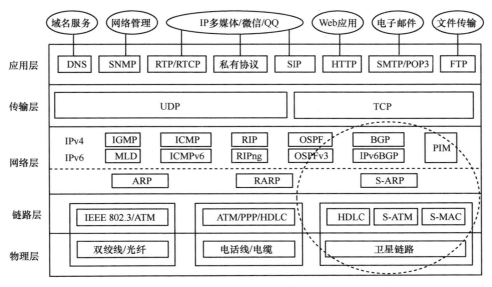

图 5-7　MF-TDMA 系统管控层级

## 5.2.3　网络管理控制功能

　　MF-TDMA 系统的网络管理控制功能可以归类为网络控制功能和网络管理功能，如图 5-8 所示。网络控制功能主要包括同步保持控制、资源分配与业务接入控制、功率控制、频率跳变控制、主备站切换控制；网络管理功能主要包括网络配置管理、入退网管理、子网管理、业务组织管理、性能管理、故障管理、安全管理、账务管理和设备管理。

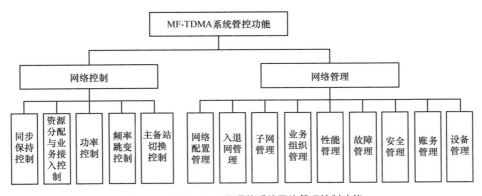

图 5-8　MF-TDMA 卫星通信系统网络管理控制功能

（1）网络控制功能

同步保持控制是 TDMA 系统能够工作的基础，通过接收参考时隙、控制信息发送测距帧，实时测量地球站信号到卫星的往返时间，并不断地调整终端的同步机制，使本站一直与主站同步。

资源分配与业务接入控制是 TDMA 系统控制的核心，主要是各站网控代理根据业务流量提出时隙资源申请，网控中心（帧计划）处理单元根据当前资源情况，给相关提出申请的站实时分配时隙资源。

功率控制在前期对各站发送电平（发送功率）、各站接收信道性能范围（$E_b/N_0$）进行配置的基础上，根据发送站到接收站的信道质量变化，不断调整地球站发射功率。

频率跳变控制方面，地球站根据提前规划的载波组合载波频点，根据每帧数据的目的地不断调整本站发送频点，按需调整接收频点。

主备站切换控制方面，网络开通时，主站和备份主站根据各自角色设置，扮演相关角色，但是如果备份主站一直无法收到正确的参考信息，也无法收到发送到主站的任何响应，同时又能够判断本站链路没有故障，则备份主站就可以自动升级为主站，主动发送参考信息。原主站首先需要排除故障，排除故障后，如果收到备份主站的参考信息，则主站自动降为备份主站。

（2）网络管理功能

网络管理方面，MF-TDMA 系统相比于 FDMA 系统最大的不同是 MF-TDMA 系统是多点对多点的网络，是真正与互联网随时在线思路一致的网络，每一个站、每一个业务、每一个参数可能影响全网各个站点的工作状态。因此，其网络管理非常复杂，一般以几类配置文件的形式进行管理。配置文件主要可分为组网参数配置文件、地球站参数配置文件、主站参数配置文件、端口参数配置文件等。主要的网络管理内容见表 5-1。

表 5-1　MF-TDMA 网络管理主要内容

| 配置文件类型 | 具体配置内容 | 备注 |
|---|---|---|
| 组网参数配置文件（各站和网控中心需要配置） | 该配置文件最后更新时间、系统软件版本号、主站和备份主站地址、基本数据时隙长度（字节）（主信道、业务载波数据时隙与基本数据时隙的倍数、各载波的信道编码方式、各站天线口径、各信道的符号速率，各站中频频率范围 | 是各站组网互通均有关的参数配置文件 |

（续表）

| 配置文件类型 | 具体配置内容 | 备注 |
|---|---|---|
| 地球站参数配置文件 | 该配置文件最后更新时间、系统软件版本、本站终端 IP 地址、本站终端监控 IP 地址、网控中心 IP 地址、终端网关 IP 地址各 IP 地址的子网掩码、本站可接收和可发送的信道号；本站站地址，本站接收信道；本站 RTT 预设值；本站的工作模式（正常工作、单载波、误码测试）；本站功放功率、本站接收信道信噪比允许范围，本站频偏补偿。本站自动功率控制开关；本站发送点评基准值；本站发送电平衰减、本站发送电平补偿，本站初始发送电平，主站发送电平。本站接收衰减。本站收参考与数据突破信噪比的偏差值等 | |
| 主站参数配置文件 | 该配置文件最后更新时间、系统软件版本、终端可占自由占用时隙的终端号、允许入网的终端号、网络规模、帧长、超帧长度、载波数量、测距时隙分配周期、广播数据速率、突发间保护时隙等 | |
| 端口参数配置文件 | 该配置文件最后更新时间、系统软件版本、端口状态（工作或不工作状态）、端口业务类型（实时数据或者非实时数据）、端口硬件类型（V35，RS422，RS232 等）、端口模式（DTE 或者 DCE）、端口速率，端口类型（HDLC 透传、FR、专用、电话传真接口、数据接口）；端口自环开关等 | |
| 电话交换配置文件 | 该配置文件最后更新时间、系统软件版本电话号码、电话接口类型（FXO 或者 FXS）、语音编译码方式。与本终端通信的远端站终端地址等 | |
| 端口帧中继配置文件（接帧中继设备时使用） | 该配置文件最后更新时间、系统软件版本、本地虚链路标识、此虚链路的目的标识、此虚链路的目的端口号、此虚链路的远端站虚链路标识、此虚链路的保证带宽等 | |
| 配置管理文件目录 | 该配置文件最后更新时间、系统软件版本、当前使用的配置文件所在目录、配置文件长度、接收网管配置文件状态 | |
| 用户使用参数 | 该配置文件最后更新时间、系统软件版本、本站终端 IP 地址、本站终端监控 IP 地址、网控中心 IP 地址、其他互联设备 IP 地址、终端网关 IP 地址、各 IP 地址的子网掩码、本站站地址、访问终端 FTP 用户名、访问终端 FTP 密码等 | |
| 网控中心需要的配置管理 | 使用的卫星频段、转发器、频点、网络规模、各地球站地址等参数 | |

　　通过网络管理在网控中心可以添加、删除、修改通信卫星、波束、转发器、工作频段、带宽等信息。网络初始参数包括网号、网络规模、工作模式、所用卫星资源等，网络运行参数包括 TDMA 帧结构参数、TDMA 载波参数等，网络通信参数包括终端互通关系配置、PVC 配置等，终端参数包括终端属性参数、端口参数，还包括全网电话参数配置以及电话号码表的生成、修改。网络管理也可以添加、删除、修改通信预案或启动选择的通信预案。

入退网管理处理 TDMA 终端入网和退网申请；验证 TDMA 终端的合法性；禁止或允许 TDMA 终端入网，入网后，通信参数可自动下发，为入网 TDMA 终端分配通信参数。

子网管理可按照载波组设置各站不同的互通关系，实现基于地球站的子网，也可以通过虚路由的配置实现不同业务的虚拟子网。

业务组织管理方面，系统通常可提供视频广播与回传功能，允许用户组织卫星视频会议，因此网管应具备视频会议组织功能，创建视频会议组、选择广播站、回传站等，并以图形化方式展示当前的组织情况。

性能管理主要包括性能数据收集存储、性能参数分析处理、性能参数阈值设置。性能数据收集存储从 TDMA 终端收集性能数据，格式化存储数据库。性能数据包括终端端口收发数据流量、电话呼通率、载波时隙利用率。性能参数分析处理提供性能信息的统计、显示等功能，支持按时间、终端地址、用户等不同条件进行性能统计分析，并以图形化方式显示。性能参数阈值设置对性能参数的监测周期和告警阈值进行设置。

故障管理可进行故障告警信息接收处理、故障告警信息管理、终端状态监视，并提供故障信息查询、统计、打印、导出等功能。故障告警信息接收处理接收并存储来自 TDMA 终端及网管内部的事件报告，并将故障告警信息及时反应到操作终端上。终端状态监视可对终端入网和退网状态、终端通信链路进行监视。故障管理支持按时间、终端地址、用户等不同条件查询统计故障信息，并以图形化方式显示。

安全管理具备用户注册和用户管理功能。通过用户登录和注销功能验证用户合法性，保证未经授权的用户不能访问网络。安全管理可以对用户进行分级管理，设定用户权限和访问范围，可以添加、删除用户。

账务管理包括通信记录、记录数据处理等。账务管理可以记录终端在线时间、通话时间、数据流量等；提供记录数据查询、统计、打印等功能；支持按时间、终端地址、用户等不同条件查询统计记录数据。

## 5.2.4　网络管理控制功能部署

MF-TDMA 系统网络管理控制功能的部署如图 5-9 所示。网络管理控制功能在主站包括网管中心和帧计划两部分。网管中心主要对网络进行管理，一般部署在主站单独的管控计算机上；帧计划处理远端站的申请，并根据申请情况分配相应的时隙资源，一般部署在主站的主控终端中。在各站终端中部署管控代理（包括 SNMP 代理、FTP 服务、专用代理等），管控代理部署在各站终端中或各站站控单元中。一般为了节省成本，不配置站控单元，由 MF-TDMA 系统信道终端承担管理代理功能。

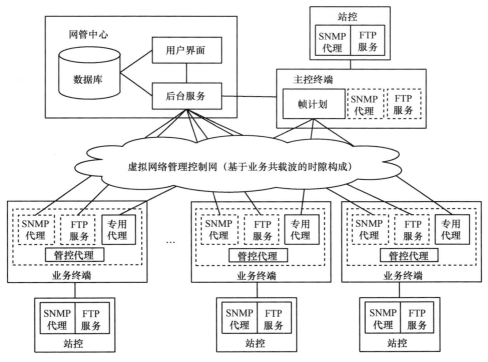

图 5-9　MF-TDMA 系统网络管控功能的部署

## 5.2.5　网络管理控制协议

　　MF-TDMA 系统网络管理控制协议一般为专用协议与通用协议结合。网络控制采用专用协议，以实现控制响应速度快、管理带宽开销小的目标；网络参数配置、终端状态参数和性能参数采集等网络管理维护过程使用通用协议，便于地球站对网络设备集成的管理。

　　网络管理协议采用简单网络管理协议（SNMP）和文件传输协议（FTP）作为通用协议。SNMP 简单、标准、易于实现,适合状态信息、性能数据的采集。在 MF-TDMA

系统中，网管中心通过 SNMP 与业务终端内的 SNMP 代理交互，其中端到端的传输层协议采用 UDP，网络层协议采用 IP，如图 5-10 所示。网管系统使用专用 MIB，对象描述、数据类型描述以及数据编码格式都按照 ASN.1 的要求统一定义，但是对象标识符（Object Identifier，OID）经过压缩，减少了网络管理数据量。

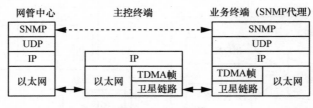

图 5-10　SNMP 栈

有关 SNMP 的内容参见第 3.2.4 节。MF-TDMA 系统使用专用 MIB，其 MIB 结构及主要管理对象如图 5-11 所示。

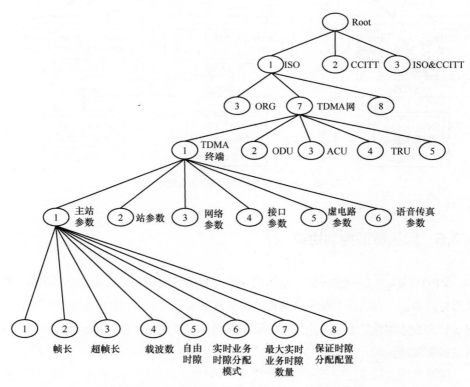

图 5-11　MF-TDMA 系统专用 MIB 结构及主要管理对象

在 MF-TDMA 系统中，网管中心通过 FTP 与业务终端内的 FTP 服务器交互，为终端传输参数配置文件，文件内容采取描述性格式。FTP 传输可靠，适合终端业务参数的批量配置、可靠传输，FTP 栈如图 5-12 所示。

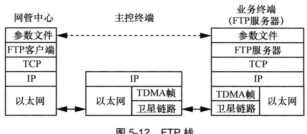

图 5-12　FTP 栈

在 MF-TDMA 系统中，网管中心与主控终端（帧计划）、业务终端（专用代理）之间的交互控制使用专用协议。专用协议安全可靠、开销小、效率高、控制响应速度快，适合 TDMA 网络参数分发、全网运行状态获取、终端运行状态控制、主备站切换和资源分配等。专用协议栈如图 5-13 所示。

图 5-13　专用协议栈

专用协议由命令字、命令长度和命令内容 3 个部分组成，格式如图 5-14 所示。

图 5-14　专用协议格式

## 5.2.6　典型网络管理控制状态转移图和流程

（1）典型网络管理控制状态转移图

MF-TDMA 系统典型的主站工作状态转移过程、远端站工作状态转移过程如

图 5-15 和图 5-16 所示。

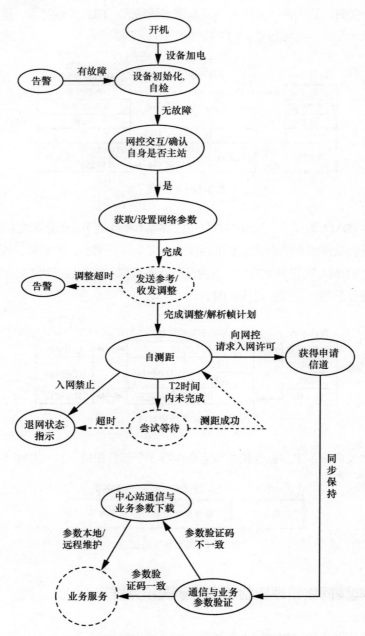

图 5-15  典型 MF-TDMA 系统主站工作状态转移过程

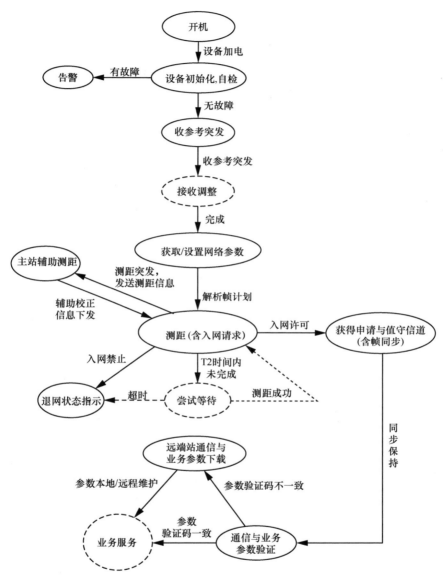

图 5-16　典型 MF-TDMA 系统远端站工作状态转移过程

（2）典型网络管理控制流程

MF-TDMA 系统通信参数下发、视频会议业务组织、运行监视等工作流程如图 5-17～图 5-19 所示。MF-TDMA 系统电话业务、IP 数据等接入控制流程如图 5-20 和图 5-21 所示。

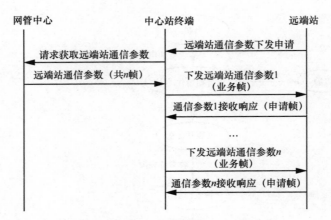

图 5-17　MF-TDMA 系统通信参数下发工作流程

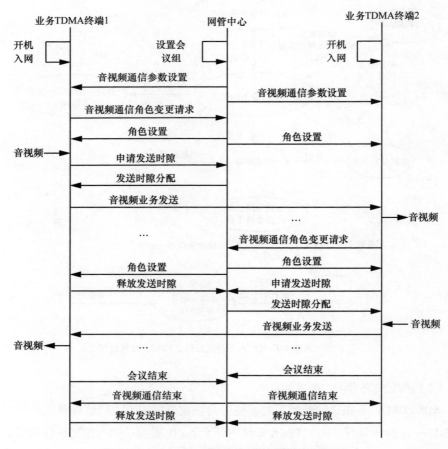

图 5-18　MF-TDMA 系统视频会议业务组织工作流程

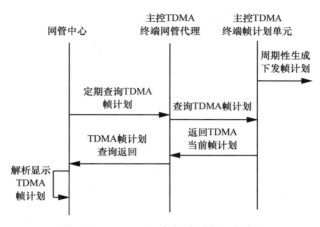

图 5-19　MF-TDMA 系统运行监视工作流程

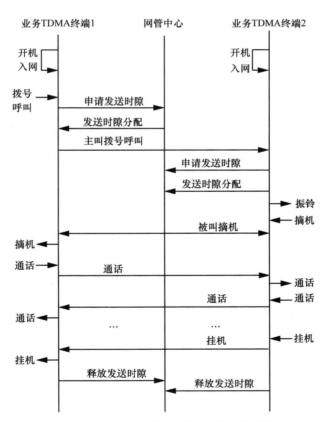

图 5-20　MF-TDMA 系统电话业务接入控制流程

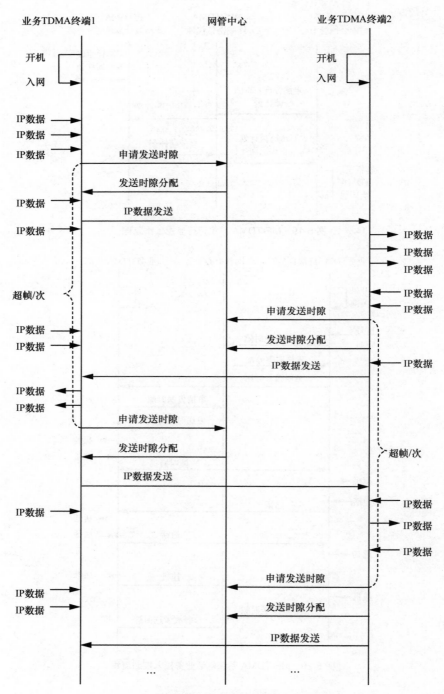

图 5-21  MF-TDMA 系统 IP 数据接入控制流程

## | 5.3　波束铰链 MF-TDMA 系统的运营管控 |

### 5.3.1　网络管理控制拓扑与信道

（1）网络管控拓扑

与单波束情况略有不同，波束铰链 MF-TDMA 系统的网络管控拓扑是多波束星状结构，如图 5-22 所示。

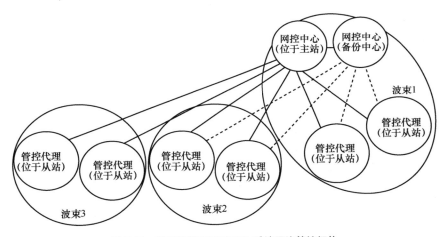

**图 5-22　波束铰链 MF-TDMA 系统网络管控拓扑**

（2）网络管控信道

波束铰链 MF-TDMA 系统管控信道和单波束 MF-TDMA 系统管控信道相比，需要增加对不同波束的信道。主站发送的双参考或者多参考帧，包含分发到不同波束的信道分配等一系列控制信息；不同波束的站，分别同步于各自的参考突发，并根据本站需要传输的业务情况，通过申请时隙发出申请，主站接收申请；控制时隙可能发送接收 TDMA 系统特殊的同步保持相关控制信息，将网络的管理信息也作为一种 IP 业务进行传输。

由图 5-23 可以看出，在波束铰链情况下，需要占用更多的载波实现通信和管控，资源占用非常大。因此，在一般情况下，多波束 MF-TDMA 网状组网的波束数不会太多，常采用 2～3 个波束组网。

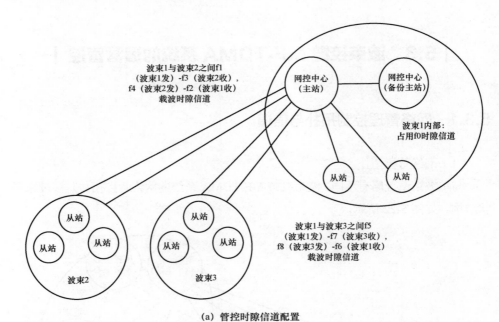

（a）管控时隙信道配置

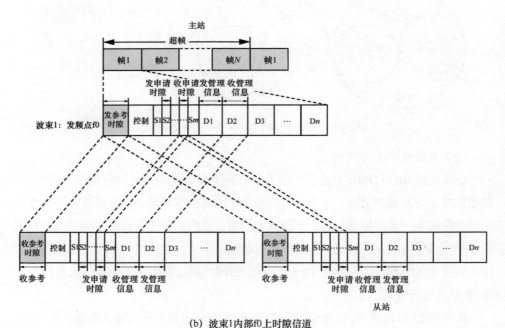

（b）波束1内部f0上时隙信道

图 5-23　波束铰链 MF-TDMA 系统的网络管控信道示意图

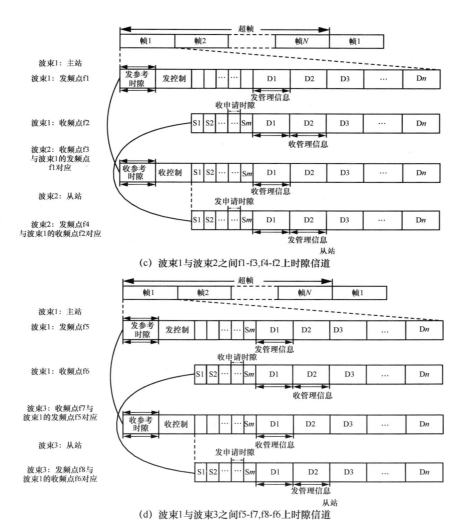

（c）波束1与波束2之间f1-f3,f4-f2上时隙信道

（d）波束1与波束3之间f5-f7,f8-f6上时隙信道

图 5-23　波束铰链 MF-TDMA 系统的网络管控信道示意图（续）

## 5.3.2　网络管理控制对象、层级、功能、协议等

波束铰链 MF-TDMA 系统管控对象与单波束 MF-TDMA 系统管控对象相差不大，主要增加了对铰链波束、波束间频率集和功率的管理。管控层级与单波束 MF-TDMA 系统管控层级相同，管控功能和协议与单波束保持基本一致。但是在某些功能域的具体内容上略有不同。

（1）配置管理的不同

在单波束情况下，仅需要配置一个控制载波的相关参数，而在多波束情况下，需要配置多个主载波参数。

（2）资源分配的不同

在单波束情况下，仅需要分配一个波束下多个频率上的时隙资源，而在多波束情况下，需要配置多个波束下多个频率上的时隙资源。

### 5.3.3 典型网络控制状态转移图和流程

波束铰链 MF-TDMA 系统的管控状态转移、控制流程与单波束 MF-TDMA 系统管控状态转移、控制流程差别不大。主要区别在网络开通前的网络规划方面，波束铰链 MF-TDMA 系统需要额外规划多个波束内的频率、时隙等初始化参数，以及波束间的铰链对应关系。网络初始规划完成后，每个波束内系统的管控状态转移及控制流程与单波束 MF-TDMA 系统是基本相同的。

## 5.4  典型 DVB-RCS （TDM/MF-TDMA）系统的运维管控

### 5.4.1  网络管理控制场景及网络特点

TDM/MF-TDMA 系统管控场景如图 5-24 所示，前向采用 TDM 体制，返向采用 MF-TDMA 体制，所有终端共享前向出境载波。

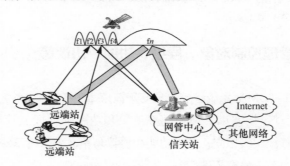

图 5-24  TDM/MF-TDMA 系统管控场景示意图

TDM/MF-TDMA 系统特点是前向链路和返向链路的差异大。前向链路是单载波，载波速率高，载波承载信关站发出的所有数据，前向载波在网络建设之初可以规划好，带宽大小固定不变。返向链路竞争使用，从远端站向信关站发送信息的返向链路采用 MF-TDMA 体制，但一个远端站在一次通信过程中只会使用一个载波，后续通信过程与 TDMA 网络相同，每个站竞争使用不同时隙传输业务。

## 5.4.2　网络管理控制拓扑与信道

（1）网络管控拓扑

TDM/MF-TDMA 系统管控拓扑是星形拓扑，如图 5-25 所示。

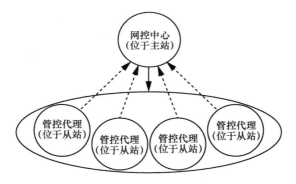

图 5-25　TDM/MF-TDMA 系统管控拓扑

（2）网络管控信道

TDM/MF-TDMA 系统管控信道及管控信道帧时隙配置如图 5-26 和图 5-27 所示。

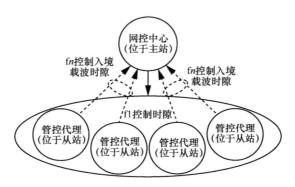

图 5-26　TDM/MF-TDMA 系统管控信道

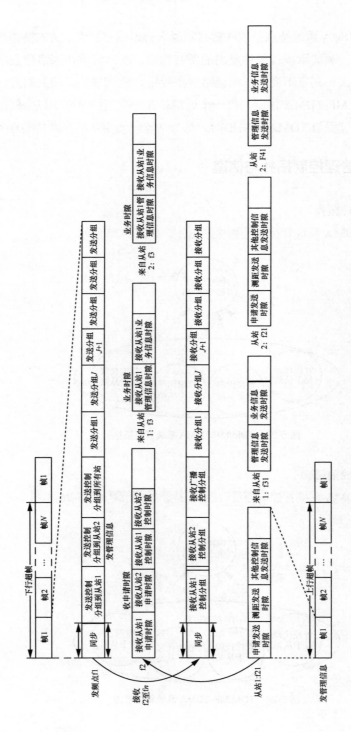

图 5-27 TDM/MF-TDMA 系统管控信道帧时隙配置

TDM/MF-TDMA 系统管控信道前向帧是连续帧结构，如图 5-28 所示，返向帧是突发帧结构，如图 5-29 所示。

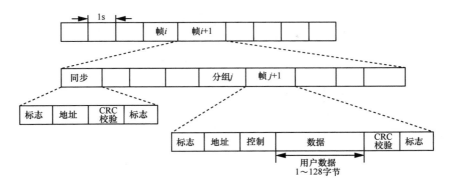

图 5-28　TDM/MF-TDMA 系统管控信道前向帧结构

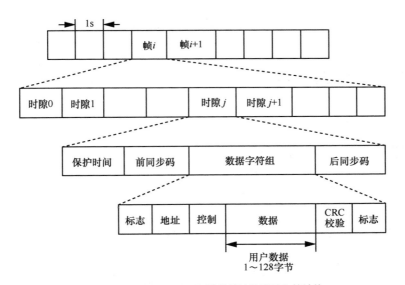

图 5-29　TDM/MF-TDMA 系统管控信道返向帧结构

## 5.4.3　网络管理控制对象

TDM/MF-TDMA 系统管控的重点是前向、返向链路级与业务服务质量相关的链路、卫星资源分配，以及对网络、业务、中心站的管理，如图 5-30 所示。

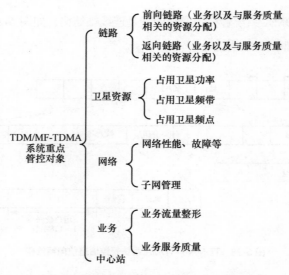

图 5-30　TDM/MF-TDMA 系统重点管控对象

## 5.4.4　网络管理控制功能

TDM/MF-TDMA 系统网络管理控制的主要功能可分为网络综合管理功能、网络资源管理和网络控制功能，如图 5-31 所示。

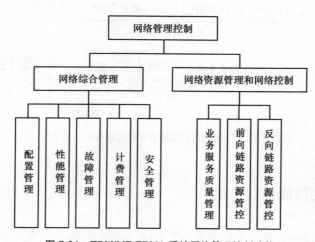

图 5-31　TDM/MF-TDMA 系统网络管理控制功能

（1）网络综合管理

配置管理包括全网设备配置管理、通信资源配置管理以及业务配置管理等。全网设备配置管理支持对全网设备（包括信关站设备、用户站设备）的配置管理功能，可以方便地配置设备参数、远程更改端站配置等；用户站配置信息在网管中心进行配置，通过中心站基带管理的配置分发功能下载到用户站。通信资源配置管理配置全网使用的资源，包括卫星、波束、频率段，配置前向链路资源和返向链路资源，划分返向载波，定义载波最大带宽以及资源分配策略；支持多转发器工作，可以将转发器中的任意一段频率纳入管理。业务配置管理主要配置各站业务类型、业务优先级和与业务相关的其他参数。

性能管理包括网络性能、性能超门限告警、全网运行性能、工作状态调整控制及在线测试等。实时采集各重要性能数据并呈现，实时展示系统网络当前的运行情况；性能超过门限要求时，产生门限告警；收集全网的运行数据，对数据进行记录、统计，生成各类运行趋势图；在线测试设备和系统性能指标，为配置管理和故障管理提供依据。

故障管理包括设备级监控和故障汇总、层次化故障概览、故障收集和报警发布、故障时间查看等。主要负责监视控制中心站和远端站设备的运行状态，并将信息汇集；为网控中心提供整个网络故障的层次化概览，并且能够通过放大操作，查看低层级的状态细节；为了跟踪收集系统不良状态和错误信息，对软/硬件设备进行快速故障检测和定位，并及时发布报警信息；故障时间查看可以查看和管理信关站设备、用户终端和网络的故障事件。

计费管理负责业务流量等各类计费数据的采集、汇集，并向运行支撑的计费系统提供数据。计费数据以终端为单位，包括以下 5 类，见表 5-2。外部系统可以通过超文本传输协议（Hyper Text Transfer Protocol，HTTP）从 NMS 直接下载计费数据。

表 5-2　计费数据种类

| 计费报告 | 产生周期 | 更新周期 | 保留时间 | 记录间隔 |
| --- | --- | --- | --- | --- |
| 终端流量（月） | 每月 | 每天 | 3 个月 | 1 天 |
| 终端流量（30 分钟） | 每 30 分钟 | 不更新 | 1 周 | 30 分钟 |
| 终端流量（5 分钟） | 每 5 分钟 | 不更新 | 1 天 | 5 分钟 |
| 前向组播 | 每月 | 每天 | 3 个月 | 1 天 |
| 返向组播 | 每月 | 每天 | 3 个月 | 1 天 |

安全管理包括管理员权限管理和用户站鉴权管理。管理员权限管理为每个管理

员分配不同的管理权限，决定不同管理员所能操作的对象以及能够进行的操作类型。管理员在登录时进行口令验证，通过验证后，被赋予相应的权限。用户站鉴权管理是指只有经过注册的用户站才允许进入，从而避免非法用户。用户站入退网管理允许或禁止用户站入退网，入网后网管可以强制用户站退网等。

（2）网络资源管理和网络控制

业务服务质量管理支持用户对业务分类、前/返向资源组以及拥塞控制策略等的管理。通常支持不少于7种类型等级的服务质量管理，包括3种实时业务等级（满足非常低的时延抖动、时延、无丢包的业务）、3种关键数据业务等级（用于保障重要但实时性较低的业务），以及1种尽力而为的业务等级（具有最低的优先级，通过定义资源池的服务保证策略，并将用户与资源池关联，实现每个用户的服务质量保障策略，包括用户的保障速率、最高速率，并根据网络实时运行状态，保障高优先级用户获得服务保障）。

前向链路资源管控主要解决众多远端站用户如何共享前向单载波资源的问题。

返向链路资源管控主要解决返向 MF-TDMA 的时隙分配、载波分配问题。

## 5.4.5　业务服务质量和链路资源控制

（1）业务服务质量的数据面与管控面

TDM/MF-TDMA 系统业务服务质量与链路资源管控体系结构如图 5-32 所示。数据平面实现流量分类、数据分组标记、流量整形、队列调度，控制平面实现业务开通、资源预留、接入控制等，管理平面实现服务等级管理、服务策略管理和计费管理。3 个平面协同为用户提供服务订阅、业务开通、数据传输等多种服务。

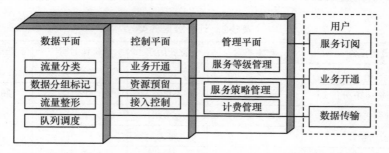

图 5-32　TDM/MF-TDMA 系统业务服务质量与链路资源管控体系结构

（2）业务分类及服务质量等级

业务分类及服务质量等级见表 5-3。

表 5-3　业务分类及服务质量等级

| 应用业务 | QoS 类型 | QoS 等级 |
|---|---|---|
| 音视频节目及广播 | 实时类 1（RT1） | 最高绝对优先级 |
| VoIP 和交互 | 实时类 2（RT2） | 第二绝对优先级 |
| VoIP 信号 | 实时类 3（RT3） | 第三绝对优先级 |
| 交互式数据和批量发送数据 | 关键数据（1,2,3）（CD1/CD2/CD3） | 第四绝对优先级（+权值） |
| 非关键数据 | 尽力而为（BE） | 缺省的业务类型，最低优先级 |

（3）IPv4 和 IPv6 中的服务质量标识位

在 IPv4 报文中使用报头中的服务类型字段标识服务质量；IPv4 报头中的服务类型字段在 IPv6 中由流量类字段代替，用于表示 IPv6 数据分组的类型或优先级，长度为 8 位，如图 5-33 所示。

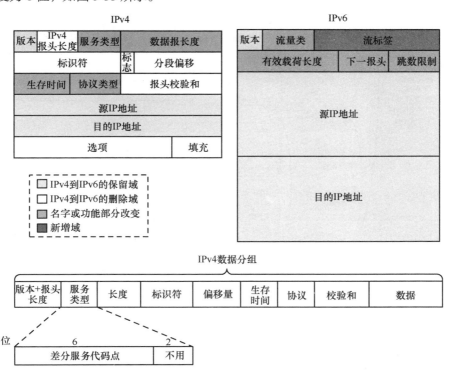

图 5-33　IPv4 和 IPv6 中的服务质量标识

（4）前向链路资源管理与服务质量保证

前向链路为单载波，通过划分不同类型资源池的方式，提供服务质量保障。资源池按照应用模式可分为基于分级（Class-Based）的资源池和基于直接传送（Transports-Based）的资源池。基于分级的资源池面向应用，终端竞争使用不同服务质量等级业务资源池；基于直接传送的资源池面向线路租赁，终端竞争使用一定带宽的通道。前向资源池配置主要有几个参数：峰值信息速率（Peak Information Rate，PIR）、承诺信息速率（Committed Information Rate，CIR）、权值（Weight），在出现拥塞时用于公平分配带宽。图 5-34 给出了前向链路面向不同用户、不同业务的带宽划分策略及服务质量保证机制。

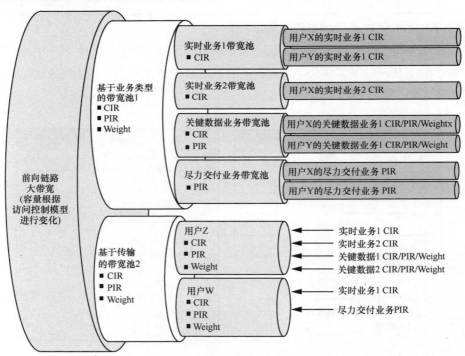

图 5-34　前向链路带宽资源划分策略及服务质量保证机制

服务质量保证的实现需要经过数据识别与分类、数据映射与排队等比较复杂的处理过程。映射与排队采用多叉树数据结构，如图 5-35 所示，根节点对应于前向带宽池，叶子节点对应于用户和业务类型，其他节点对应于相应的带宽池，输入数据分组最终匹配相应的叶子节点进行排队缓存。

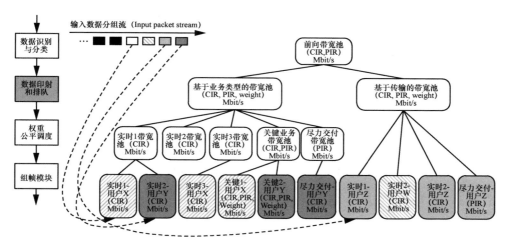

**图 5-35　前向链路服务质量保证机制的实现**

（5）返向链路资源管理与服务质量保证

返向链路带宽资源划分策略及服务质量保证机制如图 5-36 所示。返向链路的资源管理涉及载波管理和时隙管理。首先，划分载波资源池，在载波资源池的基础上，每个载波具有时隙池。

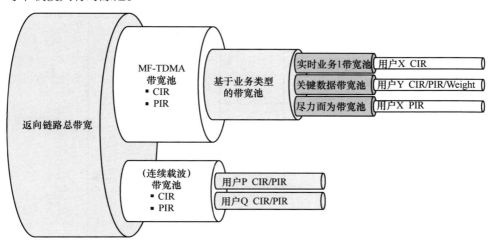

**图 5-36　返向链路带宽资源划分策略及服务质量保证机制**

返向数据映射与排队也采用多叉树数据结构，根节点对应于终端总带宽，叶子节点对应于 7 种业务类型，输入数据分组最终匹配相应的叶子节点进行排队缓存，返向链路服务质量保证控制的实现如图 5-37 所示。

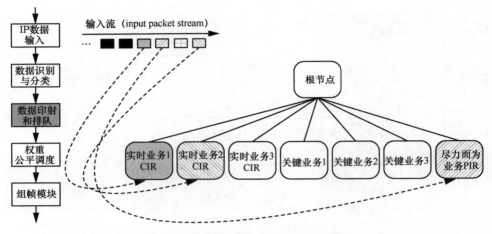

图 5-37　返向链路服务质量保证机制的实现

## 5.4.6　典型网络管理控制流程

从用户站角度，TDM/MF-TDMA 系统典型网络管理控制流程如图 5-38 所示。

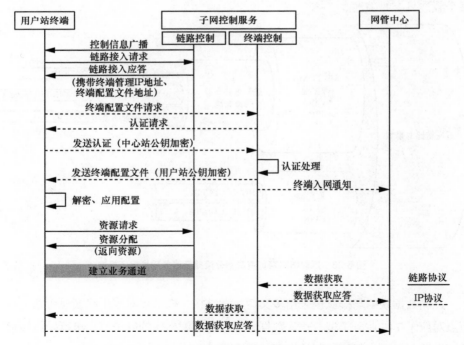

图 5-38　TDM/MF-TDMA 系统典型网络管理控制流程

用户站终端先接收子网控制服务发送的控制信息广播，解析获取返向入网控制载波的信息；用户站终端通过返向控制载波信息发送链路接入请求给子网控制服务，并由子网控制服务返回应答，携带终端管理 IP 地址和终端配置文件地址；用户站终端发起终端配置文件请求流程，当子网控制服务判断用户站未经认证时，向用户站终端发起认证请求；用户站终端接收到认证请求后，向子网控制服务发送认证信息，并使用中心站的公钥进行加密；子网控制服务对用户站终端认证信息进行处理，如果通过则将终端配置文件发送给用户站终端，并使用用户公钥进行加密；用户站终端对接收到的配置文件使用私钥进行解密，使用文件中的参数配置终端进行工作。用户站终端在需要进行业务通信时，向子网控制服务申请业务资源，子网控制服务为用户分配相应的信道资源，并通过前向载波通知用户站终端。用户站在获取资源后可以进行业务数据传输。在网络运行过程中，网管中心周期性或触发式向子网控制服务和用户站终端发送数据获取请求，获取网络和用户站终端的运行状态、工作参数、性能数据等信息，供网管中心故障管理和性能管理使用。

# 第 6 章

# 基于固定多波束卫星的
# 卫星通信网络的运维管控

基 于固定多波束卫星的卫星通信网络典型代表有高通量卫星通信系统，还有类似海事卫星或者天通卫星通信网络的同步轨道移动卫星通信系统。本章主要介绍这两个系统的运维管控。

# | 6.1  高通量卫星通信系统的运维管控 |

## 6.1.1  系统分类及特点

高通量卫星通信系统利用多点波束、频率复用等方式，在大幅提高卫星传输容量的同时，显著降低了单位带宽的成本。高通量卫星通信系统最大的特点就是容量大，其大容量主要通过多点波束及频率复用实现，实现了频率倍增，得到了常规卫星数倍或数十倍的可用频率资源，大大降低了单位带宽的成本。高通量卫星通信系统主要应用于宽带接入、数据中继、基站回传等方面。

（1）系统分类

高通量卫星通信系统分类如图 6-1 所示。按频段分，主要有 Ka 频段和 Ku 频段两类。按波束类型分，大体上可分为前、返向对称多波束高通量卫星通信系统和前向单波束、返向多波束高通量卫星通信系统。按照卫星工作方式分，可分为单星多波束高通量卫星通信系统和跨星联合组网多波束高通量卫星通信系统。图 6-2 给出了高通量卫星不同波束的示意图。

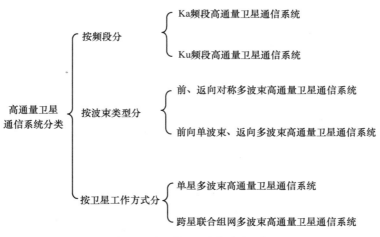

图 6-1　高通量卫星通信系统分类

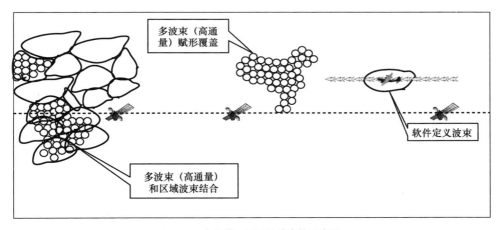

图 6-2　高通量卫星不同波束的示意图

（2）各系统特点

Ka 频段高通量卫星通信系统与 Ku 频段高通量卫星通信系统相比，具有波束数量更多、容量更大等特点。Ka 频段高通量卫星由于容量大，一般需要设置多个星地馈电链路和多个关口站；Ku 高通量卫星通信系统通常单星容量较小，设置一个馈电链路就有可能实现所有用户链路的接入和落地。图 6-3 和图 6-4 是按波束类型划分的两种不同系统的系统架构，图 6-5 是跨星联合组网多波束高通量卫星通信系统的系统架构。

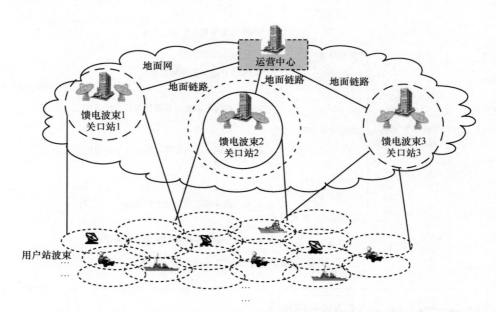

图 6-3　前、返向对称多波束 Ka 频段高通量卫星通信系统的系统架构

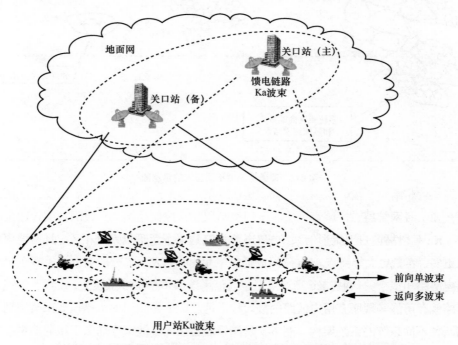

图 6-4　前向单波束、返向多波束 Ku 频段高通量卫星通信系统的系统架构

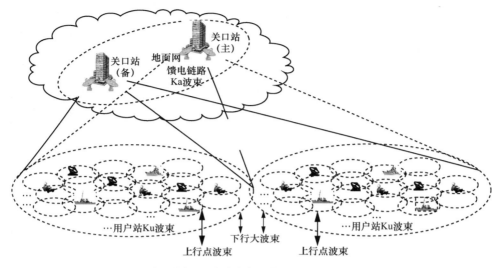

图 6-5　跨星联合组网多波束高通量卫星通信系统的系统架构

## 6.1.2　网络管理控制架构

高通量卫星通信系统往往以子网为单位，每个子网对应一个波束下的一段固定的前向或返向卫星资源，这些卫星资源一般包括一个前向数字视频广播（Digital Video Broadcast，DVB）体制的载波和一组相同或不同体制的返向载波。一个波束可以包含一个或多个子网。按照前、返向波束的配置形式不同，高通量卫星通信系统的管理架构也有所不同。

（1）前、返向均为多波束系统的管理架构

图 6-6 给出了前、返向多波束高通量卫星通信系统的管理架构。系统管理架构可分为一级网管层、区域管理层、子网控制层和管控代理层。一级网管层管理全网资源和网络性能、态势等，尤其是负责跨关口站切换管理和控制。区域管理层部署于不同的关口站，主要管理本关口站所管辖的波束，以及与其他关口站所管辖的波束间的用户切换。子网控制层针对每个波束内的不同用户提供资源动态分配等服务。管控代理层为一级网管层、区域管理层、子网控制层提供代理功能。

（2）前向单波束、返向多波束系统的管理架构

图 6-7 给出了前向单波束、返向多波束高通量卫星通信系统的管理架构。可以看出，与前、返向均为多波束的系统有所不同，这类系统用一个关口站就有可能管

理全网所有波束，因此可以不需要多区域关口站之间的这一级管理，位于单一关口站的管理中心为一级管理中心；一个下行载波可以对应多个波束内的返向信道，管理架构不需要分为一级网管层、区域管理层、子网控制层和管控代理层。一级网管层在管理全网资源和网络性能、态势等的同时，可以负责跨关口站切换管理和控制。子网控制层分为前向共用载波公网和前向独立载波专网两种，前向共用载波公网以虚拟子网为控制单元，每个虚拟子网可以包含返向一个或多个点波束。管控代理层为一级网管层、子网控制层提供代理功能。

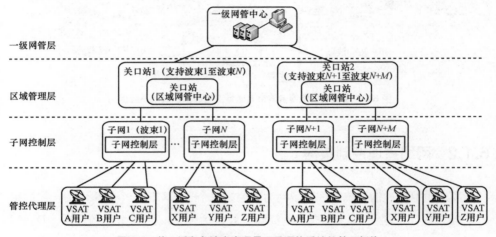

图6-6　前、返向多波束高通量卫星通信系统的管理架构

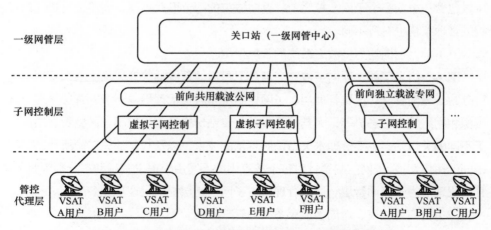

图6-7　前向单波束、返向多波束高通量卫星通信系统的管理架构

## 6.1.3　网络管理控制信道及协议

对于多级的管理架构，一级网管中心与区域网管中心主要采用地面链路连接。下面主要介绍关口站子网控制服务对高通量通信子网进行管理控制时管控信道的配置情况。

在高通量卫星通信系统中，一般每个子网使用一个前向载波、若干返向载波，前向载波采用 TDM 或 DVB-S2 体制，返向载波以 MF-TDMA 方式为主。高通量卫星通信系统管理控制信道配置如图 6-8 所示。

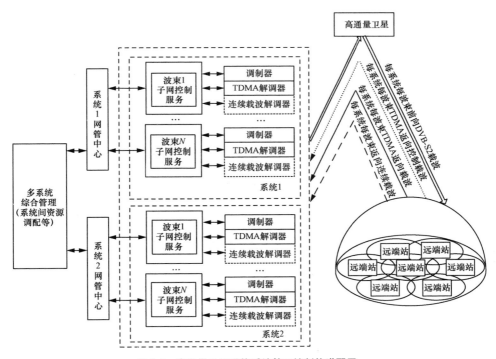

**图 6-8　高通量卫星通信系统管理控制信道配置**

前向控制信道是逻辑信道，一般与业务数据共用前向载波。返向控制信道对于 MF-TDMA 体制有两种控制信道，包括独立的接入信道和与业务数据共用载波的逻辑信道。

用户端站与子网控制服务链路控制相关的信令（控制信令）采用链路层协议。

前向信令由关口站进行协议封装，通过前向信道发送给用户端站；返向信令由用户端站进行协议封装，通过返向信道发送给子网控制服务实体。

网管中心与子网控制服务或用户端站之间的管理相关信令（管理信令）采用 IP 进行传输，常用的包括 SNMP、HTTP 等。

## 6.1.4  网络管理控制功能

高通量卫星通信系统的网络管理控制功能如图 6-9 所示，同样可分为网络综合管理功能和网络控制功能。

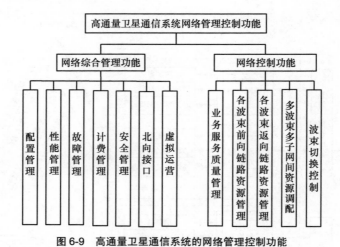

图 6-9  高通量卫星通信系统的网络管理控制功能

（1）网络综合管理功能

网络综合管理功能包括配置管理、性能管理、故障管理、计费管理和安全管理等。高通量卫星通信系统与单 TDM/MF-TDMA 系统（DVBSX-RCS）有所不同。一方面，各项功能均涉及多个波束；另一方面，由于用户量大，一般由运营商统一运营，因此网络管理系统需要考虑与运营商服务系统相关的北向接口和虚拟运营等功能。北向接口是网管中心提供给运行支撑系统的管理接口，负责接收来自运行支撑系统的网络规划、用户参数等信息，并向运行支撑系统提供网络运行状态、故障、性能以及计费等信息。虚拟运营的主要功能是为有意扩展商业模式的关口站所有者提供一种有效手段，为虚拟网络运营商（Virtual Network Operator，VNO）提供服务。主网络运营商（Host Network Operator，HNO）可以得到高速可靠的网络资源、访问权限分配以及关于 VNO 的网络性能和利用率详细报告。VNO 被分配指定带宽，并具有独立网络管理能力，这样 VNO 可以运营自己的网络而不需要对关口站基础设施进行前期投资。一般有两种支持虚拟运营的模式：一种支持 VNO 独享带宽和路由网络，VNO 自己定义服务配置；另一种支持 VNO 仅仅作为分销商，销售 HNO 的服务。每一个 VNO 都可以使用一系列工具来管理 HNO 分配给它的服务、网络以及设备。

（2）网络控制功能

网络控制功能包括业务服务质量管理（如链路测量、拥塞控制）、各波束前/返向链路资源管理、多波束多子网间资源调配、波束切换控制等。高通量卫星通信系统的网络控制功能与单 TDM/MF-TDMA 系统类似，不同之处在于高通量卫星通信系统需要具备波束切换控制功能。高通量卫星通信系统的典型用途是将各个点波束下的用户站接入关口站，支持用户站与地面网络的互联互通。点波束下的用户站可以是固定站、便携站或动中通站。因为点波束蜂窝覆盖的特点，动中通用户在移动过程中可能跨越波束，所以对于高通量卫星通信系统中动中通应用需要提供波束切换支持。动中通应用的波束切换原理如图 6-10 所示。

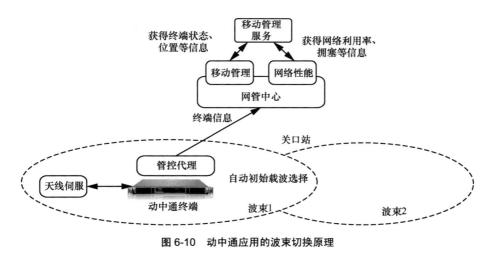

图 6-10　动中通应用的波束切换原理

动中通应用功能的管理需要关口站和用户站终端共同支持，管理实体包括关口站网管中心的移动管理服务和动中通终端管控代理两大部分。

动中通管理服务是网络管控中心的一部分，它负责动中通终端初始入网时的自动网络连接建立（波束分配），也负责波束切换过程中不同模块的工作协调，保证无缝的切换。动中通应用的波束切换策略基于终端的地理位置信息、可用的波束信息和网络性能综合判断。

　　动中通终端内置管控代理，在远端站完成物理层、基带处理、数据处理、业务接入等功能，它负责发起初始网络获取工作。动中通终端需要支持天线与调制解调器之间的控制接口协议，以支持自动的波束切换控制功能。当需要切换服务波束时，动中通终端接收网控中心的波束切换控制指令，然后通过天线单元的控制接口，控制天线单元改变指向及工作参数，完成服务波束的无缝切换。

## 6.1.5　典型网络管理控制流程

　　高通量卫星通信系统每个波束的典型管理控制流程与第 5.4.6 节描述的典型管理控制流程相同。图 6-11、图 6-12 给出了多波束高通量卫星通信系统特有的波束切换控制流程，其中，图 6-11 给出了前、返向对称多波束高通量卫星通信系统的波束切换流程，图 6-12 给出了返向多波束、前向单波束高通量卫星通信系统的波束切换流程。

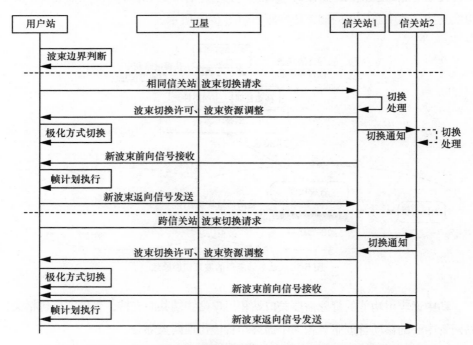

图 6-11　前、返向对称多波束高通量卫星通信系统波束切换流程

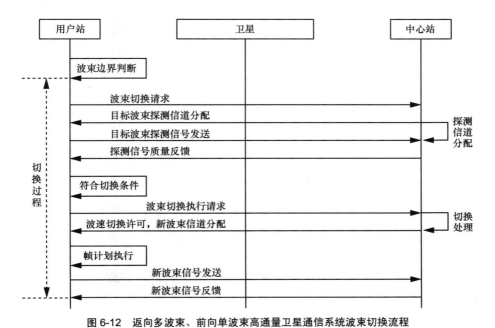

图 6-12　返向多波束、前向单波束高通量卫星通信系统波束切换流程

# |6.2　GEO 移动卫星通信系统的运维管控|

## 6.2.1　系统管理控制需求特点

地球静止轨道（Geostationary Earth Orbit，GEO）移动卫星通信系统用户端基本采用 L、S 等频段（海事卫星第五代已经发展为 Ka 频段），并通过地面关口站实现空口信号处理、业务交换、与地面网互联互通以及系统运行管理与运营支撑等功能。早期的 GEO 移动卫星通信系统采用传统的 FDMA/TDMA 体制，随着地面移动通信的发展，新一代 GEO 移动卫星通信系统更多借鉴地面移动通信的协议体系。但是，由于卫星通信的长时延、功率受限的特殊性，其空口体制、资源分配、协议设计都有特殊性，不能完全照搬地面移动通信相关技术。

GEO 移动卫星通信系统的管理控制一般具有以下特点。

（1）系统多采用核心网和接入网架构，管理功能部署与网络结构相结合

GEO 移动卫星通信系统可采用接入网+核心网组成架构。接入网实现以手持为主的

终端和关口站之间的信号接收和发送、卫星资源管理等功能，核心网可参考地面核心网架构。图 6-13 给出了参照 3G 核心网的移动卫星通信系统接入网+核心网架构。

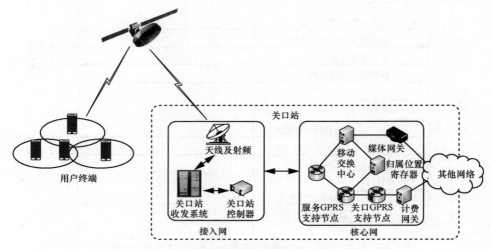

图 6-13　移动卫星通信系统架构

（2）通常采用多波束覆盖、频率多色复用且功率可调整技术，资源管理复杂

如图 6-14 所示，卫星支持几十甚至上百个波束，整个卫星功率可以在某个或某几个波束内集中，以适应不同波束业务量的变化，与传统卫星通信系统资源管理相比，这类系统要对波束、频率、功率、时隙、信道等多维域资源进行管理。

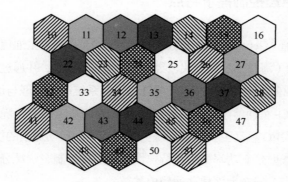

图 6-14　多波束频率复用示意图

（3）系统需要严格控制卫星功率，功率控制复杂

受卫星能力及用户站终端手持的限制，系统一般为功率受限系统，即系统容量主要

由地面关口站和终端的发送功率（占用卫星功率）决定，因此，系统设计中需要严格控制卫星功率。在控制转发器功率时，需要考虑关口站、波束、载波等的发射功率，同时需要结合星上功率实际使用以及峰值、均值等情况进行功率调配，控制复杂度较大。

（4）卫星有可能小倾角工作，波束指向变化，需要进行波束标校

天通、瑟拉亚等卫星工作模式为小倾角工作，其星下点在地球上投影成"8"字运动轨迹，波束中心点有几百千米的变化，因此需要对卫星进行标校，及时校准波束中心点，以保证通信系统的各类终端能够正常工作（关于波束标校的介绍，在第 8 章中展开）。

## 6.2.2 网络管理控制架构

GEO 移动卫星通信系统采用分级分布式管理与集中管理相结合的运行管理控制结构，由综合运行管理控制、部署于不同关口站的管理控制中心和远端站终端的管控代理共同完成，如图 6-15 所示。

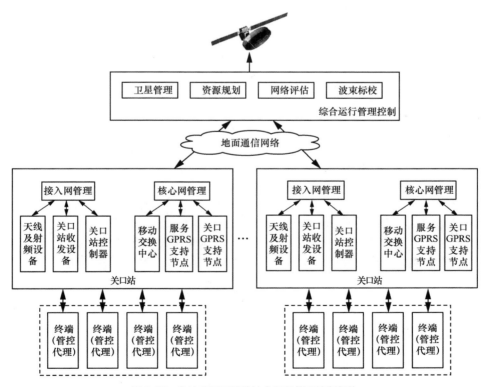

图 6-15 多波束卫星通信综合运行管理控制架构

### 6.2.3　网络管理控制拓扑和信道

（1）网络管理控制拓扑

多波束卫星通信系统管控拓扑示意图如图 6-16 所示。作为移动卫星通信系统管控中心的运控系统负责系统顶层规划管理，向下面多个关口站实施资源分配等管理行为；多个关口站之间，在充当主备角色的同时也可以承担业务分担功能。承担业务分担功能时可有两种模式：一是每个关口站管理自己所辖波束和用户，每个波束内配置相应的控制信道和业务信道，所有用户共享信道资源；二是各关口站共同管理所有波束，每个关口站在各波束中都有一套独立的控制信道，业务信道可统一分配，也可预先分配给各个关口站下的用户使用。

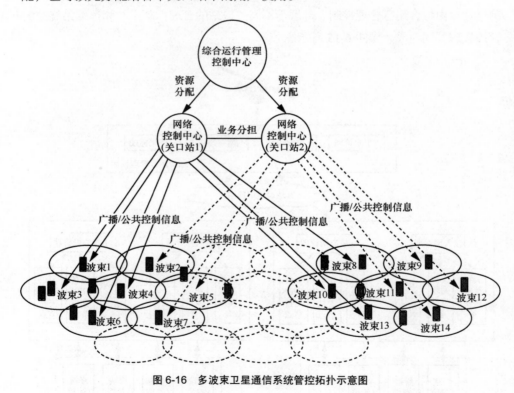

图 6-16　多波束卫星通信系统管控拓扑示意图

（2）网络管理控制信道

移动卫星通信系统管理控制信道承载信令或系统同步数据等信息，主要定义以下几大类：广播信道、公共控制信道、专用控制信道、分组控制信道、小区广播信道和组呼通知信道等，如图 6-17 所示。

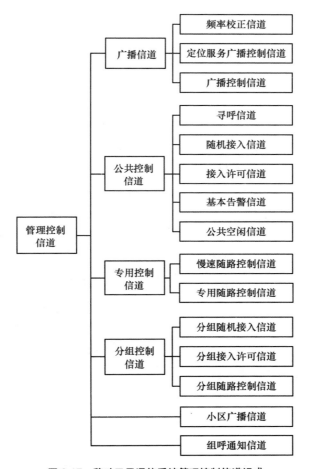

图 6-17　移动卫星通信系统管理控制信道组成

广播信道分为频率校正、定位服务广播控制、广播控制等类型。频率校正信道承载频率校正信息，由终端接收并进行频率校正，同时也为终端周期性接收系统广播信息提供同步定时机制；定位服务广播控制信道承载卫星定位系统的时间信息和卫星星历信息，用于终端的定位；广播控制信道用于向终端广播系统消息。

公共控制信道包括寻呼信道、随机接入信道、接入许可信道、基本告警信道和公共空闲信道。寻呼信道为下行点对多点方式，当网络拟与某个用户站终端建立通信时，在该信道上向其发送寻呼命令；随机接入信道用于用户站终端随机竞争接入，发送呼叫、寻呼、位置更新等请求信息；接入许可信道用于应答用户站终端发出的随机接入请求，向终端分配专用业务信道，或者在网络忙时向用户站终端发送排队消息或拒绝消息；基本告警信道为下行链路，当终端处于不利位置或下行信道遭遇严重遮蔽衰落时，在连续几次对终端寻呼不成功的情况下，通过该信道对终端进行增强寻呼；公共空闲信道为单向下行链路，用于测量校准，当终端进行波束选择时，可以通过测量广播控制信道与公共空闲信道逻辑信道上的功率差异来选择最优的波束。

专用控制信道用于某一个终端传输控制消息（如鉴权、加密等），专用控制信道随路使用时，其与业务信道相伴随分配。

分组控制信道包括分组随机接入信道、分组接入许可信道和分组随路控制信道。如果系统波束存在分组控制信道，将通过分组控制信道广播分组消息通告、建立分组数据业务信道；如果不存在，则分组数据业务信道的建立通过公共控制信道完成。分组随机接入信道为单向上行链路，用于请求分配一个或多个分组数据业务信道或用于定时提前的测量。分组接入许可信道为单向下行链路，用于分配一个或多个分组数据业务信道。分组随路控制信道为双向链路，用于信令传输。

小区广播信道为单向下行链路，用于为点波束内的终端提供小区短消息广播服务。

组呼通知信道为单向下行链路，采用点对多点传播方式，用于寻呼终端。当网络想与某个集群组用户站终端建立集群通信时，它就会在组呼通知信道上对该群组用户进行寻呼。

与传统的卫星 MF-TDMA 系统一样，在一条载波上占用相应的时隙完成控制信息的传输，移动卫星通信系统中将该条载波称为广播载波。与 MF-TDMA 系统不同的是帧长、每帧包含的时隙数、每种控制信息的时隙位置和所占时隙数，这些都形成了相应的标准规范。图 6-18 给出了移动卫星通信系统管理控制帧结构。关口站在规定的帧周期以及指定的时隙位置发送广播控制信息通告，通告包含接入信道分配等一系列控制信息。各用户站终端实时同步广播信道并根据终端的通信业务需求情况，在指定的接入信道时隙发出接入申请，关口站接收并处理申请。系统要求的管理、控制信令信息都在约定的信道上发送。其中，管理信息（如用户站终端入退网、开关机、在线状态等）可利用相关控制信道随路发送；功率控制信息可利用业务信道随路发送。

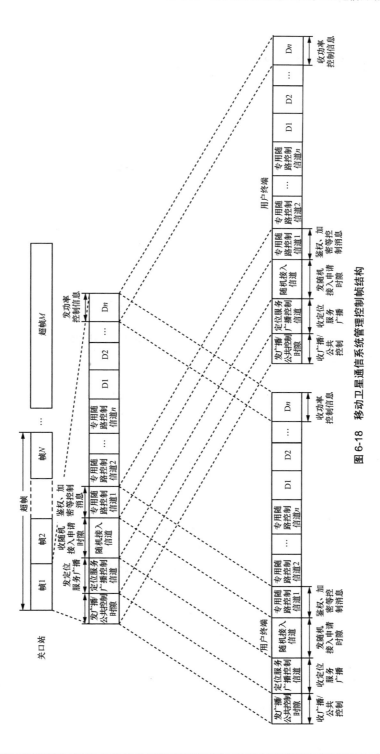

图 6-18　移动卫星通信系统管理控制帧结构

## 6.2.4  网络管理控制对象

移动卫星通信系统的主要管理控制对象包括设备、链路、网络、业务、卫星，如图 6-19 所示。

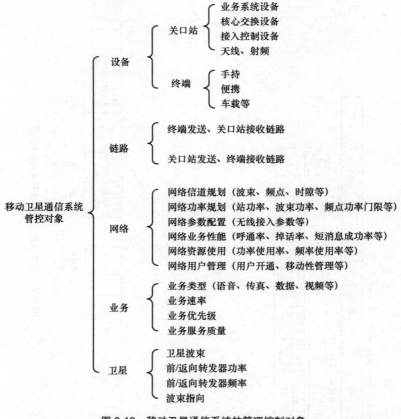

图 6-19  移动卫星通信系统的管理控制对象

（1）设备

系统管控设备主要是指关口站和大量用户终端设备。

（2）链路

系统管控链路是指用户终端和关口站之间的链路，包括终端发送、关口站接收链路以及关口站发送、终端接收链路，需要设计各波束、各频点的功率控制和链路性能。

（3）网络

网络是指由关口站和终端组成的网络，从网络的视角进行管理，关注以下几个方面的内容：网络信道规划、网络功率规划、网络参数配置、网络业务性能、网络资源使用和网络用户管理等。

（4）业务

对网络业务的管理是指对网络支持的语音、传真、数据、视频等业务的速率、优先级和服务质量的管理。

（5）卫星

对卫星的管理主要包括对卫星波束、前/返向转发器功率和频率、波束指向的管理。

移动卫星通信系统的网络管理控制功能组成如图 6-20 所示，主要包括综合运行管理控制功能、网络控制功能和网络管理功能，由运控系统和关口站分别实施。

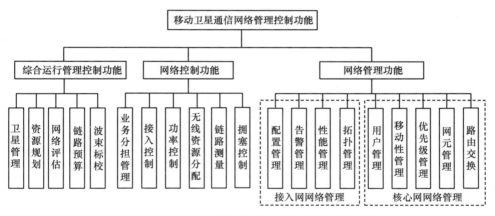

图 6-20　移动卫星通信系统的网络管理控制功能组成

（1）综合运行管理控制

综合运行管理控制主要实现卫星管理、资源规划、网络评估、链路预算、波束标校等顶层集中管理功能。其中，卫星管理主要负责对卫星载荷进行配置管理和监视；资源规划主要对每个波束控制信道和业务信道资源进行规划分配；网络评估主要负责收集网络运行信息，针对全网运行情况进行数据统计和进一步的运行评估；链路预算主要根据卫星能力及地面天线能力，对链路传输情况进行预算，以指导功率门限制定；波束标校主要根据波束指向准确性的测量数据，实施卫星波束指向校准。

（2）网络控制

业务分担管理主要面向主备关口站，根据设备工作状态和人为需要，配置主备关口站分工管理不同卫星、波束资源的分工；接入控制主要完成对终端随机接入申请、业务申请等各类申请信令的控制处理工作；功率控制主要负责在通信过程中根据业务质量情况对终端发射功率进行调节；无线资源分配主要根据网络资源配置和业务申请情况完成载波和时隙等无线资源的分配；链路测量主要是在业务运行过程中对链路性能参数进行采集，对链路状态进行测量；拥塞控制主要根据链路测量结果判断是否进入拥塞状态或拥塞恢复，并进行处理。

（3）网络管理

接入网网络管理主要完成配置管理、告警管理、性能管理和拓扑管理等。其中，配置管理主要负责网络资源、网络参数等的配置管理，网络配置参数见表 6-1；告警管理主要针对接入网设备的运行情况进行告警提示；性能管理主要对接入网的业务数据进行统一管理、分析、呈现；拓扑管理基于拓扑图综合呈现网元告警信息、性能信息与资源信息等内容。

表 6-1　网络配置参数

| 序号 | 分类 | 参数 |
|---|---|---|
| 1 | 前向控制信道（资源） | 广播/公共控制信道频率位置 |
| 2 | | 广播/公共控制信道发送时隙 |
| 3 | | 广播/公共控制信道发送功率门限 |
| 4 | | 广播/公共控制信道帧结构 |
| 5 | | 小区广播信道频率位置 |
| 6 | | 小区广播信道发送时隙 |
| 7 | | 小区广播信道发送功率门限 |
| 8 | | 随机接入信道频率位置 |
| 9 | | 随机接入信道发送时隙 |
| 10 | | 随机接入信道发送功率门限 |
| 11 | | 专用控制信道频率位置 |
| 12 | | 专用控制信道发送时隙 |
| 13 | | 专用控制信道发送功率门限 |
| 14 | 业务信道（资源） | 电路域业务信道类型 |
| 15 | | 电路域业务信道发送时隙、功率门限等 |
| 16 | | 分组域业务信道类型 |
| 17 | | 分组域业务信道发送时隙、功率门限等 |

（续表）

| 序号 | 分类 | 参数 |
|---|---|---|
| 18 | | 允许接入最小接收电平值 |
| 19 | | 无线链路超时计数器值 |
| 20 | | 位置更新周期 |
| 21 | | 最大重发次数 |
| 22 | | 电路拒绝等待指示时长 |
| 23 | | 接入准许保留块数 |
| 24 | | 终端控制信道最大功率 |
| 25 | 网络参数 | 专用随路控制信道信道指派计时器值 |
| 26 | | 专用业务信道信道指派计时器值 |
| 27 | | 专用业务信道信道时延释放时间值 |
| 28 | | 分组信道保持值 |
| 29 | | 路由区更新周期 |
| 30 | | 等待分组上行指配计时器值 |
| 31 | | 分组拒绝等待指示时长 |
| 32 | | 分组数据业务信道信道指派计时器值 |
| 33 | | 分组资源请求计时器 |
| 34 | | 卫星经纬度、波束、频率范围 |
| 35 | 卫星资源池参数 | 卫星功率输出限制、功放与波束合成关系 |
| 36 | | 卫星 |

核心网网络管理主要完成用户管理、移动性管理、优先级管理、网元管理和路由交换等。其中，用户管理主要实现系统用户信息的维护，支持用户开通；移动性管理主要负责维护用户的接入波束信息；优先级管理主要提供对用户优先级的配置管理；网元管理主要负责对核心网内各个网元进行监控；路由交换主要实现电路域和分组域业务的路由交换。

## 6.2.5　网络管理控制功能部署

移动卫星通信系统网络管理控制功能部署如图 6-21 所示。

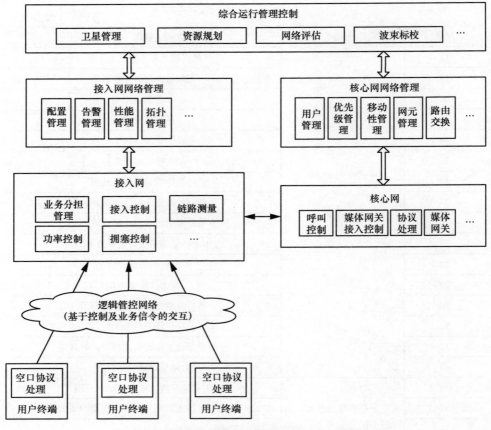

图 6-21　移动卫星通信系统网络管理控制功能部署

## 6.2.6　网络管理控制协议

移动卫星通信系统网络管理控制协议主要有面向网络管理的协议、面向网络控制的协议和关口站北向接口控制协议等。

（1）面向网络管理的协议

面向网络管理的协议包括专用协议和通用协议。其中，通用协议主要包括简单网络管理协议（SNMP）、文件传输协议（FTP）等，专用协议主要应用在面向专用设备的适配方面。

SNMP 主要应用于通用网络设备及支持 SNMP 的设备的管理控制，如关口站收发设备等，其协议栈如图 6-22 所示。有关简单网络管理协议的内容参见第 3.2.4 节。

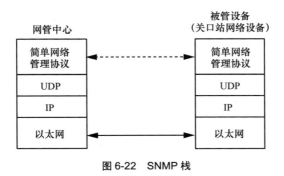

图 6-22　SNMP 栈

FTP 适用于批量信息的可靠传输，在移动卫星通信系统中主要用于网络运行性能数据的采集上报，其协议栈如图 6-23 所示。

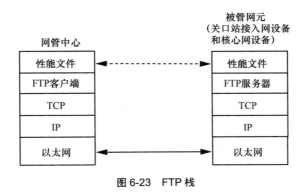

图 6-23　FTP 栈

专用协议主要是为了适配专用设备（如关口站控制器、天线及射频设备等）的开放接口，以实施管理控制，其协议栈如图 6-24 所示。

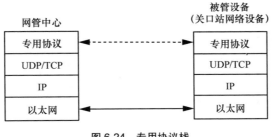

图 6-24　专用协议栈

（2）面向网络控制的协议

面向网络控制的协议可分为无线段和地面段，无线段采用卫星无线资源控制（Satellite-Radio Resource Control，S-RRC）协议，地面段（即接入网和核心网之间）采用无线接入网络应用协议（Radio Access Network Application Part，RANAP）。其中，S-RRC 协议主要负责系统信息广播以及寻呼，建立、维护和释放用户站终端与关口站之间的连接等；无线接入网络应用协议用于无线网络控制器与核心网络的连接，主要完成无线接入承载（Radio Access Bearer，RAB）管理、消息流程透明传输、寻呼、安全模式控制和位置信息报告等。面向网络控制的协议栈如图 6-25 所示。

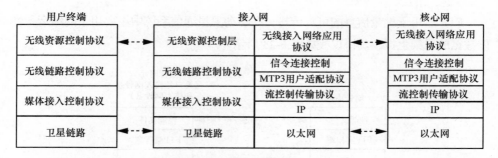

图 6-25　面向网络控制的协议栈

（3）关口站北向接口控制协议

关口站北向接口控制协议即运控系统与关口站之间的接口控制协议，协议形式包括 FTP、Web Service 协议等。FTP 主要用于运控系统从关口站采集网络运行性能数据；Web Service 协议主要用于运控系统向关口站下发配置类信息，如资源配置、采集计划配置等，其协议栈如图 6-26 所示。

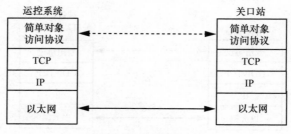

图 6-26　Web Service 协议栈

## 6.2.7　典型网络管理控制流程

移动卫星通信系统从网络开通到用户站终端入网通信的一般管理控制流程
如图 6-27 所示，主要参与对象包括运控系统、关口站接入网设备和核心网设备以及
用户站终端。

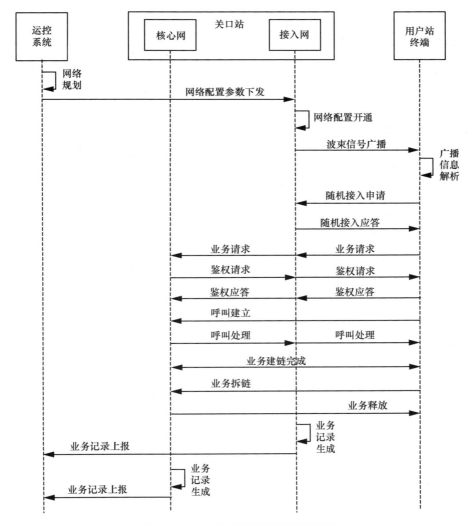

图 6-27　移动卫星通信系统管理控制流程

移动卫星通信系统运控系统进行网络规划，对每个波束内的频率和功率资源进行分配；运控系统将网络规划生成的网络配置参数下发至关口站接入网，由接入网完成网络的配置开通；接入网根据每个波束内分配的广播信道频率位置和功率门限，在相应波束内发送广播信号；波束内用户站终端开机后，自动扫描广播频点并驻留，从而接收广播信号，完成广播信号的解析；终端在解析得到的随机接入信道位置发起随机接入申请，关口站接入网接收并处理，向终端反馈响应；终端向接入网发起业务申请，接入网将业务申请发送至核心网，核心网根据业务申请通过接入网向终端发起鉴权请求，终端通过接入网向核心网回复鉴权应答，完成鉴权过程；终端向关口站发起呼叫建立申请，关口站进行呼叫处理和信道资源指派，完成业务链路建立；终端向关口站发起业务拆链申请，关口站接收申请后进行拆链操作并返回响应；业务完成后，由关口站的接入网和核心网分别整理业务过程数据，形成业务记录，并将业务记录上报至运控系统，由网络管理实现业务监视及分析评估。

## 6.2.8　资源动态分配

（1）资源动态分配架构

移动卫星通信系统的资源管理功能基本是参考地面移动通信系统进行设计的，如天通系统参考 2G 或 3G 地面移动通信系统，面向用户的资源动态分配统一由信关站控制器（Gateway Station Controller，GSC）集中管理，所有波束内的用户通过关口站内的信关收发站（Gateway Transceiver Station，GTS）管理设备将业务资源申请提交至 GSC，并根据到达时间先后进入统一队列，根据先入先出的原则逐一地对队列中的业务资源申请进行资源分配处理，如图 6-28 所示。

在用户数量相对较少的情况下，可采用上述资源分配架构，如果在用户数量、波束数量较多，且对处理速度和时延有较高要求的情况下，可采用 4G 或 5G 的分布式处理方式，即面向用户的资源动态分配能力下沉至基站管理设备，实现分布式资源管理。在基站管理设备中设计多个资源申请队列及对应的资源分配处理模块，若干波束对应某一模块。因此，所有小区内的用户可将业务资源申请提交至分布在基站管理设备的不同处理模块中。对于单个队列，根据到达时间先后进入，并根据"先入先出"的原则逐一地对队列中的业务资源申请进行资源分配处理；各队列可同时处理各自接收的业务资源申请，如图 6-29 所示。

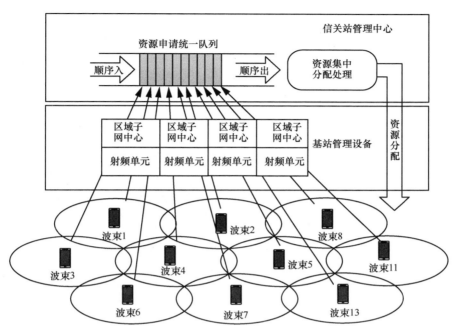

图 6-28　无线资源分配示意图

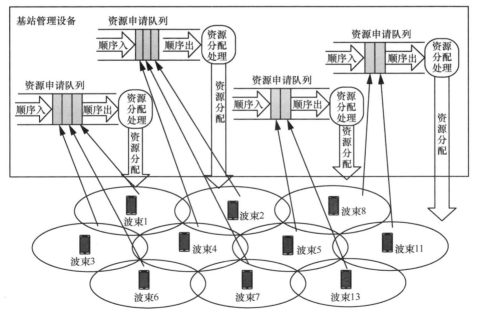

图 6-29　分布式资源分配示意图

（2）资源动态分配与控制面关系

移动卫星通信系统中控制面分为接入层（AS）和非接入层（NAS），控制面协议栈如图 6-30 所示。

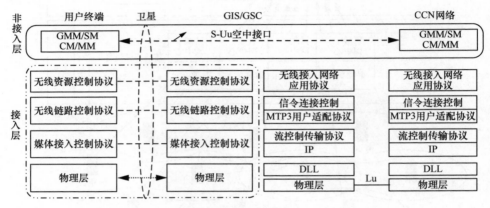

图 6-30　控制面协议栈

非接入层与接入层既相互区别又具有联系。接入层为非接入层提供底层的数据传输通道，接入层完成空口资源管理，二者共同配合完成用户站终端的移动性管理、安全管理、呼叫处理、短信管理、分组业务管理等。

a）功能定位不同

接入层主要完成无线资源的分配与管理、系统消息广播、寻呼、测量控制、加密等。

非接入层主要完成移动性和安全保密性处理，呼叫建立、呼叫保持、呼叫结束等呼叫控制功能，补充业务控制，短信接收和发送，分组域移动性管理，分组域分组数据协议（Packet Data Protocol，PDP）上下文激活、解除和修改等。

b）实现模块不同

接入层协议由关口站的 GTS 和 GSC 设备实现，其中，无线资源分配由 GSC 中的无线资源管理（Radio Resource Management，RRM）模块负责。

非接入层协议由核心网的移动交换中心（Mobile Switching Center，MSC）、归属位置寄存器（Home Location Register，HLR）、漫游位置寄存器（Visitor Location Register，VLR）、鉴权中心（Authentication Center，AUC）、分组处理网元（如 SGSN、GGSN）等设备实现。其中，移动性管理由 HLR 和 VLR 等实现；鉴权等保密管理由

AUC 等实现；呼叫接续由 MSC 管理；分组域业务由 SGSN、GGSN 实现；短信服务由短消息业务（Short Messaging Service，SMS）网元实现。

c）接入层功能

接入层包括 4 个子层：物理层、媒质接入控制层、无线链路控制层和无线接入控制层，如图 6-31 所示。

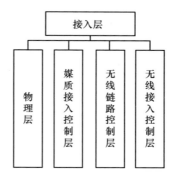

图 6-31　接入层组成

物理层为上层信息传输提供用户站终端与关口站之间的交互通道。媒质接入控制层向无线链路控制层提供逻辑信道服务，对共享的逻辑信道和物理信道资源进行管理，使其能够通过空口在正确的时间、正确的逻辑信道和物理信道上发送和接收数据。无线链路控制层通过物理层为网络和终端的上层协议数据单元（PDU）提供传输服务。RRC 协议是无线接入控制层的控制面协议，处理用户站终端和关口站之间的控制面信令，负责无线资源的分配与管理、系统消息广播、寻呼、测量控制、加密等。

d）非接入层功能

非接入层功能组成如图 6-32 所示，实现电路域和分组域的移动性管理、连接或会话管理等。

电路域功能主要包括移动性管理和连接管理。移动性管理通过建立在 RRC 层之上的功能协议组保证移动性和安全保密性。连接管理包括呼叫控制、补充业务和短消息业务 3 个子层。呼叫控制主要完成语音业务基本的呼叫管理功能，是连接管理的核心，提供呼叫建立、呼叫保持、呼叫结束、与呼叫有关的补充业务支持等。补充业务主要完成和提供对与呼叫无关的补充业务的支持。短消息业务主要完成与短消息相关的功能，实现终端发送短消息和接收短消息两个基本功能。

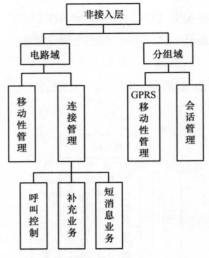

图 6-32　非接入层功能组成

分组域功能包括 GPRS 移动性管理和会话管理。GPRS 移动性管理负责在分组域进行用户移动性管理消息的交换，完成与用户移动性相关的功能。会话管理实现 GPRS 数据终端连接到外部数据网络的处理，其主要功能是支持用户站终端对移动场景的处理，主要过程包括 PDP 激活、解除和修改，以及匿名接入时 PDP 激活和解除。

综上所述，无线资源动态分配主要在接入层实现。

（3）无线资源管理功能

无线资源管理功能主要包括功率控制、接入许可控制、动态信道分配、拥塞控制、切换控制、分组调度、无线接入承载（RAB）排队抢占决策、RRM 测量等，如图 6-33 所示。

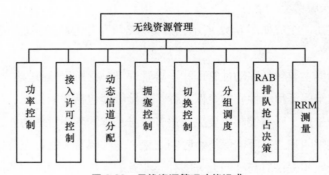

图 6-33　无线资源管理功能组成

功率控制包括功率控制参数分配和上行外环功率控制。功率控制参数分配是指 RRM 需要为开环功率控制和内环功率控制配置相关参数。开环功率控制配置的参数包括上行期望接收功率、上行最大发送功率、初始下行发射功率、下行最大功率、下行最小功率。内环功率控制配置的参数包括初始上行目标信干比、上行链路发射功率控制步长、下行链路发射功率控制步长。上行外环功率控制是 GSC 根据上行链路性能（误块率/误码率）统计结果，并依据一定的算法对 GTS 中上行功率控制的目标信干比进行调整。

接入许可控制为申请接入终端分配无线资源对，给出终端是否可以使用共享资源、公共资源、专用资源的粗略判决，同时给出可以接入的共享资源、公共资源、专用资源的标识。资源分配的大致过程包括 RRC 连接建立、业务建立、业务修改、业务释放、分组调度调整、快速动态信道分配、切换（目标波束）、波束更新。

动态信道分配包括慢速动态信道分配（Slow Dynamic Channel Allocation，SDCA）和快速动态信道分配（Fast Dynamic Channel Allocation，FDCA）。慢速动态信道分配对波束的载频进行优先级排队、对波束各载频下的时隙进行优先级排队。载频/时隙优先级排队是为接入许可控制或快速动态信道分配等做准备的，当需要时，根据慢速动态信道分配结果以及相关策略准则，得到待接入的载频列表。载频优先级排队方法包括基于负荷的动态排序、固定排序等。快速动态信道分配包括载波内调整（时隙调整）、载波间调整（载波调整），具有频率优化特性。

拥塞控制采用一定的拥塞判决准则判断载波、波束的负荷是否达到拥塞或拥塞恢复状态。当判决载波或波束的负荷达到拥塞状态时，则采取相应的拥塞处理措施；当判决波束拥塞恢复时，则进行相应的拥塞恢复处理。

切换控制具备基于导频强度的切换控制和强制切换控制的能力。基于导频强度的切换控制将用户站终端测量的本波束导频强度与邻波束导频强度作为切换判决的依据。若本波束的导频强度与邻波束的导频强度符合切换判决准则，则执行切换过程。强制切换控制由操作维护员发起对某个波束的强制切换，可将该波束所有用户站终端切出本波束。

分组调度对非实时业务进行上行链路/下行链路速率调整，可能调整单个方向（上行链路或下行链路）的速率，也可能同时调整两个方向（上行链路和下行链路）的速率。

RAB 排队抢占决策方面，当无线接入承载（RAB）建立、修改请求到达 RRM、

RRM 分配资源失败时，根据 RAB 的 QoS 属性中的分配/保持优先级，判断是否能够抢占或者排队，如果允许则启动相应的处理过程，尝试再次分配资源。当紧急呼叫 RRC 连接建立请求到达 RRM 时，如果判决没有资源，可以启动低优先级业务资源抢占过程，降低非实时低优先级业务的速率，或者释放低优先级业务后，再接入该 RRC 连接建立请求。

RRM 测量实现测量发起、测量报告处理、测量中止等功能。RRM 测量可给出上行外环功率控制指示，通知业务面开始启动上行外环功率控制。测量的对象可能有 RRM 算法、性能统计、测试等。

（4）资源池设计

资源池的表征维度一般包括波束、载波、信道（时隙级）3 级，资源池模型结构如图 6-34 所示。波束可用波束基本信息、波束网络参数规划信息等表征；单个波束下可有多条载波，主要用配置信息表征；单条载波下可有多条信道，每条信道由若干长度的时隙构成，系统根据信道类型将信道配置信息分表保存。

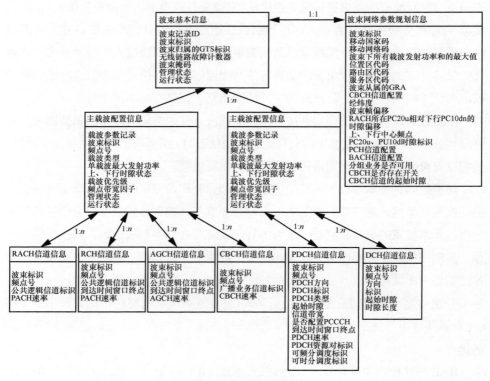

图 6-34　资源池模型结构

# 第 7 章

# 基于星上处理的天基传输网络的运维管控

传统的天基传输网络（包括卫星通信、卫星中继）多数基于透明弯管转发器或透明铰链转发器构建，透明弯管转发器只进行同一频段的变频，透明铰链转发器进行不同频段的变频。而透明转发器是相对于处理转发器而言的。处理转发器是星上进行解调、再调制处理的一类转发器，通常这类转发器需要配置路由交换，实现多路调制解调信号之间的路由建立和信息交换。相对于透明转发器天基传输网络而言，技术体制基本只与地面关联，运维管控焦点也集中在网络本身。基于星上处理的转发器相当于把传统卫星通信中心站的部分功能迁移到卫星上，因此，其运维管控系统就更加凸显了天地一体化特征。另外，基于星上处理的天基传输网络也根据是否具有星间链路、是低轨还是高轨而具有不同的特点和运维管控功能。

# 7.1 基于星上处理的天基传输网络发展演进及不同系统的特点

## 7.1.1 发展演进

天基传输网络目前可以按照高轨、低轨、移动、固定（宽带）分类。截至目前，应用最多的高轨天基传输网络（系统）多数基于透明弯管转发器或透明铰链转发器构建，基于星上处理的高轨天基传输网络典型代表是 SPACEWAY3 系统和抗干扰特殊应用系统。SPACEWAY3 系统是全球首个基于星上处理的单星宽带卫星通信系统，抗干扰特殊应用系统是全球首个星间组网的卫星通信系统。最近我国的天基骨干网系统也是新一代星间组网天基传输网络的典型代表。高轨移动系统方面，以海事卫星、瑟拉亚、天通为代表的基于透明弯管转发器或透明铰链转发器系统是典型代表，对基于星上处理和星间组网系统的研究正在不断深入。基于星上处理的低轨星座系统的典型代表是三大低轨移动通信星座系统：铱星系统、全球星系统和 ORBCOMM 系统。最近比较典型的系统包括 ONEWEB 系统和 STARLINK 系统，以及国内目前正在进行试验验证的宽带移动融合系统。图 7-1 给出了基于星上处理和星间组网系统的发展演进。

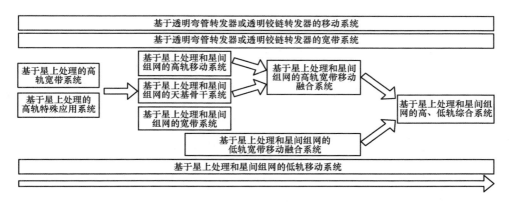

图 7-1　基于星上处理和星间组网系统的发展演进

## 7.1.2　不同系统的特点

（1）单星星上处理系统特点

单星星上处理通常解决以下两个方面的问题：一是解决多波束（蜂窝状固定多点波束或可移动点波束、相控阵多波束）之间用户直接单跳互通的问题，为了提高卫星天线的增益，同时又要兼顾覆盖能力，通常采用星上多波束天线，使得每个波束能量集中，发射接收能力更强，用多波束拼接解决单波束覆盖范围小的问题。这种情况下，如果波束之间互通采用微波矩阵方式实现，则端口太多，相互干扰太大，采用星上解调、交换再调制的星上数字处理技术可规避微波矩阵问题，同时隔离上行下行链路，提高链路性能。二是解决卫星通信的抗干扰问题，通常用点波束、窄波束获得空域抗干扰能力，同时利用星上解跳、解调交换再跳频调制的星上处理技术获得信号域抗干扰能力。图 7-2 给出了单星星上处理系统的典型组成，其中，独立的信令波束和信令处理可以选择配置，星上电路交换通常用于支持低速业务，而对于基于 IP 的业务，通常采用分组交换体制。

（2）多星星间组网系统特点

多星星间组网系统可以分为两类，一类是高轨多星星间组网系统，另一类是低轨多星星间组网系统，两类系统都是为了实现不受全球范围布站条件限制情况下的全球用户通联。多星星间组网系统不同卫星下的用户原则上可以不经过地面站而是通过星间网络直接互通，高轨多星星间组网系统的星间星地拓扑相对固定，而低轨多星星间组网系统的星间星地拓扑不稳定。图 7-3 给出了高轨多星星间组网系统示意图，图 7-4 给出了低轨多星星间组网系统示意图。

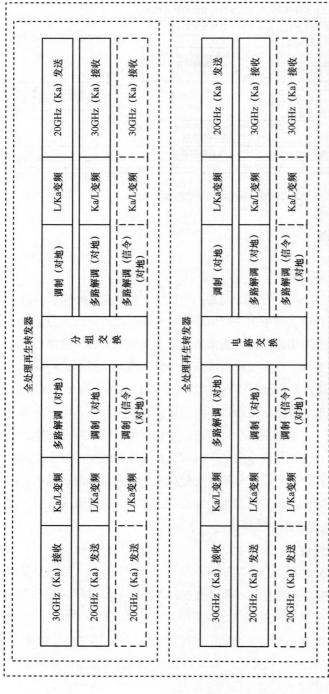

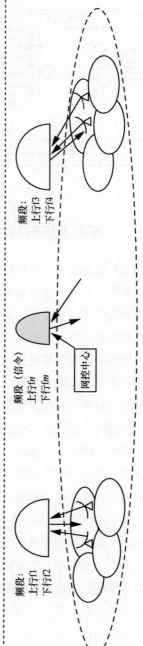

图 7-2 单星星上处理系统的典型组成

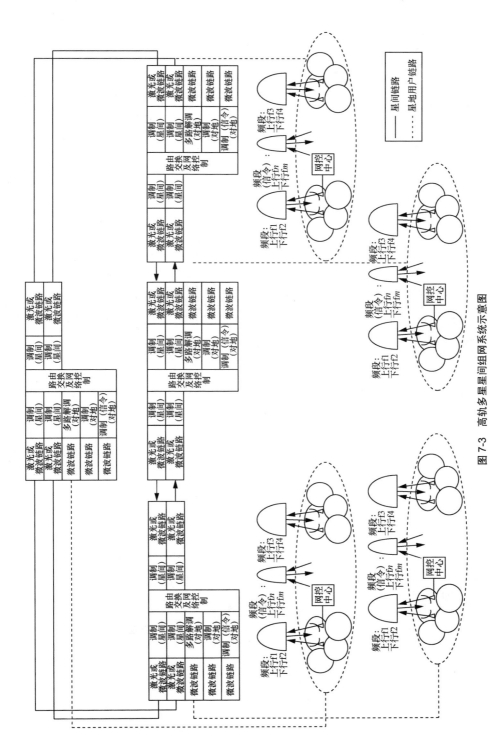

图 7-3　高轨多星星间组网系统示意图

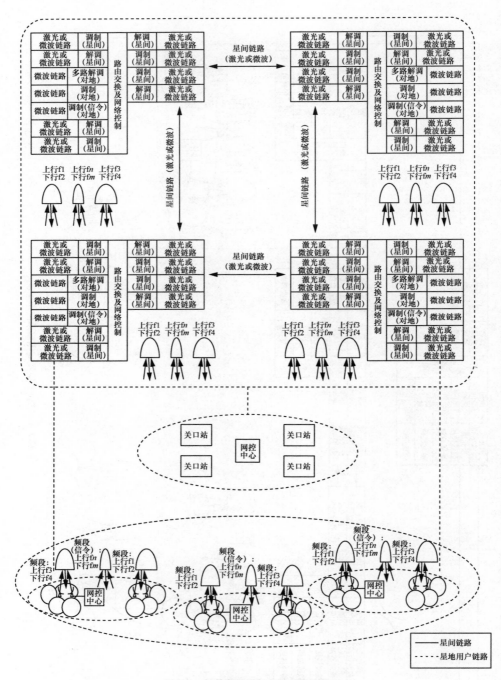

图 7-4  低轨多星星间组网系统示意图

# |7.2　单星星上处理天基传输网络的运维管控 |

## 7.2.1　网络管理控制拓扑与信道

（1）网络管理控制拓扑

单星星上处理天基传输网络的网络管理控制为非对称的双中心重叠星形拓扑结构，如图 7-5 所示，这种网络一般有两个控制中心；一个部署在关口站，另一个部署在卫星。这里星形拓扑是指管控中心到管控代理逻辑上为星形结构；非对称是指两个网络管控中心功能不对等，地面网络管理控制中心具有网络管理和控制功能，而星载网络管理控制中心仅具有网络控制功能，扮演从中心角色；重叠是指两个中心对用户站相同，管控代理功能集成对二者的透明访问。

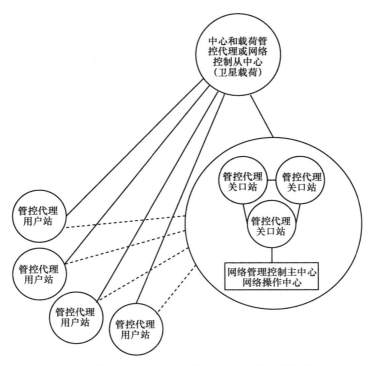

图 7-5　单星星上处理天基传输网络的网络管理控制拓扑

（2）网络管理控制信道

单星星上处理天基传输网络的管理控制信道包括独立控制信道和逻辑的带内信令信道。独立控制信道通常可分为两种情况，一种是全网共同的独立于业务的控制信道，通常由覆盖范围大、增益低的信令波束支持，星上和地面终端、关口站均需要配置独立的控制信道单元；另一种是在每个波束内设置独立载波用于信令传输。逻辑的带内信令信道则是在每个波束内的每个载波上设置独立的信令时隙，载荷和地面系统（包括地面终端）不需要配置独立的信道单元。图 7-6 给出了单星星上处理天基传输网络的管理控制信道配置。

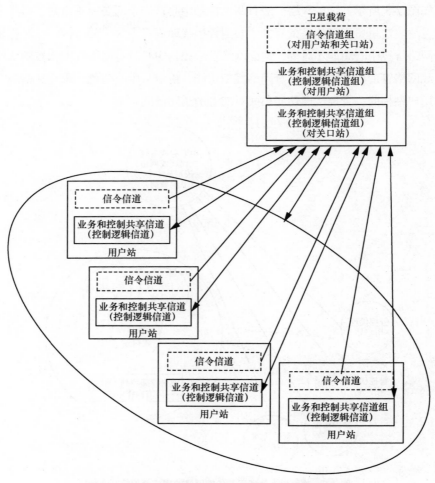

图 7-6　单星星上处理天基传输网络的管理控制信道配置

## 7.2.2　网络管理控制对象及层级

（1）网络管控对象

单星星上处理天基传输网络管理控制对象主要包括地球站、载荷、链路和网络，涉及不同层级的对象，如图 7-7 所示。地球站主要包括用户站、关口站；载荷包括天线及波束、微波通道、调制解调及编译码、路由交换等；链路则包括卫星与用户站之间的用户链路，以及卫星与关口站之间的馈电链路；网络涉及系统级管理，包括网络性能、网络态势及网络资源等，网络性能包括网络故障率、通信成功率、资源利用率、通信建立时长等，网络态势包括网络拓扑、网络规模、网络健康情况、网络业务流向、网络资源使用情况等，网络资源包括网络频率、功率、带宽、波束、地球站数量、信道路数、交换容量、端口数量、编址编号等。

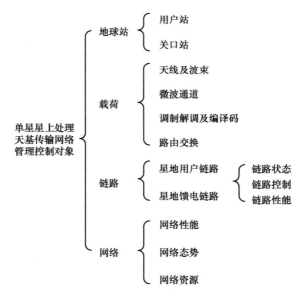

图 7-7　单星星上处理天基传输网络管控对象

（2）网络管控层级

管控层级主要从计算机网络 5 层协议的角度分析管理涉及哪一层。单星星上处理天基传输网络管理层级主要涉及物理层、链路层、网络层、传输层和应用层，如图 7-8 所示。其中，网络层、传输层和应用层采用专用协议或者增强协议。

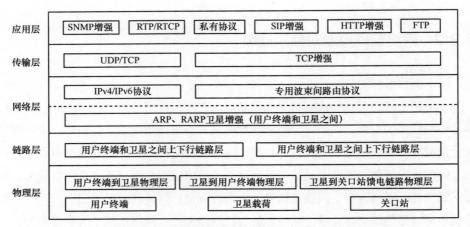

图 7-8　单星星上处理天基传输网络管理控制层级

## 7.2.3　网络管理控制功能

单星星上处理天基传输网络管理控制功能可分为管理功能和控制功能,如图 7-9 所示。管理功能包括支持网络规划与创建、网络运行与评估的网络管理功能和设备管理功能;控制功能主要实现网络的跨波束控制、鉴权控制、接纳控制、无线资源分配、链路性能测量、功率控制、拥塞控制等。

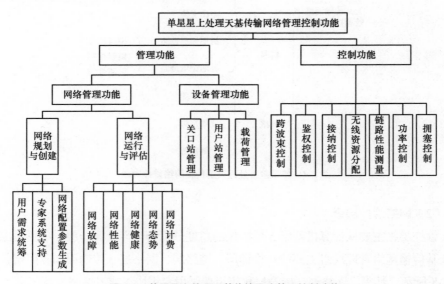

图 7-9　单星星上处理天基传输网络管理控制功能

# |7.3　多星星间组网天基传输网络的运维管控 |

## 7.3.1　网络体系架构

多星星间组网天基传输网络包括高轨多星星间组网天基传输网络和低轨多星星间组网天基传输网络两类。

典型高轨多星星间组网天基传输网络架构如图 7-10 所示。高轨卫星使用静止轨道卫星实现全球覆盖，空间段部署 3 颗及以上卫星，卫星具备星上处理能力，卫星间链路以环状连接为基础形成天基传输网络；地面段部署关口站，相邻关口站通过地面光纤互联；用户段支持各类宽带用户终端、窄带移动用户终端接入。

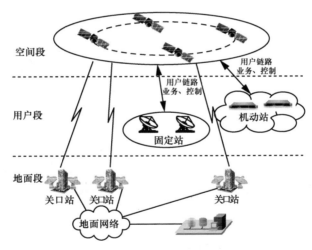

**图 7-10　典型高轨多星星间组网天基传输网络架构**

地面关口站可在一定区域内部署，通过地面网络形成地基节点网，天基传输网络与地基节点网协同工作。关口站作为卫星与地面网络的接入点，实现地面用户之间以及地面用户与卫星用户之间的全球互连。在地面管理中心的统一调配下实现卫星节点、关口站之间馈电链路的流量负载调整，实现各节点吞吐量的均衡。一般卫星测控站与地面关口站同址建设，从而降低建设成本，便于卫星系统的一体管理。

典型低轨多星星间组网天基传输网络架构如图 7-11 所示。低轨卫星用户波束大多采用点波束对地覆盖，且每个波束对其地面服务区的服务时间很短，为了保证用户终端在通信过程中连续不中断，需要运行管理系统对用户终端及卫星进行切换控制。低轨多星星间组网的天基传输网络空间段由大量低轨卫星组成星座，通过星间链路互联；用户段一般包括宽带通信终端和窄带移动通信终端；地面段包括关口站和运维管控中心，关口站通过馈电链路与星座实现星地互联，接受运维管控中心的统一管理调度。

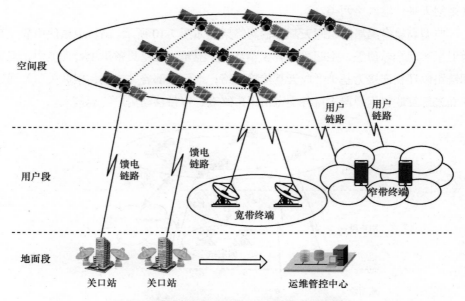

图 7-11　典型低轨多星星间组网天基传输网络架构

## 7.3.2　网络管理控制拓扑与信道

（1）网络管理控制拓扑

高轨多星星间组网天基传输网络的网络管理控制一般为多中心星形拓扑结构，如图 7-12 所示，星上的网络管控中心实现对本星下用户的管控，并通过星间链路实现不同网控管控中心之间的协同和交互，地面网络管控中心实现对所有用户的网络管控，星地网络管控中心支持星上为主、地面为主和星地协同等多种工作模式。

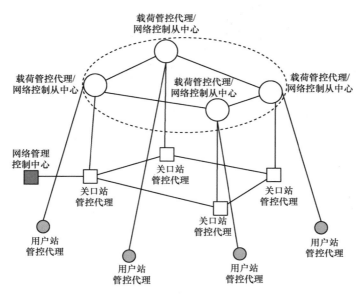

图 7-12 高轨多星星间组网天基传输网络的网络管理控制拓扑

低轨多星星间组网天基传输网络的网络管理控制为多中心的拓扑结构，如图 7-13 所示，星上的网络管控中心实现对本星下用户的接入控制，并通过星间链路实现不同网络管控中心之间的协同和交互，地面网络管控中心实现对所有用户的移动性管理，通过星地协同实现对所有用户的管理控制。

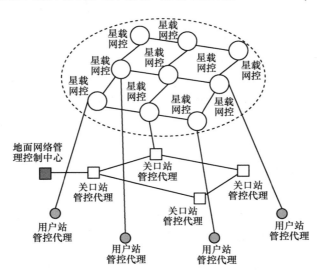

图 7-13 低轨多星星间组网天基传输网络的网络管理控制拓扑

（2）网络管理控制信道

网络管理控制信道按照宽带和窄带体制划分，配置不同的管理控制信道。对于宽带体制，网络管理控制信道与通信体制密切相关，配置前向广播控制信道、返向控制信道等；对于窄带体制，考虑与地面移动通信兼容的需求，大多参照地面移动通信的信道定义方式，一般配置随机接入信道、广播控制信道、寻呼信道、上行公共控制信道、下行公共控制信道等公共控制信道和下行专用控制信道、上行专用控制等专用控制信道。

对于星间组网星上处理宽带网络，卫星都采用多波束方式，包括信令波束和业务波束。信令波束主要满足用户入网相关信令传输，对信息量要求不高，但信令发送随机性比较强，特别是返向信道具备信令短时突发、随机突发等特性，因此，返向不需要为每个用户保持一个连续信道，而采用所有终端共享的 ALOHA 方式；前向信道充分利用卫星的广播特性，同时考虑一个载波可以提高卫星的功率效率，使用 TDM 方式。在业务波束内也都配置专用的控制信道，在通信过程中以随路信令的方式实现信令信息的传输。图 7-14 给出了星间组网星上处理宽带网络的管理控制信道配置。

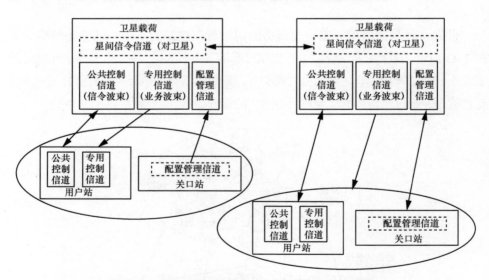

图 7-14　星间组网星上处理宽带网络的管理控制信道配置

前向广播信道由各波束下行资源的同步与控制时隙组成，主要传输星地通告信息以及卫星对网控代理的申请应答信息。

返向接入信道方面，在信令波束的上行资源中，配置若干控制载波作为随机接入信道，传输用户终端在随机接入时的入网申请和公共探测，由用户终端通过

ALOHA 方式竞争使用。此外，在各业务波束中配置少量的随机接入信道，以保证在脱离信令波束的情况下，终端仍能够正常入网。

在卫星与关口站之间的馈电波束中，配置部分星地链路资源作为配置管理信道，传输星载网控及载荷设备的配置管理信息、星载网控与地面网控的数据同步信息、地面鉴权和密分中心与星载网控之间的认证鉴权、密钥管理等信息。此外，当地面网络管理控制中心主用时，配置管理信道还负责传输星载网控代理与地面网控之间的组网控制信令以及地面网控对载荷设备的配置信令等信息。

星间信令信道使用星间链路的控制时隙，主要传输星与星之间的各类管理控制信息。

对于星间组网星上处理窄带网络，随机接入信道、广播控制信道、寻呼信道、公共控制信道、专用控制信道配置于星上各类波束中。其中，随机接入信道、广播控制信道为独立的控制信道，其他信道一般为逻辑的带内信令信道。配置管理信道和星间信令信道配置与高轨系统相同。图 7-15 给出了星间组网星上处理窄带网络的管理控制信道配置。

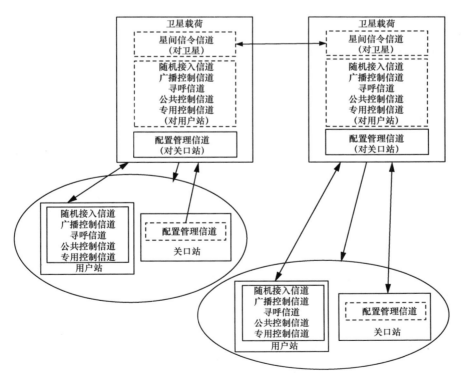

**图 7-15　星间组网星上处理窄带网络的管理控制信道配置**

广播控制信道、寻呼信道、公共控制信道主要实现各类用户终端初始入网过程和业务申请过程中的广播信息、接入许可，以及寻呼等上、下行控制信令的传输。

星间信令信道使用星间链路的控制时隙，主要传输星与星之间的各类管理控制信息。

在卫星与关口站之间的馈电波束中，配置部分星地链路资源作为配置管理信道，传输星载网控及载荷设备的配置管理信息、星载网控与地面网控的数据同步信息、地面鉴权和密分中心与星载网控之间的认证鉴权、密钥管理等信息。

专用控制信道完成业务通信过程中的随机接入、资源分配、告警、功率控制等上、下行控制信令的传输。

### 7.3.3 网络管理控制对象和层级

（1）网络管理控制对象

星间组网星上处理天基传输网络管理控制对象主要包括地球站、载荷、卫星资源和网络，如图 7-16 所示。对地球站的管控主要是对各类站型卫星通信设备的管控，主要对各类站型在用户入网、业务组织等工作流程中的交互协议与交互过程进行管理。对载荷的管控，主要针对相控阵波束天线、反射面波束天线、综合处理载荷等载荷设备，对设备的工作参数、运行状态、故障告警进行管理。对卫星资源的管控，主要针对波束、解调、链路等资源，对资源的分配方式和分配策略进行管理。对网络的管控主要是对网络性能、态势以及资源的管理。

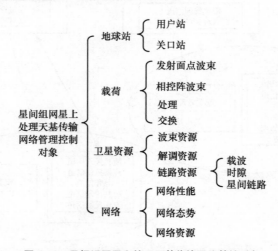

图 7-16 星间组网星上处理天基传输网络管控对象

（2）网络管理控制层级

星间组网星上处理天基传输网络管控层级包括运行维护层、网络管控层和管理接口层，如图 7-17 所示。

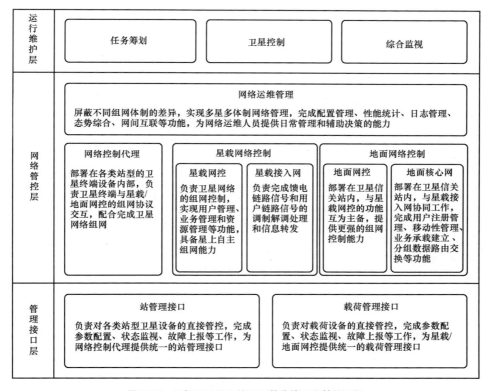

图 7-17 星间组网星上处理天基传输网络管控层级

运行维护层负责对系统组织应用的顶层筹划，实现任务筹划、卫星控制和综合监视功能，完成用户需求的承接、系统综合态势的监视以及卫星的运行控制。网络管控层负责卫星网络的运维管理与组网控制，构成 3 级管理控制架构，完成对卫星网络的参数规划、态势综合和组网控制。网络管控层由部署在任务管控中心的网络运维软件、部署在卫星的星载网络控制设备、部署在地面的网络控制设备以及部署在各类站型卫星终端内的网络控制代理组成。其中，部署在卫星的星载网络控制设备有星载网控和星载接入网两种实现方式，部署在地面的网络控制设备有地面网控和地面核心网两种实现方式。管理接口层负责对各类站型卫星设备和卫星载荷设备的直接管控，为网络控制代理和星载/地面网络控制提供统一的站管理和载荷管理接口。

## 7.3.4 网络管理控制功能

星间组网的高低轨天基传输网络管理控制功能如图 7-18 所示。

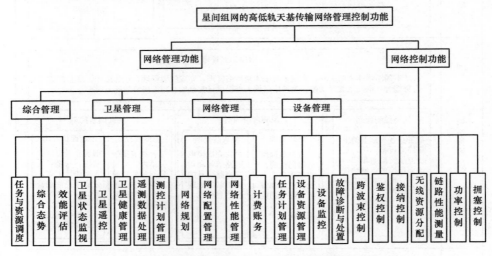

图 7-18 星间组网的高低轨天基传输网络管理控制功能

（1）管理功能

管理功能包括综合管理、卫星管理、网络管理和设备管理。

综合管理实现任务需求的统一受理以及资源的规划调度,并对系统的任务执行、资源使用、业务运行、效能评估进行综合分析与态势综合呈现。

卫星管理实现对高低轨卫星平台及载荷运行工况的监视,管理卫星健康状态,对卫星平台及载荷进行控制,完成卫星轨道精确计算和预报,计算卫星轨道偏差及星座构型偏差,完成卫星轨道控制计算,实现卫星轨位和星座保持。

网络管理利用高低轨卫星和关口站为用户组建移动、宽带等用户通信网络,负责实现对所有用户通信网络的管理控制。网络管理支持各类网络、用户的参数配置管理、性能管理、故障管理和状态监视,能够对用户网络使用卫星资源进行配置分发和使用统计,能够对通信网络的用户终端进行管理,支持用户终端的配置和监视。

设备管理实现对关口站的监视和控制,具体包括任务计划管理、设备资源管理、设备监控、故障诊断与处置等。

（2）控制功能

控制功能主要实现对网络的控制，包括跨波束控制、鉴权控制、接纳控制、无线资源分配、链路性能测量、功率控制、拥塞控制等。

跨波束控制主要完成用户跨越波束时的波束切换控制；鉴权控制主要完成网络和用户的合法性验证，网络对用户身份进行鉴权验证，用户对申请接入网络的合法性进行鉴权验证；接纳控制主要完成对用户站随机接入申请、业务申请等各类申请信令的控制处理工作；无线资源分配主要根据网络资源配置和业务申请情况完成载波和时隙等无线资源的分配；链路性能测量主要是在业务运行过程中对链路性能参数进行采集，对链路状态进行测量；功率控制主要负责在通信过程中根据业务质量情况对用户站发射功率进行调节；拥塞控制主要根据卫星和关口站交换机队列情况判断是否进入拥塞或拥塞恢复状态，并进行相应处理。

（3）管理控制架构

管理控制功能部署采用 3 级管理架构，基于"管理与控制分离、地面分级管理、多星分布式控制"的思想进行设计，如图 7-19 所示。

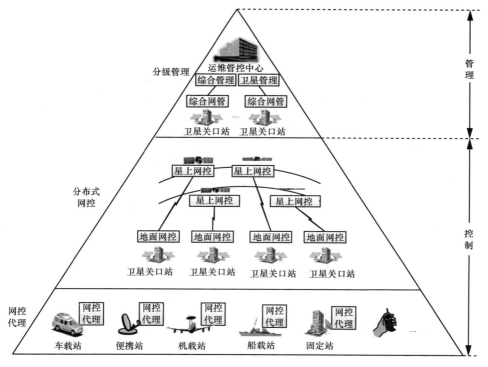

图 7-19　管理控制功能部署

在运维管控中心和各级卫星关口站内部署网络运维和综合网管软件,执行对多星多体制卫星网络的分级管理,完成网络规划与运维管理功能,为值班人员提供网络的日常管理和辅助决策。对于宽带体制,各星的星载网控以及卫星关口站的地面网控,对用户管理、业务管理和资源管理等组网控制功能进行星地一体化设计,实现星上自主组网和星地功能备份。同时,基于星间链路,多星网控之间可实现协同组网,构成星地一体的分布式网控。对移动等窄带体制网络,部署在星上的接入网设备和关口站的核心网设备协同工作,共同实现用户管理、业务管理和资源管理等组网控制功能。此外,部署在各类站型卫星终端内部的网控代理构成卫星管控的末梢,负责与星载/地面网控进行组网协议交互,配合完成对卫星网络的组网。

## 7.3.5 网络管理控制协议

(1)网络管理协议

网络管理协议主要负责网络运维与星载/地面网控之间的管理信息交互,承载在标准 UDP 之上,主要包括网络管理信令和载荷管理信令。网络管理信令主要包括星载网控与地面网控之间的星地同步信令以及网络运维与星载网控之间的网络配置信令等;载荷管理信令主要包括网络运维与载荷设备之间的管理配置信令以及星载/地面网控对各类星载设备的参数配置及状态监控。网络管理协议栈如图 7-20 所示。

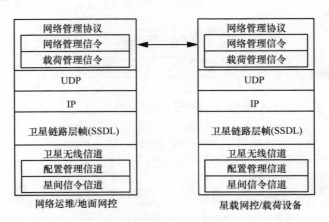

图 7-20 网络管理协议栈

（2）网络控制协议

网络控制协议按照网络技术体制可分为宽带网络控制协议、移动网络控制协议，二者具有不同的控制协议栈，宽带网络控制协议栈相对简单。

宽带网络控制协议主要负责网控代理与星载/地面网控之间的组网控制信息交互，承载在卫星链路层协议之上，主要包括星地通告和网络控制信令，宽带网络控制协议栈如图 7-21 所示。星地通告主要包括各波束对地的下行通告信息，用于引导终端的同步及入网；网络控制信令主要包括网控代理与网控之间的组网控制信令，用于终端的入网、业务通信和移动性管理。

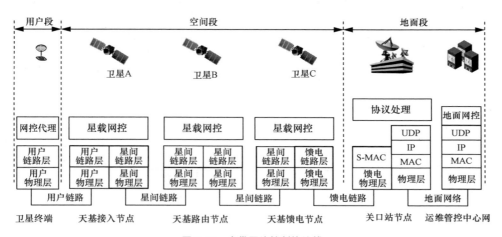

图 7-21　宽带网络控制协议栈

卫星终端网控代理向星载网控发送网控信令，将网络控制信令封装在用户链路层帧中，通过上行星地链路传递到星载网控；星载网控向卫星终端发送网控信令的协议过程相同，方向相反。

卫星终端网控代理向地面网控发送网络控制信令，将网络控制信令封装在用户链路层帧中，通过上行星地链路传递到卫星（卫星 A），卫星将用户链路帧转换为星间链路帧，由星载交换设备通过星间链路（可能经过多段）转发到地面网控可见的卫星（卫星 C），再路由寻址发送到关口站，关口站协议处理设备将链路帧转换为 IP 报文转发给地面网控（地面网控一般基于 IP 协议栈工作）；地面网控向卫星终端发送网控信令的协议处理过程相同，方向相反。

移动网络控制协议栈如图 7-22 所示，端到端移动网络控制协议栈包括物理层、

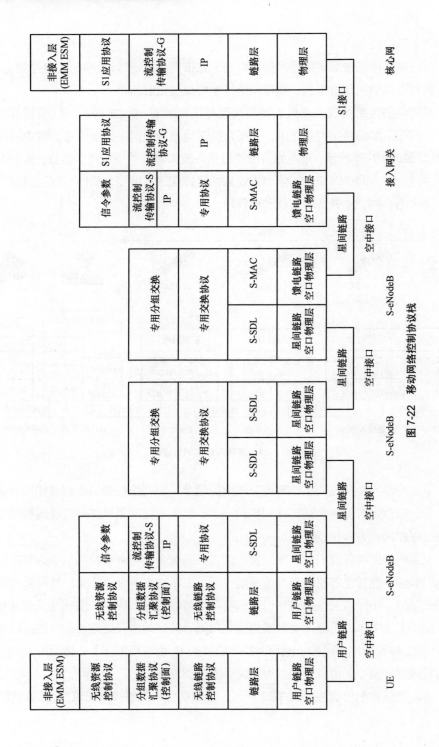

图7-22　移动网络控制协议栈

链路层、网络层、传输层和应用层。其中，物理层和链路层属于接入层，而网络层、传输层和应用层属于非接入层（NAS）。终端向核心网发送 NAS 信令，NAS 信令封装在 RRC 上行直传消息中，通过空口传递到星载基站，星载基站解析 RRC 消息，提取控制信令参数信息，并将其转化成卫星专用流控制传输协议（Stream Control Transmission Protocol，SCTP），并将需要转发给地面关口站的 SCTP 信令数据进行 IP 和专用协议封装，由星间交换设备通过路由寻址发送到地面接入网关。地面接入网关将专用协议和 IP 去除，从卫星专用 SCTP 中提取出信令参数信息，将信令参数信息转换成标准 S1 应用协议（S1 Application Protocol，S1AP）消息并承载到标准 SCTP 上，发送到地面核心网。

## 7.3.6　典型网络管理控制流程

高轨和低轨星间组网管控流程基本相同，主要流程包括星间组网管控流程、用户入网流程、业务接入流程等。

图 7-23 给出了星间组网管控流程，主要参与对象有运维管控中心、地面网控中心、星载网控和用户终端等。

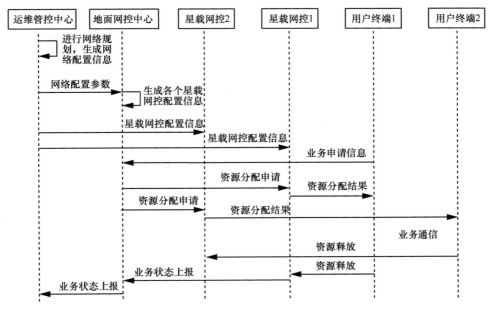

图 7-23　星间组网管控流程

运维管控中心进行网络规划，生成整个网络的配置信息，包括每个卫星的资源信息、覆盖信息等；运维管控中心将网络规划生成的网络配置参数下发至地面网控中心，地面网控中心对各个卫星的网络配置参数进行解析，并生成各个星载网控的配置参数；地面网控中心通过馈电链路的管理通道将配置信息分别上注到各个星载网控；当用户终端有业务需求时，通过所在卫星向地面网控中心发出业务申请；地面网控中心接收业务申请后，通过寻呼找到被叫用户所在卫星，并通知主叫卫星和被叫卫星的星载网控分别为主叫和被叫分配资源；主/被叫所在的星载网控分别进行资源分配，建立通信链路，开始通信；业务完成后，主/被叫所在的星载网控对资源进行回收，并将业务状态及记录下发到地面网控中心；地面网控中心将业务状态统一上报到运维管控中心，实现业务监视及分析评估。

图 7-24 给出了用户入网流程，主要参与对象有用户终端、星载网控和鉴权中心，主要环节包括入网注册、认证鉴权、工作参数下发等。

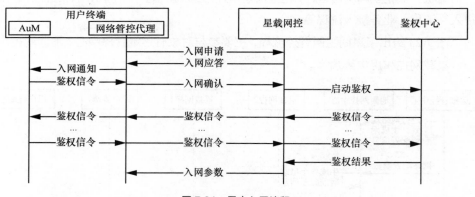

图 7-24　用户入网流程

用户终端在入网注册时，通过公共申请信道向星载网控发送入网申请，申请中携带本终端的站地址。星载网控收到入网申请后，提取用户终端的站地址，并使用该地址检索用户信息。若检索成功，则认证终端合法，为其分配专用申请信道，并发送入网应答，许可其入网；否则，星载网控拒绝终端入网。用户终端收到入网应答后，网络管控代理向鉴权模块发送入网通知，获取鉴权信令，用户终端使用其专用申请信道向星载网控发送入网确认（携带鉴权信令）；星载网控收到入网确认后，判定终端入网，并向鉴权中心发送启动鉴权信令启动鉴权。

认证鉴权用于验证用户终端的合法性，保证网络的安全接入。认证鉴权过程由嵌入于终端的鉴权模块和鉴权中心负责实施，借用终端的管理控制会话传输鉴权信令，星载网控负责鉴权模块与鉴权中心之间的信令透传。

工作参数下发主要是向新入网终端下发在后续业务通信中所需要的各类基本参数，包括网络参数、业务波束参数、资源参数等。

图 7-25 给出了按需业务接入流程，主要参与对象有星载网控、网间互联、用户终端等，主要环节包括建链、拆链过程。

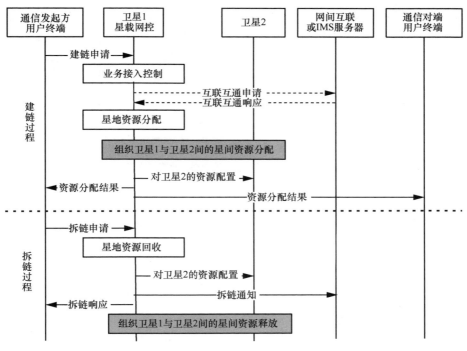

图 7-25　按需业务接入流程

## 7.3.7　典型网络管理控制状态转移图

星间组网星上处理天基传输网络的控制状态转移过程体现高轨/低轨传输网络的协议工作原理，高低轨星间组网星上处理天基传输网络由于网络的体系架构、控制信道、控制方式等存在差异，星载路由协议状态转移、网络控制器协议状态转移、终端协议状态转移过程等有所不同。

图 7-26、图 7-27 和图 7-28 给出了高轨星间组网星上处理天基传输网络星载路由协议状态转移、网络控制器协议状态转移、终端协议状态转移过程。

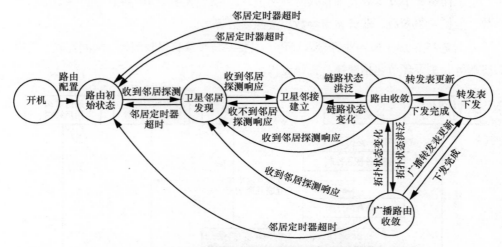

图 7-26　高轨星间组网星上处理天基传输网络星载路由协议状态转移过程

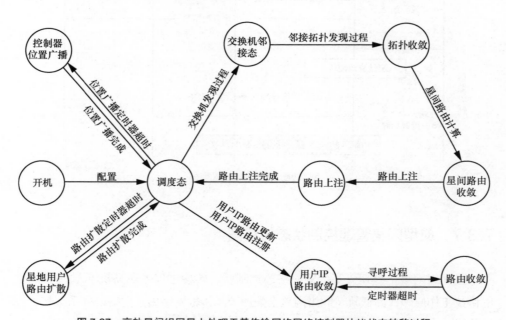

图 7-27　高轨星间组网星上处理天基传输网络网络控制器协议状态转移过程

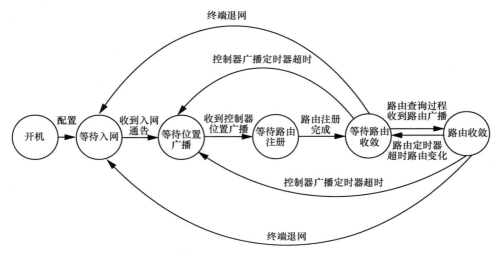

**图 7-28　高轨星间组网星上处理天基传输网络终端协议状态转移过程**

图 7-29、图 7-30 和图 7-31 给出了低轨星间组网星上处理天基传输网络星载路由协议状态转移、网络控制器协议状态转移、终端协议状态转移过程。

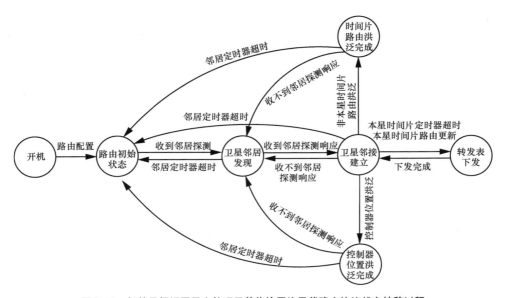

**图 7-29　低轨星间组网星上处理天基传输网络星载路由协议状态转移过程**

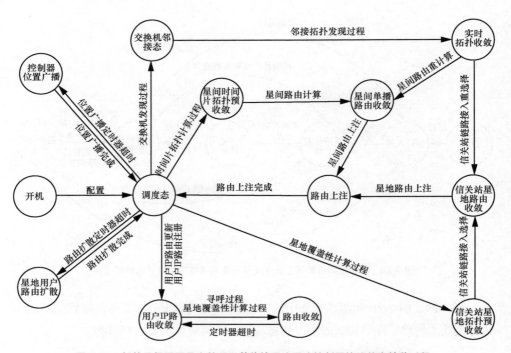

图 7-30　低轨星间组网星上处理天基传输网络网络控制器协议状态转移过程

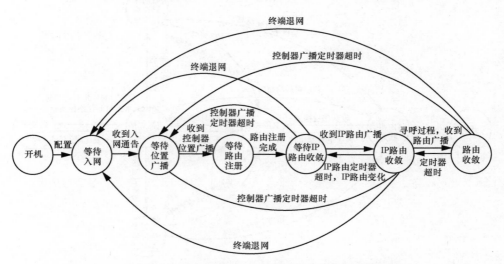

图 7-31　低轨星间组网星上处理天基传输网络终端协议状态转移过程

# 第 8 章

# 运维管控系统中的相关标校技术

标 校是运维管控系统的重要功能之一，如对星载大口径多波束天线波束指向标校、对在轨测试设备标校、对卫星平台测量设备标校等，通过对这些设备进行标定、校准，使其在寿命期间保持精度。本章结合卫星技术的发展，给出运维管控系统中的典型标校技术和设计要点。

# | 8.1  星载大口径多波束天线波束指向标校 |

## 8.1.1  标校目的

GEO 移动卫星通信系统通过采用大口径多波束天线，获得巨大的系统容量，并支持手持移动用户应用。与传统的全球波束或区域波束的卫星系统相比，卫星上的大口径天线（如天通一号卫星移动通信系统采用 15.6m 柔性可展开天线）在太空中受到空间环境中力和热的影响而产生形变，引起天线指向产生较大误差，这会导致每个波束的实际中心位置和整个覆盖区域与设计值产生较大偏离。因此这类 GEO 移动卫星通信系统通常具有波束指向标校系统，以获得各波束的实际中心位置，调整天线指向以实现覆盖区域与设计值相吻合。

## 8.1.2  标校分类

星载大口径多波束天线波束指向标校按照其工作方式划分可分为 3 种，如图 8-1 所示。

地面发射—星上接收测量—星上控制调整

星载大口径
多波束天线　　地面发射—星上转发—地面测量控制
波束指向标校

星上发射—地面测量控制

图 8-1　星载大口径多波束天线波束指向标校方式

地面发射—星上接收测量—星上控制调整是由地面发射标校信号，卫星接收标校信号并进行测量获得指向偏差，卫星根据测量结果产生控制参数并执行调整波束指向。

地面发射—星上转发—地面测量控制是由地面发射标校信号，卫星将标校信号转发到地面，地面接收转发下来的标校信号并执行测量获得指向偏差，地面根据测量结果产生控制参数，并将控制参数上注到卫星，由卫星执行调整波束指向。

星上发射—地面测量控制是由卫星发射标校信号，地面接收标校信号并进行测量获得指向偏差，地面根据测量结果产生控制参数，并将控制参数上注到卫星，由卫星执行调整波束指向。

从上述 3 种方式来看，波束指向标校都可以分为指向偏差测量和指向控制与调整两个部分。指向偏差测量通常要有一个正交的标校信号，通过对标校信号的测量区分出偏差方向和偏差量。而调整需要根据指向偏差测量和指向控制的整个环路来确定采用控制调整的策略和方法。

## 8.1.3　指向偏差测量

### 1. 指向偏差测量的基本方法

建立一个坐标系对同步地球轨道卫星多波束天线波束指向偏差测量进行分析。$X$ 轴正方向为东（E），$Y$ 轴正方向为北（N），$Z$ 轴正方向为天线波束中心指向地面参考点方向，$X$ 轴、$Y$ 轴、$Z$ 轴交汇点记为 $O$。在 $Z$ 轴上任意一点截取一个与 $XOY$ 平行的平面，如图 8-2 所示，以该平面坐标系来说明波束指向偏差测量原理。

当波束指向发生偏移指向点 $O'$ 时（如图 8-2（a）所示），通过测量点 $O$、$O'$ 分别在 $X$ 轴和 $Y$ 轴上的投影就可以分别获得波束指向在南北和东西上的偏移。为了进行测量，本节构建了 E、W、S、N 这 4 个相互正交的波束（也称为标校信号），

波束中心分别落在 $X$ 轴正方向、$X$ 轴负方向、$Y$ 轴负方向、$Y$ 轴正方向。4 个波束相同，且等功率交叠点方向与所测量的波束指向相同。当所测量的波束指向地面参考点时，4 个波束的等功率交叠点与 $O$ 点重合（如图 8-2（b）所示），当测量的波束指向偏离地面参考点时，则根据图 8-2（c）中的关系，分别获得波束指向在南北和东西上的偏移。偏移角度分别由式（8-1）和式（8-2）给出。

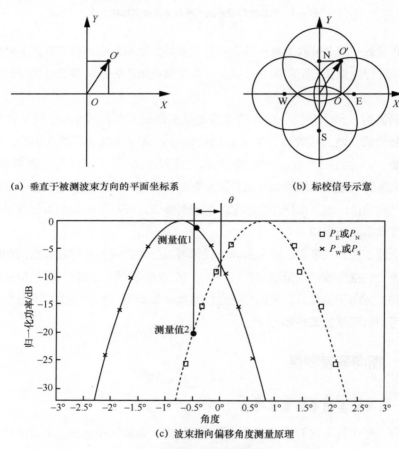

(a) 垂直于被测波束方向的平面坐标系      (b) 标校信号示意

(c) 波束指向偏移角度测量原理

图 8-2　波束指向偏差测量原理

南北方向波束指向偏差为：

$$\theta_{NS} = k_{\theta,NS} \times \frac{P_N - P_S}{P_N + P_S} \tag{8-1}$$

东西方向指向偏差为：

$$\theta_{\mathrm{EW}} = k_{\theta,\mathrm{EW}} \times \frac{P_{\mathrm{E}} - P_{\mathrm{W}}}{P_{\mathrm{E}} + P_{\mathrm{W}}} \qquad (8\text{-}2)$$

其中，$k_{\theta,\mathrm{NS}}$ 和 $k_{\theta,\mathrm{EW}}$ 分别为南北方向波束指向偏差和东西方向波束指向俯仰测量校正因子。

**2．标校信号的种类**

无论是星上测量还是地面测量，测量设备都是对接收到的正交信号进行处理。常见的正交信号有频率正交信号、时间正交信号、码字正交信号等。

频率正交信号是由一组不同频率的信号组成，信号要经过卫星内部传输、空间传输、地面标校站内部传输等多个传输环节，每个传输环节对不同频率的信号存在不同幅度的衰减。在传输过程中存在多个不同频率的信号，即使标校信号产生源头输出的信号功率相同，在接收测量端接收到的信号功率也会不同。

时间正交信号是标校信号根据预先规定的时间经不同的波束发向地面，波束标校站根据时间的不同来区分不同的发射波束。采用时间正交信号，考虑时间误差会引起不同波束之间时域上的信号混叠，导致测量误差，因此首先要求星地之间建立较为严格的时间同步，减少时间误差，以降低测量误差。另外，各波束按照时间规划轮流发送信号，由于每个波束发送时间点不同，整个传播环节会对不同波束信号的幅度一致性带来一定的影响。

码字正交信号采用不同的码字序列代表不同的波束，由同一标校信号源产生码字正交信号，各码字之间相位可严格控制，非常容易找到自相关性好的码字，如 PN（Pseudo-Noise）码、Walsh 码、Gold 码。同时码字正交信号可采用同频载波进行调制，并且 4 个标校波束同时传输，既可避免传输环节对不同频率信号存在不同幅度的衰减引起的测量误差，也可降低采用时间正交信号时星地时间同步带来的实现复杂度。

**3．指向偏差测量误差分析**

以星上发射—地面测量控制为例，对指向偏差测量误差进行分析。

标校信号传输及处理流程如图 8-3 所示，按照图 8-3 的流程给出了对测量精度产生影响的可能因素，测量误差影响因素汇总见表 8-1。

图 8-3　标校信号传输及处理流程

表 8-1 测量误差影响因素汇总

| | 影响因素 |
|---|---|
| 卫星 | 4 个波束标校信号的功率的一致性误差 |
| | 4 个波束标校信号间的隔离度 |
| 空间传播 | 空间环境对信号衰减变化的影响 |
| 波束标校站 | 天线指向精度 |
| | 传输通道的影响 |
| | 接收信号的信噪比 |

（1）4 个波束之间功率一致性

星上发射—地面测量控制的波束标校方法基于当波束指向无偏差时，地面波束标校站接收到的 4 个波束功率电平相等。如果 4 个波束标校信号之间的功率存在误差，即功率不一致，即使波束指向无误差，地面波束标校站接收到的 4 个波束功率电平也存在差异，这样会引起测量误差。在工程实现中，如何在这样一个大型柔性天线系统中设计标定系统，准确测量并消除这一误差是一个难题，有兴趣的读者可以开展相关研究。

（2）标校信号隔离度误差

标校信号在发射前需要在卫星系统内部进行传输，4 个相互正交的信号应经过相互隔离的内部传输通道传输，当传输通道隔离度不够时，卫星上每个标校波束输出的信号中均含有其他波束的信号，此时波束标校信号到地面波束标校站的传输示意图如图 8-4 所示。

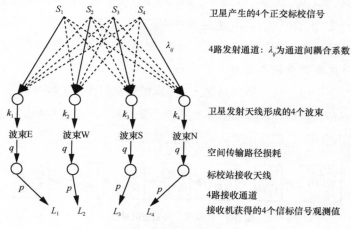

图 8-4 标校信号传输示意图

波束标校站接收机入口处的 4 个标校信号值可最终表示为：

$$
\begin{bmatrix} I_1 \\ I_2 \\ I_3 \\ I_4 \end{bmatrix} = p \times q \times \begin{bmatrix} S_1 & 0 & 0 & 0 \\ 0 & S_2 & 0 & 0 \\ 0 & 0 & S_3 & 0 \\ 0 & 0 & 0 & S_4 \end{bmatrix} \times \begin{bmatrix} \lambda_{11} & \lambda_{12} & \lambda_{13} & \lambda_{14} \\ \lambda_{21} & \lambda_{22} & \lambda_{23} & \lambda_{24} \\ \lambda_{31} & \lambda_{32} & \lambda_{33} & \lambda_{34} \\ \lambda_{41} & \lambda_{42} & \lambda_{43} & \lambda_{44} \end{bmatrix} \times \begin{bmatrix} k_1 \\ k_2 \\ k_3 \\ k_4 \end{bmatrix} \qquad （8\text{-}3）
$$

其中，$k_j$ 表示第 $j$ 个标校波束在对准标校站方向的增益；$S_i$ 为卫星产生的第 $i$ 个标校信号的强度；当 $i=j$ 时，$\lambda_{ij}$ 为卫星内部传输通道对标校信号 $S_i$ 的增益；当 $i \neq j$ 时，$\lambda_{ij}$ 为卫星内部传输通道 $i$ 与传输通道 $j$ 的隔离度；$q$ 为卫星信号到达地面的传输路径损耗；$p$ 为地面标校站接收通道的信号传输增益。

对比指向偏差计算式如式（8-1）和式（8-2），即使在不考虑波束标校站接收机算法引入的误差的情况下，也存在较大测量误差，且各种误差因素对测量误差大小的影响十分复杂。通过控制卫星内部传输通道的隔离度，在工程可实现条件下尽可能降低其对测量误差的影响，可以简化误差分析复杂度。利用计算机仿真可获得隔离度的指标需求。

在理想条件下，卫星产生的正交的波束标校信号功率相同，令 $u_{ij} = p \times q \times s \times \lambda_{ij}$，则式（8-3）可进一步简化为：

$$
\begin{bmatrix} I_1 \\ I_2 \\ I_3 \\ I_4 \end{bmatrix} = \begin{bmatrix} \mu_{11} & \mu_{12} & \mu_{13} & \mu_{14} \\ \mu_{21} & \mu_{22} & \mu_{23} & \mu_{24} \\ \mu_{31} & \mu_{32} & \mu_{33} & \mu_{34} \\ \mu_{41} & \mu_{42} & \mu_{43} & \mu_{44} \end{bmatrix} \times \begin{bmatrix} k_1 \\ k_2 \\ k_3 \\ k_4 \end{bmatrix} \qquad （8\text{-}4）
$$

即：

$$
\begin{bmatrix} \bar{I} \end{bmatrix} = \begin{bmatrix} \bar{\mu} \end{bmatrix}\begin{bmatrix} \bar{\kappa} \end{bmatrix} \qquad （8\text{-}5）
$$

对式（8-5）求逆可得到：

$$
\begin{bmatrix} \bar{\kappa} \end{bmatrix} = \begin{bmatrix} \bar{\mu} \end{bmatrix}^{-1}\begin{bmatrix} \bar{I} \end{bmatrix} \qquad （8\text{-}6）
$$

根据标校站接收到的 4 路正交信号的强度测量值，利用式（8-6）获得 4 个正交标校信号在指向标校站方向的增益，进而获得多波束天线指向的偏差。通道隔离度对测量误差的影响见表 8-2，给出仅考虑隔离度影响的情况下，不同隔离度对天线波束指向测量的影响。从表 8-2 中可以看出，当隔离度大于 30dB 时，其对天线指向的测量精度的影响可以忽略。

表 8-2　通道隔离度对测量误差的影响

| 通道间隔离度分布范围/dB | 通道间隔离度误差范围/dB | 指向测量误差 |
| --- | --- | --- |
| (20,30) | | 0.02° |
| (30,40) | (0, 10) | 0.00° |
| (40,50) | | 0.00° |
| (20,30) | | 0.02° |
| (30,40) | (0, 20) | 0.00° |
| (40,50) | | 0.00° |
| (20,30) | | 0.02° |
| (30,40) | (0, 30) | 0.00° |
| (40,50) | | 0.00° |

（3）空间环境对信号衰减变化

空间环境对地面波束标校站接收到的信号影响主要是信号功率的衰减影响。如果标校信号采用码字正交实现，在卫星上可以采用同一载波信号进行传输，此时只有云层、降雨等引起衰减值的变化，这些变化对同一频率的 4 个标校信号的影响程度相同。假如晴空条件下，卫星标校波束指向地面波束标校站的东、西、南、北4 个标校信号的功率分别为 $P_E$、$P_W$、$P_S$、$P_N$，卫星到地面波束标校站之间的自由空间传播损耗为 $[L(d, f)]$（$d$ 为卫星与地面波束标校站之间的距离，$f$ 为波束标校信号的频率），观测 $t_1$ 时刻云层、降雨等引起衰减值的变化 $[A(t_1)]$。则 $t_1$ 时刻地面波束标校站接收到的东、西、南、北 4 个标校信号的功率分别为 $P_E$、$P_W$、$P_S$、$P_N$：

$$P_E = S_E \times 10^{-\frac{[L(d,\ f)]+[A(t_1)]}{10}} \tag{8-7}$$

$$P_W = S_W \times 10^{-\frac{[L(d,\ f)]+[A(t_1)]}{10}} \tag{8-8}$$

$$P_S = S_S \times 10^{-\frac{[L(d,\ f)]+[A(t_1)]}{10}} \tag{8-9}$$

$$P_N = S_N \times 10^{-\frac{[L(d,\ f)]+[A(t_1)]}{10}} \tag{8-10}$$

代入式（8-1）、式（8-2），经整理可得 $t_1$ 时刻测得的南北方向和东西方向波束指向误差为：

$$\theta_{NS} = k_{\theta,NS} \times \frac{S_N - S_S}{S_N + S_S} \qquad (8\text{-}11)$$

$$\theta_{EW} = k_{\theta,EW} \times \frac{S_E - S_W}{S_E + S_W} \qquad (8\text{-}12)$$

对比式（8-1）、式（8-2）和式（8-11）、式（8-12），在不考虑所需最小接收信号功率电平的情况下，波束指向偏差测量结果与信号在空间（包括自由空间、云雾和降雨）传播衰减的变化无关。

（4）天线指向精度

在半功率波束内，天线增益与偏离角的关系由式（8-13）给出：

$$G(\theta) = G_{max} - 12 \times (\theta/\theta_{3dB})^2 \qquad (8\text{-}13)$$

其中，$\theta$ 表示天线指向偏离角，单位为度；$\theta_{3dB}$ 表示半功率波束宽度，单位为度。

天线指向误差导致增益下降，接收到的信号功率电平下降为：

$$\Delta P = 12 \times (\theta/\theta_{3dB})^2 \qquad (8\text{-}14)$$

其中，$\Delta P$ 表示功率电平变化量，单位为 dB。

根据式（8-14）可以计算出天线指向精度为 1/10 波瓣宽度时，接收到的信号功率电平损失为 0.12dB；天线指向精度为 1/5 波瓣宽度时，接收到的信号功率电平损失为 0.48dB。从整体上说，天线指向精度对接收信号功率电平损失的影响不大。另外参考前面空间环境对信号衰减变化的分析结果，即天线指向精度对各标校信号的影响相同，在满足波束标校站接收机最小接收信号功率电平的情况下，在接收天线半功率波束宽度内，波束指向偏差测量结果与天线指向精度无关。

（5）传输通道的影响

传输通道的影响主要包括传输通道的增益变化和传输通道的线性度。

传输通道的增益变化对标校信号幅度的放大或衰减的影响，与空间环境对信号衰减变化引起的对波束指向偏差测量结果相同。

传输通道的线性度是指传输通道的线性程度。由于波束指向的偏差，同时进入的波束标校信号之间的功率电平差异很大，如天通一号卫星移动通信系统当天线波束指向偏差达到 0.3°时，波束标校信号之间的功率电平差异接近 20dB。因此在进行波束标校站设计时要考虑测量范围设计，并给出一定的设计余量，例如，天通一号卫星移动通信系统波束标校站通道的线性动态范围不小于 30dB。

（6）接收信号的信噪比

由于波束标校站接收机通过能量估计算法分别对各波束标校信号接收能量进行估计，接收机信号噪声对结果产生影响。一般情况下在进行测量时，通常采用多次测量并进行平均的方式，使获得的测量结果尽可能接近被测量对象。而影响在轨运行卫星的天线波束指向的因素是随时间变化的（如卫星位置的变化、受太阳照射变化引起的天线面形变），测量时间不能很长，因此需要根据能量估计算法，在信噪比和测量时间之间寻求平衡，当然高效的功率电平估计算法也是需要研究的内容。下面给出一个设计实例。

某波束标校系统采用 Walsh 构造码分正交信号，假定波束标校信号输出功率电平一致，波束标校信号之间的信道完全隔离，调制方式为 BPSK（Binary Phase Shift Keying），码片速率为 10000chip/s，波束标校信号采用平方根升余弦滤波器进行基带脉冲成形，滚降系数为 1。数字信号采用 14 位模数（A/D）量化，波束标校信号对功率差值分别为 0dB、5dB、10dB、15dB 的情况进行计算机仿真，接收端接收到的两路波束标校信号差的归一化测量误差估计结果分别见表 8-3、表 8-4、表 8-5、表 8-6。

表 8-3　归一化测量误差估计结果（波束标校信号对功率差值为 0dB）

| 每样点积分时间/s | 信噪比/dB | | | |
| --- | --- | --- | --- | --- |
| | 2 | 5 | 10 | 15 |
| 2 | 0.1676 | 0.1331 | 0.1041 | 0.0934 |
| 5 | 0.1314 | 0.1093 | 0.0924 | 0.0870 |
| 10 | 0.0884 | 0.0831 | 0.0816 | 0.0825 |
| 15 | 0.0823 | 0.0818 | 0.0790 | 0.0789 |

表 8-4　归一化测量误差估计结果（波束标校信号对功率差值为 5dB）

| 每样点积分时间/s | 信噪比/dB | | | |
| --- | --- | --- | --- | --- |
| | 2 | 5 | 10 | 15 |
| 2 | 0.1047 | 0.0883 | 0.0758 | 0.0720 |
| 5 | 0.0882 | 0.0775 | 0.0700 | 0.0680 |
| 10 | 0.0615 | 0.0604 | 0.0618 | 0.0593 |
| 15 | 0.0599 | 0.0573 | 0.0606 | 0.0589 |

表 8-5　归一化测量误差估计结果（波束标校信号对功率差值为 10dB）

| 每样点积分时间/s | 信噪比/dB | | | |
|---|---|---|---|---|
| | 2 | 5 | 10 | 15 |
| 2 | 0.0510 | 0.0453 | 0.0414 | 0.0404 |
| 5 | 0.0427 | 0.0390 | 0.0365 | 0.0359 |
| 10 | 0.0300 | 0.0300 | 0.0311 | 0.0320 |
| 15 | 0.0279 | 0.0288 | 0.0295 | 0.0290 |

表 8-6　归一化测量误差估计结果（波束标校信号对功率差值为 15dB）

| 每样点积分时间/s | 信噪比/dB | | | |
|---|---|---|---|---|
| | 2 | 5 | 10 | 15 |
| 2 | 0.0226 | 0.0207 | 0.0194 | 0.0190 |
| 5 | 0.0174 | 0.0160 | 0.0150 | 0.0147 |
| 10 | 0.0108 | 0.0107 | 0.0111 | 0.0109 |
| 15 | 0.0103 | 0.0099 | 0.0102 | 0.0101 |

对比波束在不同功率比、信噪比、每样点积分时间的情况，并结合实际工程的实现，可选取门限信噪比为 5dB，每样点积分时间为 10s 进行信号差的估计处理。

## 8.1.4　指向控制与调整

对于星载大口径多波束天线指向的调整有两种方式：一是星上主动控制调整方式，二是地面控制星上调整方式。

星上主动控制调整方式是由卫星上的控制系统根据指向偏差测量结果，产生控制参数，调整天线指向，进而调整波束指向；或通过波束形成设备调整波束指向。该方式具有响应速度快的特点，考虑星地传输时间约为 120ms，需要在星上进行指向偏差测量，以便测量结果与波束调整在时间上相匹配。

地面控制星上调整方式是在地面根据指向偏差测量结果形成控制参数，通过地面测控站上注卫星后由卫星上的控制系统进行指向调整。波束指向偏差是随时间变化的，通过地面测控站难以做到实时准确控制，因此需要对波束指向偏差进行统计分析，找出影响波束指向权重较大的若干周期分量，在地面形成补偿曲线，通过控制站将补偿曲线上注卫星，由卫星上的控制系统实施相应调整。

## 8.1.5　工作流程

星载大口径多波束天线波束指向标校系统按照其工作方式可分为 3 种实现方式：地面发射—星上接收测量—星上控制调整、地面发射—星上转发—地面测量控制和星上发射—地面测量控制。

### 1. 地面发射—星上接收测量—星上控制调整

地面发射—星上接收测量—星上控制调整系统组成如图 8-5 所示。该系统由地面波束标校站设备和星上设备组成。地面波束标校站设备主要包括高精度标校信号源和发射信道设备。星上设备主要包括标校波束形成设备、信号处理设备、指向控制设备。

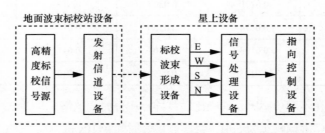

图 8-5　地面发射—星上接收测量—星上控制调整系统组成

地面发射—星上接收测量—星上控制调整的工作流程如图 8-6 所示，具体如下。

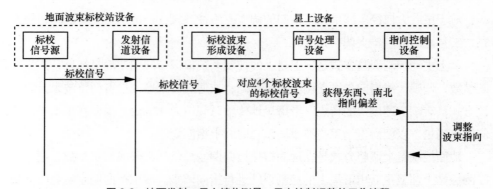

图 8-6　地面发射—星上接收测量—星上控制调整的工作流程

* 波束标校站产生高稳定度标校信号，并向卫星发送。

- 星上形成 E、W、S、N 这 4 个正交波束接收地面发射来的标校信号，并对应生成 4 个方向的标校信号。
- 星上对 4 个方向标校信号强度进行测量，利用式（8-1）、式（8-2）获得指向偏差。
- 星上指向控制设备根据指向偏差测量值调整波束指向。

**2．地面发射—星上转发—地面测量控制**

地面发射—星上转发—地面测量控制系统组成如图 8-7 所示。该系统由部署在地面的波束标校站设备、控制站设备以及星上设备组成。波束标校站设备主要包括标校信号源、发射信道设备等。控制站设备包括标校信号接收设备、信号处理设备、控制参数生成设备和遥控发射设备等。星上设备主要包括标校波束形成设备、信号处理转发设备、遥控接收设备、指向控制设备。

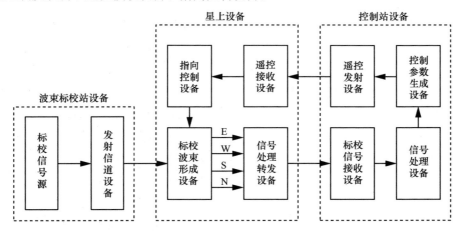

图 8-7　地面发射—星上转发—地面测量控制系统组成

地面发射—星上转发—地面测量控制的工作流程如图 8-8 所示，具体如下。

- 波束标校站产生高稳定度的标校信号，并向卫星发送。
- 星上形成 E、W、S、N 这 4 个正交波束接收标校信号，并分离出对应 4 个正交波束的信号转发到地面控制站。
- 控制站接收处理标校信号，获得 4 个正交的标校信号强度（功率）值，利用式（8-1）、式（8-2）获得指向偏差。
- 控制站根据指向偏差结果，并根据卫星姿态参数、轨道参数等生成控制参数。
- 通过控制站遥控发射设备将控制参数发送到卫星。

- 卫星遥控接收设备接收并恢复出控制参数，将其送往指向控制设备。
- 指向控制设备调整波束指向。

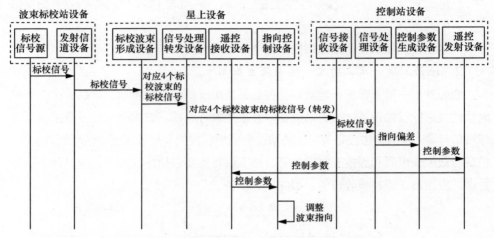

图 8-8　地面发射—星上转发—地面测量控制的工作流程

### 3. 星上发射—地面测量控制

星上发射—地面测量控制系统组成如图 8-9 所示，系统由星上设备和地面的波束标校站设备、控制站设备组成。星上设备主要包括标校信号源、标校波束形成设备、遥控接收设备、指向控制设备等，波束标校站设备主要是标校站的标校信号接收处理设备，控制站设备主要包括控制参数生成设备和遥控发射设备等。

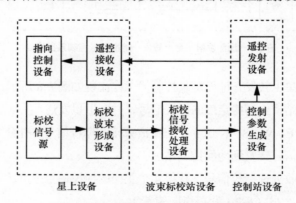

图 8-9　星上发射—地面测量控制系统组成

星上发射—地面测量控制的工作流程如图 8-10 所示，系统工作流程如下。

- 卫星产生标校信号和 4 个正交的标校波束，每个标校波束发送对应的标校信号。
- 地面波束标校站接收 4 个正交的标校信号，通过测量获得标校信号的强度（功率）值，利用式（8-1）、式（8-2）获得指向偏差值，并将指向偏差值通过其他网络发送到控制站。
- 控制站根据接收到的指向偏差值，并结合卫星姿态参数、轨道参数等产生控制参数。
- 控制站通过遥控发射设备将控制参数发射到卫星。
- 卫星遥控接收设备接收恢复出控制参数，并送往指向控制设备。
- 指向控制设备调整波束指向。

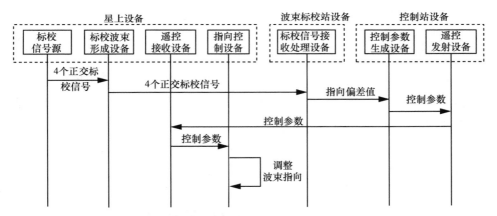

图 8-10 星上发射—地面测量控制的工作流程

## 8.1.6 标校特点小结

星载大口径多波束天线波束指向标校具有以下特点。

### 1. 波束指向调整通过调整卫星平台姿态实现的

GEO 通信卫星的大口径多波束天线系统，其天线口径大多超过 10m，采用柔性结构，难以通过直接调整天线机构实现波束指向调整。同时受科技水平限制，虽然可以采用数字多波束形成技术实现对波束的调整，但是所需的星载计算能力、存储能力以及星地测控链路传输能力的实现代价非常大，因此除了采用数字多波束天线外，目前大多采用调整卫星平台姿态实现对波束指向的调整。

### 2．将标校波束指向作为调整对象

卫星发射前，综合运用仿真、测试等手段能够获得较为准确的标校波束与各用户波束的指向关系。卫星发射后，难以对每个用户波束指向进行测量。因此对于星载大口径多波束天线，发射后均对标校波束进行指向测量和调整，根据各用户波束与标校波束的指向关系可获得调整后各用户波束较为准确的指向。

### 3．周期性标校策略

除了基于地面发射—星上接收测量—星上控制调整的标校方式外，波束指向偏差补偿参数均由地面产生，从获得波束指向偏差数据到补偿参数上注到卫星，其传输时延在 260ms 以上，难以采用"随测随控"的方式对天线波束指向进行调整。通过对波束指向偏差的分析可知，波束指向偏差具有一定的统计特性。可以结合 GEO卫星在轨运行特性，采用周期性标校策略如下。

（1）通过地面测量，得到一个测量周期（如 24h）内波束指向偏差的统计数据（如对波束指向偏差数据统计处理，分解出常值偏差分量和不同频率的偏差分量）。

（2）通过波束指向偏差统计数据，结合测量周期内的卫星轨道数据，生成波束指向偏差补偿参数（周期、幅度、相位）。

（3）卫星姿控系统在原有姿控参数上叠加补偿参数，使得卫星能够在标称姿态基础上进行小幅度、慢周期的姿态机动，获得较为准确的波束指向。

## | 8.2  在轨测试的标校 |

### 8.2.1  在轨测试的目的与内容

在轨测试的主要任务是在卫星定点后验证卫星平台及通信有效载荷系统的在轨性能与地面测量结果或预期设计的一致性，确定卫星平台和通信有效载荷系统未受到发射损伤，并满足使用要求。本节重点介绍针对通信有效载荷系统的在轨测试的标校。

在轨测试对通信载荷的测试通常情况下更加关注的是通信载荷射频通道性能指标，通信载荷在轨测试典型项目见表 8-7。测试过程中仪器仪表的读数中往往包含测试系统影响（如测试通道的衰减、测试信号频率等），因而测试结果需要扣除在轨测试系统影响值，这个影响值也可以称为修正值，修正值是否准确直接影响了测试结果的准确度。在轨测试系统的标校实际上就是获取测试系统的修正值。

表 8-7　通信载荷在轨测试典型项目

| 测试项目 |
| --- |
| 转发器幅频响应 |
| 转发器饱和 EIRP |
| 转发器 EIRP 稳定度 |
| 转发器增益 |
| 转发器增益稳定度 |
| 转发器饱和通量密度 |
| 转发器 $G/T$ 值 |
| 转发器三阶交调 |
| 转发器增益档差 |
| 转发器群时延 |
| 转发器杂散 |
| 转发器频率准确度、稳定度 |
| 信标 EIRP |
| 信标 EIRP 稳定度 |
| 可转动天线方向图 |
| 天线圆极化轴比/线极化隔离度 |
| ... |

## 8.2.2　在轨测试系统的组成

在轨测试系统包括单站在轨测试系统、双站（或多站）在轨测试系统，在轨测试系统组成如图 8-11 所示。单站在轨测试系统可实现对全球波束、区域波束以及波束可指向在轨测试站的点波束测试。双站（或多站）在轨测试系统通常由一个固定测试站和一个（或多个）机动测试站组成，能够实现对固定覆盖的多点波束进行测试。

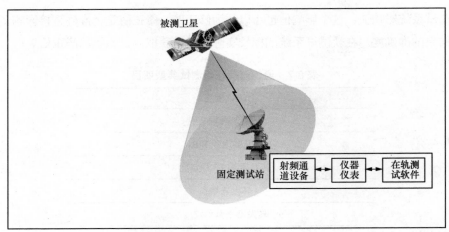

(a) 单站测试

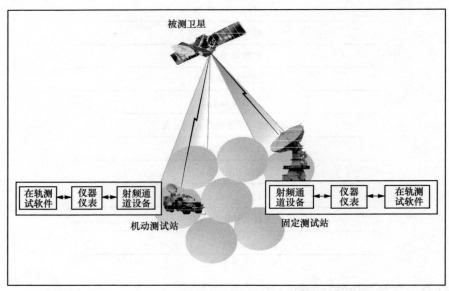

(b) 双站测试

图 8-11　在轨测试系统组成

固定测试站主要包括射频通道设备、仪器仪表、在轨测试软件。进行单站测试时，在在轨测试软件的驱动控制下，仪器仪表产生测试信号，通过射频通道设备发送到卫星，再由卫星向地面转发（或处理下发），固定测试站接收卫星发向地面的信号，由测试仪器仪表测量，在轨测试软件对测量结果进行记录、分析，然后形成测试报告。

机动测试站与固定测试站的设备配置基本相同，功能也基本相同。在双站或多站测试时，通常将固定测试站在轨测试软件作为主控软件，将机动测试站在轨测试软件作为受控软件，通过其他链路（如地面链路、其他卫星链路）互联，在固定测试站在轨测试软件的调度与控制下，由固定测试站发信号、机动测试站收信号，或由机动测试站发信号、固定测试站收信号，多站协同完成在轨测试。

在轨测试系统的标校实际上就是对测试站的标校。

## 8.2.3 在轨测试标校的内容与方法

在轨测试标校主要是对在轨测试站的标校。在轨测试站设备组成原理如图 8-12 所示，主要包括天线、上行发射支路设备（由 HPA 和信号源组成）、下行接收支路设备（由 LNA、功率计、校零变频器等仪器仪表，以及微波开关、注入器、耦合器等微波器件组成）。

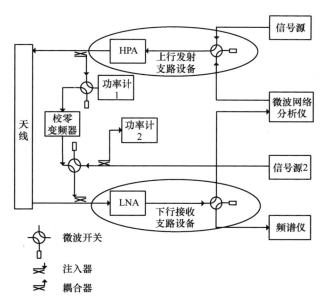

**图 8-12 在轨测试站设备组成原理**

在轨测试站的标校包括仪器仪表的校准、上行发射支路设备和下行接收支路设备的标定、微波器件的标定等。仪器仪表的校准通常按照国家相关规定由计量部门完成，使用时由仪器仪表的自校准程序完成。微波器件的标定同样由计量部门进行标定。上行发射支路设备和下行接收支路设备需要标定的项目包括增益、幅频响应、群时延等。

**1. 增益标定**

在标定前，在轨测试站所有相关设备完成加电预热，并按标定要求设置工作参数。收发支路增益标定过程如下。

- 记录被测支路的状态和参数配置。
- 设置信号源的工作参数，根据预算设置信号源输出功率（根据被测卫星载荷性能指标，对信号源输出功率范围进行预算）。
- 设置频谱仪、功率计的工作参数，以测试接收到信号的功率值。
- 根据信号源预算范围，逐步调整信号源输出功率，记录频谱仪和功率计度数。
- 根据功率计度数、频谱仪读数计算得到上行发射支路、下行接收支路增益曲线。

**2. 幅频响应**

收发支路幅频响应标定常用的有小信号增益法、网络分析仪法。在标定前，在轨测试站的所有相关设备完成加电预热，并按标定要求设置工作参数。

（1）小信号增益法标定过程如下。

- 记录被测支路的工作状态和参数配置。
- 设置信号源的工作参数，根据预算设置信号源输出功率（根据被测卫星载荷性能指标，对信号源输出功率范围进行预算）。
- 设置频谱仪、功率计的工作参数，以测试接收到信号的功率值。
- 固定信号源输出功率，根据信号源频率预算范围（根据被测卫星载荷性能指标，对信号源输出信号频率范围进行预算），逐步调整信号源输出频率，记录频谱仪和功率计度数。
- 根据功率计度数、频谱仪读数计算得到上行发射支路、下行接收支路幅频响应曲线。

（2）网络分析仪法标定过程如下。

- 记录被测支路的状态和参数配置。
- 设置网络分析仪的扫频范围和发射功率，进行自身校准。
- 进入测试模式，网络分析仪可直接给出幅频响应曲线。

**3. 群时延**

在标定前，在轨测试站所有相关设备完成加电预热，并按标定要求设置工作参数。

- 记录被测支路的状态和参数配置。
- 设置网络分析仪的扫频范围和发射功率，进行自身校准。
- 进入测试模式，网络分析仪可给出群时延曲线。
- 将网络分析仪可给出的群时延曲线扣除校零变频器的群时延曲线，可获得被测支路的群时延曲线。

# 8.3 卫星平台测量的标校

## 8.3.1 卫星平台测量的常用方法

卫星平台测量的重要任务之一是对卫星轨道进行测量。通过对卫星平台进行测量（测距、测角、测速），获取地面测量站与卫星平台之间的距离、指向角度、径向速度等参数，可以得到卫星平台在三维空间中的瞬时位置。对于卫星平台这种惯性目标，连续测量足够长的弧段后，可得到这段时间的轨道，并可进一步预测外推未来的轨道。卫星轨道测量的常用方法如图 8-13 所示，卫星轨道测量包括传统的基于无线电的卫星轨道测量和随着卫星导航技术发展起来的基于卫星导航的卫星轨道测量，使用卫星导航的测量精度优于使用无线电的测量精度。但由于卫星在发射阶段需要无线电测量，因此无线电测量系统仍然是必不可少的。

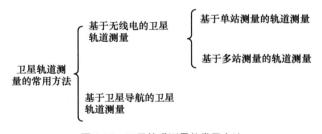

图 8-13 卫星轨道测量的常用方法

## 8.3.2 无线电距离测量的基本方法

无线电距离测量是基于电磁波在空间中以恒速、直线传播原理而进行的，测距信号的时延或瞬时相位与传播距离之间具有线性关系。

地面测量站发射调制有测距信号的电磁波，经目标返回后由测控站接收，解调后恢复出基带信号，对比发射和接收基带信号的相对时延或相位时延，即可获得测量站与目标之间的径向距离。在卫星系统中常采用连续波测距，包括侧音测距和伪随机码测距（或称为扩频测距）。

### 1. 侧音测距

侧音测距是测量站用频率为 $f$ 的正弦波侧音对载波进行调制后，将载波发射出去，经目标应答机转发后，接收目标转发回来的信号，恢复出测距侧音，通过对比收、发侧音的正向或负向过零相位点获得时延或相位时延 $\tau_d$。测控站与目标之间的径向距离由式（8-15）给出：

$$R = \frac{\tau_d}{2} \times c = \frac{\varphi_d}{4\pi f} \times c \tag{8-15}$$

其中，$c$ 为光速，$f$ 为侧音频率，$\varphi_d$ 为侧音相位时延。

正弦波侧音在一个周期内仅有一个正向过零点（一个负向过零点），无论采用正向过零点检测还是负向过零点检测，侧音距离的最大无模糊时延 $\tau_d$ 都等于正弦波的周期 $T$，最大无模糊距离为：

$$R_{max} = \frac{1}{2}\tau_d \times c = \frac{c}{2f} \tag{8-16}$$

为解决测距模糊问题，采用多侧音测距。多侧音测距是由两两相邻的多个正弦波侧音组成的，其中最高的侧音为主侧音，其他侧音为次侧音，次侧音由主侧音分频获得，各侧音之间相位相干。主侧音用于满足测距精度，最低侧音用于保证最大无模糊距离。

解决侧音测距模糊问题的另一种方法是利用先验信息解模糊问题。例如，利用引导信息中提供的距离数据作为测得距离的基数，然后再利用侧音组解剩余的模糊问题，并精确测量其距离。

侧音测距具有测量精度高、捕获时间短、操作简单的特点。

### 2. 伪随机码测距

由于低频的正弦信号在产生和处理等技术上具有一定的困难，故侧音测距的最大无模糊距离是有限的。例如，测控站最低侧音为 8Hz，其最大无模糊距离仅有 18750km。

伪随机码（PN 码）具有良好的单峰自相关特性，且易于产生。测控站产生伪随机码，分路成两路。一路送至发码移位寄存器寄存，另一路调制至载波并发射到目标，经目标转发后，测控站进行接收、解调和相关处理，并产生一个与发码完全相同的伪随机码（称之为本地码），比较发码移位寄存器与本地码的相位差，可获得时延值 $\tau_d$，并得到相应的距离 $R = \frac{1}{2}\tau_d \times c$。

伪随机码测距最大无模糊距离由式（8-17）给出：

$$R_{\max} = \frac{M \times T_S}{2} \times c \qquad (8\text{-}17)$$

式（8-17）中，$M$ 为码长，$T_S$ 为码元宽度，c 为光速。

由伪随机码特性可知，$T_S$ 越窄，则自相关峰越陡，测量精度越高；而从式（8-3）中看到，$M$、$T_S$ 越大，无模糊距离越大。因此，增加伪随机码测距主要通过增加码长 $M$ 来实现。

目前我国大多采用侧音和伪随机码混合机制测距。利用较高的侧音获得较高的测距精度，利用伪随机码来解决距离模糊问题。

### 8.3.3　角度测量的基本方法

无线电测角是通过方向性极强的天线波束对准目标来实现对目标角度坐标的测量。利用天线对准目标后，通过读取天线上方位轴和俯仰轴上的角度码盘值获得站心极坐标系的测量值（方位角和俯仰角）。引起测角误差的主要因素包括跟踪指向精度、天线精度。影响天线精度的因素主要包括天线跟踪指向精度、天线座结构的不完善（方位轴与俯仰轴不垂直）以及天线重力下垂等。

对于用于高精度测角的测量站，一般采用单脉冲跟踪方式。为了进一步改善角跟踪性能，在传统的单脉冲跟踪方式的基础上进行调整，不再直接利用射频误差信号驱动天线跟踪目标，而是利用计算机处理后的位置及必要的加速度补偿作为天线驱动信号，从而使目标处于天线电轴上，提高测角精度。另外为了进一步消除由天线座结构的不完善（方位轴与俯仰轴不垂直）以及天线重力下垂等引起的误差，将测量站天线指向已知位置的星体，可精确地确定系统误差，并加以修正。

### 8.3.4　速度测量的基本方法

速度测量是对测量站和卫星之间的径向速度进行测量。利用卫星和地面站之间相对运动时接收信号频率发生变化及多普勒效应进行测量，单程非相干多普勒法是典型的测量方法之一。

单程非相干多普勒法是利用卫星上载有的高频率稳定度的信标机向地面发送信标信号，当信标信号是频率为 $f_T$ 的正弦信号，且地面测量站接收到的该信标信号频率为 $f_R$ 时，则径向速度为 $v_R = (f_T - f_R) \times c / f_T$。

## 8.3.5　测量系统的标校

测量系统零值误差在测量误差中占有较大比重。测量系统的标校主要是获取测量系统的零值，在实际测量结果中扣除系统准确零值，得到更为准确的测量结果。这里主要介绍测距标校和测角标校。

### 1. 测距标校

典型的测距标校有偏馈天线标校方式、有线标校方式、无线标校方式和无人机标校方式。

（1）偏馈天线标校方式

偏馈天线标校方式是利用天线的口面场（近场）进行无线测距标校，标校天线安装在大天线主反射面的一定位置上，与大天线同座，通过大天线和标校天线组成无线射频标校环路，从而获得测距设备零值。偏馈天线标校原理如图 8-14 所示，偏馈天线标校方式是目前较为常用的方式。

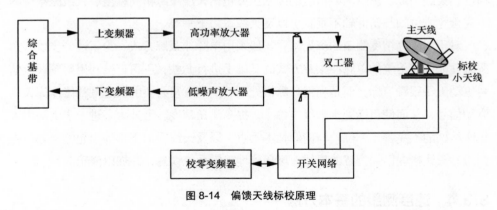

图 8-14　偏馈天线标校原理

（2）有线标校方式

有线标校原理如图 8-15 所示。标校时上行信号从高功率放大器输出端耦合输出，由电缆引接至校零变频器上，经过校零变频器变频后，再由电缆引接至低噪声放大器前的耦合器输入。通过该方法，在得到测距转发器及连接测距转发器的输入输出电缆时延后，可获得地面测量系统上行链路设备和下行链路设备时延值。但该时延值未包含天线馈源及主副反射面间的传输时延，通过有线标校后这部分时延引起的零值误差无法被消除。

有线标校可以作为偏馈标校的一种备份手段或辅助判断依据，当偏馈标校设备出现故障或者认为偏馈标校结果不可信时，可以通过有线标校方式实现零值标校。

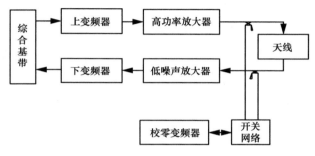

图 8-15　有线标校原理

（3）无线标校方式

无线标校原理如图 8-16 所示。标校设备需要放到标校塔或高地上，距离测量系统天线位置应满足远场测试条件。标校塔或高地需要经大地测量，该位置测量定位精度优于 1mm。

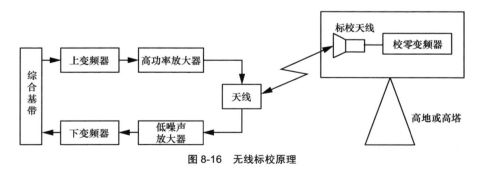

图 8-16　无线标校原理

远场测试条件为：

$$d \geqslant \frac{2D^2}{\lambda} \tag{8-18}$$

式（8-18）中，$d$ 为标校塔到被测天线的距离，$D$ 为被测天线口径，$\lambda$ 为工作波长。天线仰角须满足：

$$El \geqslant (3 \sim 5) \times \theta_{3dB} \tag{8-19}$$

式（8-19）中，$El$ 为被测天线对准信标时的工作仰角，$\theta_{3dB}$ 为被测天线半功率波束宽度。

例如，当地面测量系统采用 9m Ku 频段天线时，被测天线到标校塔的距离应大于 7830m，天线仰角应大于 0.8°。

标校天线接收到上行信号后通过电缆输入校零变频器，校零变频器将上行信号变为下行信号后，通过标校天线辐射出去，测量系统天线接收到下行信号后送给低噪声放大器，构成无线射频校零环路。该方法包含了由校零变频器及连接校零变频器的输入输出电缆引起的传输时延，因此还需要对校零变频器及连接校零变频器的输入输出电缆时延进行标定，并进行补偿。无线标校方式是目前主要使用的方式。

（4）无人机标校方式

无人机标校是随着卫星导航技术发展起来的一种新的标校方式。无人机标校原理如图 8-17 所示。

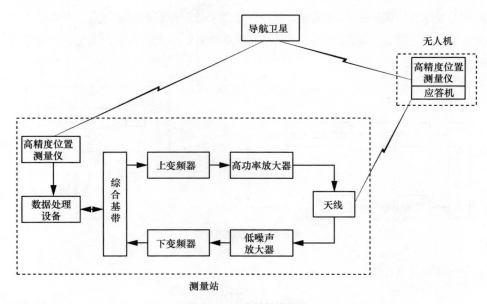

图 8-17　无人机标校原理

校零时使用高精度位置测量仪测量测量站测量参考点的精确位置坐标。无人机在预定空域按照预定轨迹飞行，机载高精度位置测量仪测量无人机位置参数，并进行时间标注。测量站使用综合基带、发射和接收链路与机载无线测距载荷对无人机采用无线电测量方法测量无人机位置，并进行时间标注。数据处理设备处理测量站测量参考点的精确位置坐标数据、机载高精度位置测量仪测得的无人机位置参数以及测量站采用无线电测量方法测得的无人机位置，可获得测量站的准确零值。

### 2．测角标校

测角标校通常有标校塔测角标校和无人机测角标校。标校塔测角标校通常是在测量站的四周建 3～4 个标校塔，标校塔分布在测量站的 4 个象限。标校站的测量参考点和标校塔的测量参考点均使用高精度位置测量仪进行测试，此时测量站与标校塔的角度为精确的已知参数。进行标校时可使测量站天线分别指向 4 个标校塔，获取天线指向的方位角和俯仰角，与已有的精确参数进行比对可获得精确的测角零值。无人机测角标校与距离标校方法相同。

地球站监控是配置在地球站内，可对站内系统及设备进行规格化、集中化管理，保证地球站系统可靠运行的基础管理设备。地球站监控一方面实现对通信设备的监视和控制，另一方面通过与上级管理系统之间的信息交互，实现卫星通信系统主站对远端站的集中管理和控制。本章从监控技术演进与发展、监控参数及协议、监控硬件平台、监控软件架构、典型站型监控组成及功能等多个方面介绍地球站监控技术。

# |9.1 地球站监控技术演进与发展 |

卫星通信地球站监控是计算机技术在卫星地球站管理领域的应用实践，自地球站监控产生以来，其随着地球站管理需求牵引和计算机技术的发展而不断发展。地球站监控能力从功能、监控范围和规模等方面来看，大致经历了设备监控、站监控、多站集中监控、智能化监控 4 个阶段，系统组成越来越复杂，监控能力也越来越强大，并向智能化监控发展。地球站监控技术发展演进过程如图 9-1 所示。

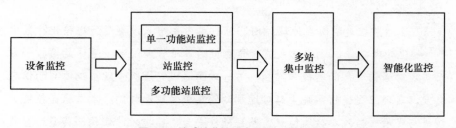

图 9-1 地球站监控技术发展演进过程

20 世纪 80 年代初，嵌入式单片机、单板机广泛运用，数字化技术迅速发展，推动了卫星通信设备监控功能的发展。典型设备监控如图 9-2 所示，从信道终端到射频、天线，绝大部分设备内部嵌入了 CPU，对本设备的参数、状态进行监视和控制，同时各设备又提供了远程控制端口，为地球站集中监控的实现奠定了基础。

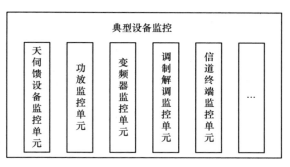

**图 9-2　典型设备监控**

20 世纪 90 年代以来，卫星通信系统从传统的低速 VSAT 形式向高速宽带发展，地球站设备的复杂性增加，推动了地球站监控的发展。这一阶段地球站一般配置独立的站监控设备，通过各设备监控的远控口实现对站内所有组成设备的集中监视和控制，提供方便友好的人机界面，大大减少了使用者对各个设备的独立操作。地球站监控设备一般基于嵌入式平台或者计算机平台实现，按照功能划分，可以分为单一功能地球站监控和多功能地球站监控。

单一功能地球站监控实现了对当时单一频段、也没有其他通信手段的单一功能 VSAT 地球站的监控，具备设备监视、设备控制、故障告警、事件记录等基本功能。单一功能地球站监控如图 9-3 所示。单一功能地球站监控的典型被监控设备一般有天伺馈设备、功放、变频器、调制解调器、信道终端等。

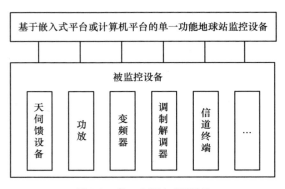

**图 9-3　单一功能地球站监控**

随着技术的发展，地球站逐渐呈现多频段、多体制、多手段等多功能特点，设备规模增加和高度集成对多功能地球站监控提出更高要求。多功能地球站监控如图 9-4

所示。多功能地球站监控的典型被监控设备种类广泛，多频段地球站往往包含 C、Ku、Ka 等多频段功放、变频器等射频设备，多功能地球站往往采用高度集成多体制一体化终端（集成 FDMA、TDMA、CDMA 等体制），还包括多功能接入设备、网络增强设备、频谱监视设备、远传设备（车载地球站以下简称"车载站"）等。此外，多功能地球站（尤其是车载站）往往还配备有集群设备、天线电台、现场无线网络设备等多种通信手段，地球站监控也支持对这些通信设备的监控。除了典型被监控设备种类增加外，多功能地球站监控在功能上也呈现综合化、自动化特点，在设备监视、设备控制监控功能的基础上，还增加了设备巡检、频谱监视、系统测试、任务管理、故障诊断、监控报表生成、链路开通、链路质量监视等典型功能。多功能地球站监控硬件平台仍以嵌入式平台和计算机平台为主，在大型站也有采用能力更强的服务器集群平台。多功能地球站监控提供了包括图表、语音、影像、3D 图形、仿真设备和拓扑等多种形式的人机软件界面，提升了用户体验和对多功能地球站整站综合监控的能力。

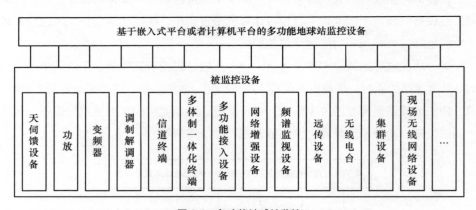

图 9-4  多功能地球站监控

大约 2000 年以来，地球站监控发展到多站集中监控，支持对多个站进行远程集中监控，这满足了对全网各站集中统一操作的需求。当地球站较多时，多站集中监控可以减少各站人工，从中心统一远程监控，统一监视，大大提高卫星通信网自动化管理水平。多站集中监控示意图如图 9-5 所示。多站集中监控一般部署在通信主站或中心站，本站的站监控设备独立配置或与多站集中监控设备共享硬件平台。由图 9-5 可以看出，管理设备的增加、管理地球站规模的变化均体现了对管理网络的依托，以及管理功能的不断拓展。前述单站监控不需要依托广域管理网，多站集中监控通过传输网络远程对多个地球站进行监视和控制。为通过有限的监控信道实现对大量地球站的集中监控，多站集中监控采用优先级收发、轮询收发等远程控制策略。多站集中监控除了具备地球站远程监控功能外，还支持对远端站进行数据综合分析、故障统计、远程故障处理、任务管理等典型功能，提高了对整个系统的全面监控能力，同时为开通通信系统业务自动化提供了有效支撑。

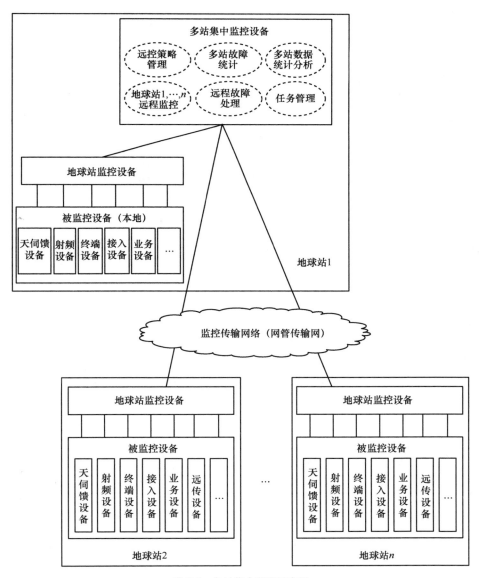

图 9-5　多站集中监控示意图

大约 2015 年后人工智能技术开始在地球站监控中得到应用，这是地球站监控未来发展的方向。这个阶段大型固定地球站监控通过专家知识库、决策树、神经网络等人工智能算法的应用，实现了任务规划、故障诊断、健康管理等对地球站的智能化监控管理。智能化任务规划通过专家知识库提高了任务规划的实效性。智能化故障诊断使地球站监控能够在线实时诊断通信系统复杂的关联故障，一方面可智能在线诊断地球站站内复杂的关联设备故障；另一方面在端到端卫星通信链路故障时，可智能在线诊断故障发生的原因。健康管理技术（相关技术在后续章节阐述）则通过智能手段评估、预测地球站设备及系统未来一段时间的健康趋势，为预防性维修提供决策支持，以改善发生故障后被动维修的局面。目前，智能化监控技术仍在快速发展中。

# | 9.2 典型监控参数与常见监控协议 |

## 9.2.1 典型被监控设备及监控参数

卫星通信地球站典型被监控设备包括天伺馈设备、射频设备、信道设备、综合接入设备、业务设备等。其中天伺馈设备、射频设备、信道设备等卫星通信设备的技术相对成熟，具有典型的监控参数。综合接入设备和业务设备的功能及内部实现与网络体制、研制厂商、业务多样性等相关，其监控参数也不尽相同。

天伺馈设备主要指天线控制器、跟踪接收机等设备，用于指向卫星和跟踪信号。天伺馈设备典型监控参数见表 9-1。

表 9-1　天伺馈设备典型监控参数

| 序号 | 参数名 | 查询 | 设置 |
| --- | --- | --- | --- |
| 1 | 自动对星 | — | √ |
| 2 | 收藏 | — | √ |
| 3 | 方位角度 | √ | — |
| 4 | 俯仰角度 | √ | — |
| 5 | 电压 | √ | — |

（续表）

| 序号 | 参数名 | 查询 | 设置 |
|:---:|:---:|:---:|:---:|
| 6 | 锁定 | √ | — |
| 7 | 信标频率 | √ | √ |
| 8 | 信标信噪比 | √ | — |
| 9 | 跟踪状态 | √ | — |
| 10 | 锁定状态 | √ | — |

　　射频设备主要指发射机、变频器等设备，用于收发射频信号和频率变换。射频设备典型监控参数见表 9-2。

表 9-2　射频设备典型监控参数

| 序号 | 参数名 | 查询 | 设置 |
|:---:|:---:|:---:|:---:|
| 1 | 发射机温度 | √ | — |
| 2 | 发射机衰减 | √ | √ |
| 3 | 发射开关 | √ | √ |
| 4 | 发送状态 | √ | — |
| 5 | 发送告警 | √ | — |
| 6 | 接收状态 | √ | — |
| 7 | 接收告警 | √ | — |
| 8 | LNA 过温告警 | √ | — |
| 9 | LNA 过流告警 | √ | — |
| 10 | 变频频率 | √ | — |
| 11 | 变频器衰减 | √ | √ |

　　信道设备主要指各类调制解调器，不同通信体制信道的监控参数有所不同，信道设备典型监控参数见表 9-3。

表 9-3　信道设备典型监控参数

| 序号 | 参数名 | 查询 | 设置 |
|:---:|:---:|:---:|:---:|
| 1 | 发送信息速率 | √ | √ |
| 2 | 调制编码方式 | √ | √ |
| 3 | 发频率 | √ | √ |
| 4 | 发电平 | √ | √ |

（续表）

| 序号 | 参数名 | 查询 | 设置 |
|---|---|---|---|
| 5 | 接收信息速率 | √ | √ |
| 6 | 接收频率 | √ | √ |
| 7 | 收载波电平 | √ | — |
| 8 | $E_b/N_0$ | √ | — |
| 9 | 解调同步 | √ | — |
| 10 | 调制器告警 | √ | — |
| 11 | 解调器告警 | √ | — |

综合接入设备和业务设备监控参数与厂商和业务种类有关。一种卫星视频编解码器典型监控参数见表 9-4。

表 9-4　一种卫星视频编解码器典型监控参数

| 序号 | 参数名 | 查询 | 设置 |
|---|---|---|---|
| 1 | 编码视频流格式 | √ | √ |
| 2 | 编码视频传输速率 | √ | √ |
| 3 | 编码帧率 | √ | √ |
| 4 | 编码视频输出地址 | √ | √ |
| 5 | 编码视频输出端口 | √ | √ |
| 6 | 音频输入模式 | √ | √ |
| 7 | 解码视频格式 | √ | √ |
| 8 | 解码视频流地址 | √ | √ |
| 9 | 解码视频流端口 | √ | √ |

## 9.2.2　常见监控接口及监控协议

（1）常见监控接口形式

常见的监控接口有异步串行接口、网络接口等，也有极少数据设备使用控制器局域网络（Controller Area Network，CAN）接口，如北斗终端天线使用 CAN 监控接口。一般卫星通信设备监控接口使用异步串行监控接口，网络设备使用网络监控接口，串行监控接口采用串行监控协议，网络监控接口则采用 UDP 或 TCP 承载上层监控协议。

采用异步串行监控接口时，RS232 接口一般用 3 线（RX、TX、GND），RS422

接口一般用 5 线（RX ＋ 、RX － 、TX ＋ 、TX － 、GND ），RS485 接口一般用 3 线
（DATA ＋ 、DATA － 、GND ）。

（2）串行接口监控协议

串行接口监控协议是当前大部分设备使用的协议形式，一般用于串行监控接口，
也可承载在网络接口的 UDP 之上。串行监控协议帧结构常见字段有帧头、设备地址、
命令字、参数体、帧尾、帧校验等，还有帧长度、设备类型、设备型号等一些不常
用字段，传输内容有可见字符、二进制两种编码形式。字符形式和二进制形式串行
协议格式示意图分别如图 9-6、图 9-7 所示。

| 1byte | 4byte | 1byte | 3byte | 1byte | 0～nbyte | 1byte |
|-------|-------|-------|-------|-------|---------|-------|
| 帧头 | 目的地址 | 分隔符 | 命令字 | 命令类型 | 参数体 | 帧校验 |

**图 9-6 字符形式串行协议格式示意图**

| 1byte | 1byte | 2byte | 1byte | 0～nbyte | 1byte | 1byte |
|-------|-------|-------|-------|---------|-------|-------|
| 帧头 | 帧长度 | 设备地址 | 命令字 | 参数体 | 帧尾 | 帧校验 |

**图 9-7 二进制形式串行协议格式示意图**

从串行协议帧形式来说，字符形式协议帧简单直观，能够通过协议字符串直接
看出协议内容，方便系统调试，缺点是协议帧相对较长，效率不高。而二进制形式
协议帧格式效率高，但不直观，无法直接看出协议帧内容。从协议帧构成来说，一
般串行协议帧格式中具有帧校验字段，具备一定的检错能力。从协议应用流程来说，
字符形式串行协议一般不支持设备全查询监控命令，二进制形式串行协议可以支持
全查询监控命令。全查询监控命令可以一次交互获得全部设备参数情况，明显可以
提高地球站监控对设备监控的实时性；如果设备不支持全查询监控命令，需要多次
交互才能够获得设备的所有参数信息，监控效率比较低。

（3）网络接口监控协议

地球站内支持网络接口的设备，往往也支持基于网络的监控协议。常用网络接
口监控协议包括 SNMP、FTP 及基于 UDP/TCP 的专用协议。

SNMP 主要用于通用网络设备及支持 SNMP 设备的监控管理，如 TDMA 终端、
ATM 网关、移动卫星通信系统信关收发站等。SNMP 监控协议栈组成如图 9-8 所示。
SNMP 报文承载在 UDP 之上，被监控设备内置代理和 MIB，报文格式一般使用标
准 SNMP 帧格式。

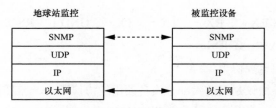

图 9-8  SNMP 监控协议栈组成

FTP 适用于批量信息的可靠传输，主要用于设备故障日志及性能数据的采集，例如，在移动卫星通信系统中使用 FTP 从接入网或核心网网元设备中采集网络运行性能数据。FTP 报文承载在 TCP 之上，被监控设备一般作为 FTP 服务端，地球站监控为 FTP 客户端。

专用协议主要为了适配专用设备的开放接口以实施监控管理，例如，对移动卫星通信系统的信关站控制器、天线及射频设备等采用专用协议适配进行监控管理。基于 UDP/TCP 的专用监控协议栈组成如图 9-9 所示，可承载在 UDP 或 TCP 之上，视专用设备开放接口情况而定。

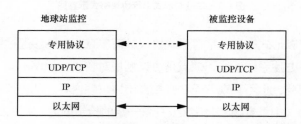

图 9-9  基于 UDP/TCP 的专用监控协议栈组成

## 9.3  典型监控硬件平台

地球站监控硬件平台一般有嵌入式平台、计算机平台（桌面计算机、服务器、工业控制计算机等）、云平台等。

### 9.3.1  嵌入式平台

嵌入式平台主要应用于手持终端、便携站等站型监控。基于嵌入式平台的地球站监控一般将监控功能与其他应用功能进行集成设计，达到了减少空间、降低成本、提高可靠性的目的。地球站监控嵌入式平台一般采用专用硬件或成品商用的嵌入式计算机产品，其组成主要包含嵌入式微处理器（常用 ARM、PowerPC、x86 等架构处理器）、内存随机存取存储器（Random Access Memory，RAM）、存储 Flash 和一系列外围设备接口，如显示接口、音频接口、以太网接口，以及必需的监控通信接口（如 RS232/RS422/RS485 串行接口、CAN 接口等）。嵌入式平台典型组成如图 9-10 所示。

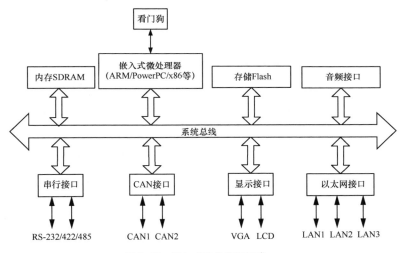

**图 9-10 嵌入式平台典型组成**

嵌入式平台作为一个系统，除了有嵌入式微处理器、相关支撑硬件外，还包括嵌入式操作系统和应用软件。嵌入式操作系统支持嵌入式地球站监控应用软件运行，常用的嵌入式操作系统有 VxWorks、Windows CE、Android、嵌入式 Linux。手持终端是一种特殊的嵌入式平台，多采用 Android 移动操作系统。嵌入式 Linux 与计算机平台 Linux 操作系统的通用性，使计算机平台上的监控应用软件很容易被移植到嵌入式 Linux 操作系统上，常用于便携站监控的运行平台。

## 9.3.2 计算机平台

地球站监控计算机平台主要包括桌面计算机、服务器以及工业控制计算机等几类，如图 9-11 所示。计算机平台通过内部扩展卡（如外设组件互联标准（Peripheral Component Interconnect，PCI）扩展卡或紧凑型 PCI（Compact PCI，CPCI）扩展卡）或外接串行通信服务器设备扩展监控串口，一般安装 Linux 或 Windows 操作系统，支持地球站监控软件运行。

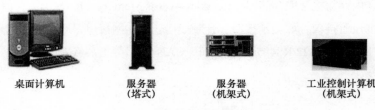

| 桌面计算机 | 服务器（塔式） | 服务器（机架式） | 工业控制计算机（机架式） |

图 9-11　地球站监控计算机平台

上述多种硬件平台适用于不同环境下的地球站监控，桌面计算机多应用于一般地球站的监控管理。服务器有塔式服务器和机架式服务器两种形式，必要时也可由多台服务器构成服务器集群，一般应用于较大地球站的监控。这类地球站往往在一个地点有多个通信站，需要监控的设备数量较大（包含多套卫星天线和通信设备），需要相对多的计算和存储资源。工业控制计算机的计算能力与桌面计算机相当，结构设计具有良好的抗震性能、抗低温性等环境适应性，主要应用于车/船载等机动地球站监控。

## 9.3.3　云平台

云平台是利用虚拟化技术构建的基础计算环境，可以为使用者提供云计算、云存储以及各类应用服务。与传统单机、网络应用模式相比，云平台具有虚拟化技术、动态可扩展、按需部署、高灵活性、高可靠性、高性价比等特点。

云平台主要应用于卫星通信中心站、大型关口站、机动车载中心站等重要地球站，为地球站监控、网络管理、运控等系统提供共享的硬件平台环境。由于卫星地球站监控的专用性特点，地球站监控主要使用私有云平台产品，目前国内主要有华为云、浪潮云、紫光云等私有云平台产品。通过使用云平台产品提供的 IaaS，可以为地球站监控灵活配置运行硬件及操作系统环境。

采用云平台硬件环境时，一般通过外接串行通信服务器设备扩展监控串口，为地球站监控提供与被监控设备的接口。

## |9.4　监控软件架构 |

### 9.4.1　基于 C/S 和 B/S 混合模式监控软件架构

地球站监控软件架构历经了单体软件、C/S（Client/Server）模式架构、B/S（Browser/Server）模式架构等形式，当前地球站监控软件一般为基于 B/S 和 C/S 混合模式的软件架构。基于 B/S 和 C/S 混合模式的地球站监控软件架构如图 9-12 所示，主用使用 B/S 模式，通过标准的 Web 浏览器向用户提供地球站监控服务，只在用户有特别需求时定制 C/S 模式专用站监控客户端。

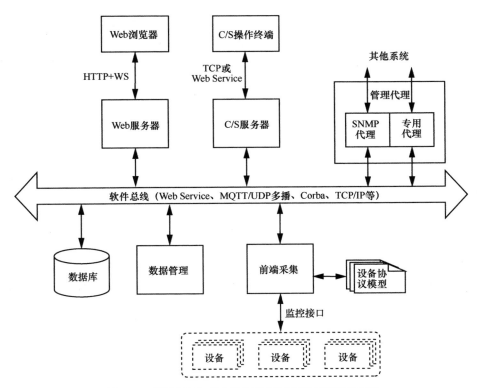

图 9-12　基于 B/S 和 C/S 混合模式的地球站监控软件架构

图 9-12 中的地球站监控软件架构为实现一般融合使用了数据库、模块化、服务化、分布式、网络化、模型化、软件总线等多种软件技术。

地球站监控软件主要包括 Web 服务器、C/S 服务器、C/S 操作终端、前端采集、数据管理、管理代理等典型功能模块。Web 服务器模块是对浏览器的服务接口，向 Web 浏览器提供地球站监控管理服务。C/S 服务器模块是对 C/S 操作终端的服务接口，C/S 操作终端是 C/S 架构的客户端软件。数据管理模块负责数据记录和处理功能。前端采集模块负责设备监控信息的采集。管理代理模块实现与外部系统的管理代理功能，一般包含 SNMP 代理和专用代理两种。

软件功能模块之间的通信多采用软件总线技术基于面向服务技术实现。按照通信特点划分，软件总线主要分为服务总线和发布总线两大类。服务总线实现模块间的交互式通信，常用的有 TCP/UDP、Web Service、RESTful API、组件对象模型（Component Object Model，COM）、Corba 等；发布总线实现模块间单向多播/广播通信，常用的有消息队列遥测传输（Message Queuing Telemetry Transport，MQTT）、UDP 多播、消息队列等。各软件模块以服务形式向其他模块提供相应的功能服务，并且通过发布总线发布或接收参数变化、设备告警等系统通知事件，其中前端采集模块是主要的信息发布源。客户端与服务端的通信 B/S 架构采用 HTTP+WS 协议实现，其中 WS（WebSocket）协议实现从 Web 服务器向浏览器的信息推送，C/S 架构一般采用 TCP 或 UDP 实现。

## 9.4.2　基于云平台监控软件架构

在 C/S 架构、B/S 架构发展基础上，近年来云计算技术的发展和广泛应用，以及卫星通信地球站规模的日益增大和复杂度的增加，推进了地球站监控向云计算平台迁移的进程。如图 9-13 所示，基于云平台监控软件架构仍以 Web 浏览器模式向用户提供监控服务，通过云平台容器技术封装监控服务插件（公共服务插件和监控服务插件），将日益复杂的地球站监控软件内部解耦，一方面使软件设计开发具备更好的扩展性，并将相对通用的功能固化定型为公共服务插件，有利于技术积累；另一方面，基于云平台可提高地球站监控软件开发、发布及运行效率，有利于提升地球站监控能力。

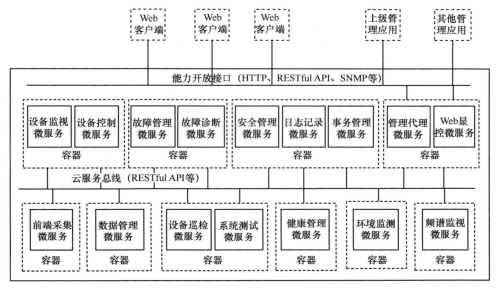

图 9-13　基于云平台监控软件架构

基于云平台监控软件，将监控软件按照功能实现为一个个独立的云服务，并通过容器封装运行，提供更细粒度（功能粒度）的微服务。微服务主要包括设备监视微服务、设备控制微服务、故障管理微服务、故障诊断微服务、安全管理微服务、日志记录微服务、事务管理微服务、管理代理微服务、Web 显控微服务、前端采集微服务、数据管理微服务、设备巡检微服务、系统测试微服务、健康管理微服务、环境监测微服务、频谱监视微服务等。由多个独立功能的云服务（封装在容器内的微服务）有机组成的监控软件，通过能力开放接口向客户提供监控服务，Web 客户端、系统上级管理应用以及其他管理应用等通过该统一的标准接口获取地球站监控功能服务。

## 9.4.3　设备和接口可扩展监控软件架构技术

地球站监控往往需要监控地球站内不同厂商、不同型号的大量通信设备。这些设备的监控协议大多是不同的，而且地球站往往会在建设完成后通过改造或能力提升增加新的设备，需要软件架构具有很好的可扩展性，支撑系统增加设备类型、设备数量、设备接口等。

地球站监控软件架构中一般通过设备协议模型化、软件组成模块化等技术实现对设备和接口扩展能力的支持。在地球站监控软件的前端采集处理模块中，常通过采用设备协议模型技术的模块化，将不同设备监控协议封装为设备模型（一般封装形式为动态链接库），实现对设备扩展能力的支持。所有与设备监控协议相关的处理均被封装在设备对应的动态链接库中，每一类设备对应一个动态链接库。这样设备模型动态链接库文件就能被前端采集模块调用，实现设备接口的初始化、查询命令/控制命令的发送、查询响应/控制响应的接收与分析等设备相关功能。

采用设备模型封装技术，地球站监控软件将设备协议处理模型化，并统一模型的对外接口。多种不同设备协议的模型构成了设备模型库。地球站监控软件加载设备模型库，调用设备模型库对外统一接口，由模型处理与设备交互的查询、设置、上报、响应等交互动作，并输出内部格式的数据。一般在设备模型中也封装了设备接口格式，可以支持多种接口，如 RS232、RS485、局域网（Local Area Network，LAN）接口等。在主程序不变的情况下，通过修改配置文件指示地球站监控软件调用不同的设备模型，即可完成对不同类型设备的监控功能，并且可灵活增加或减少被监控设备的数量。地球站监控软件设备和接口扩展技术原理如图 9-14 所示。

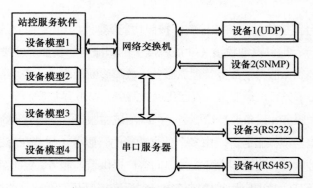

图 9-14　地球站监控软件设备和接口扩展技术原理

## |9.5　典型地球站站型监控|

### 9.5.1　移动卫星通信信关站监控组成及功能

典型的大型固定地球站，如通信中央站、大型关口站、移动卫星通信信关站等，一般设备规模大、系统组成复杂，相应地，对这些地球站的监控管理也复杂。与一般卫星地球站相比，大型固定地球站具有更加全面、综合、智能化的监控功能，代表了最新的地球站监控技术。这里以移动卫星通信信关站的监控为例介绍其系统组成及功能。

　　移动卫星通信信关站监控主要完成对接入网设备的操作维护，在信关站管理中习惯上称为接入网管理与维护系统。移动卫星通信信关站监控组成如图 9-15 所示，由射频管理与维护设备、信关站子系统（Gateway Station Subsystem，GSS）管理与维护设备组成。其中，射频管理与维护设备实现对射频机房内包括天伺馈、功放、上/下变频器等射频设备的监控管理；GSS 管理与维护设备位于基带机房内，是整个接入网设备操作维护的核心设备，也称为接入网操作维护中心（Operation Maintenance Center-RAN，OMC-R），实现对基带机房内的射频拉远单元（RRU）、基带处理单元（BBU）、信关站控制器（Gateway Station Controller，GSC）、自检设备、频率与时钟参考设备等的监控及性能管理功能，并通过射频管理与维护设备实现对天线与射频设备的监控功能。

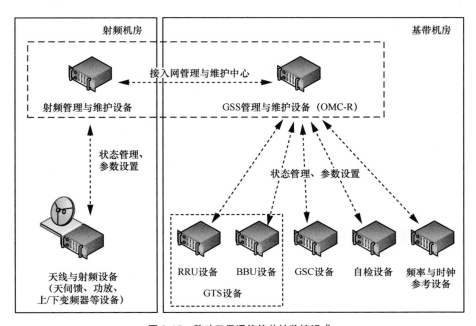

**图 9-15　移动卫星通信信关站监控组成**

　　监控功能方面，移动卫星通信信关站监控主要功能如图 9-16 所示，由射频管理与维护功能和 GSS 管理与维护功能组成。

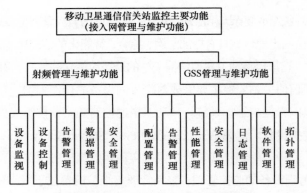

图 9-16　移动卫星通信信关站监控主要功能

（1）射频管理与维护功能

射频管理与维护功能完成对射频机房内射频设备的监视、控制和管理，及时显示设备参数状态，远程控制设备参数，提高卫星通信射频机房的自动化管理程度，减轻操作人员负担。射频管理与维护功能具体包含设备监视、设备控制、告警管理、数据管理、安全管理等子功能。

设备监视功能定时查询并显示被监控射频设备的运行状态、工作参数和设备配置等信息。当卫星移动通信信关站射频设备发生告警时，在事件栏中显示告警信息。

设备控制功能对被监控射频设备的工作参数进行设置控制，以使设备按照用户期望的方式工作。由于设备控制会引起设备工作方式的改变，往往需要有相应的控制权限。

告警管理功能在射频设备出现告警及故障等事件时，能够接收告警信息，并通过视图闪烁、声音提示、给出处理建议等方式通知用户，或按用户设定自动执行相应的功能。告警管理还包括告警信息存储、告警规则配置、告警处理（如告警确认、取消确认、手动清除、告警注释等）等功能。

数据管理功能包括数据存储和数据分析。数据存储是将系统运行信息存储在数据库中，可以对这些信息进行检索、查询、显示，包括配置信息、设备参数信息和事件信息等。数据分析对数据进行统计分析以获得系统、设备运行规律，常以图表形式呈现给用户。

安全管理功能供操作用户登录和注销，登录和注销时需要用户输入用户名和密码；并对用户的操作权限进行管理，用户仅可以在授权的权限内对射频设备进行管理，仅具有监视权限的用户不可以对设备参数进行控制以改变设备工作方式。

（2）GSS 管理与维护功能

GSS 管理与维护功能完成对接入网全体设备的信息查询、状态监控、参数配置和故障管理与维护等工作，具体包含配置管理、告警管理、性能管理、安全管理、日志管理、软件管理、拓扑管理等子功能。

配置管理功能主要负责动态地管理接入网设备硬件和软件的配置数据或全局数据（包括服务区配置、设备和系统工作参数配置、应用软件的版本管理等），呈现设备工作状态，以图形、文字等形式分层显示配置相关的各类信息，并且具有增加、删除、修改、查询、备份和合法性检查网元配置数据等功能。配置管理功能包括配置服务区、配置设备和系统工作参数、管理应用软件的版本。

告警管理功能对接入网网元设备进行统一的故障管理，实时反映设备的当前故障情况。相比射频管理与维护功能，GSS 管理与维护功能可以提供更加全面和智能的告警管理功能，除了告警通知、告警定制、告警存储、告警统计与查询、告警规则配置、告警处理等常规告警功能之外，还具备告警知识库管理、告警前转等智能告警功能。告警知识库管理功能通过知识库的帮助，可以指导用户分析、定位和处理故障；支持告警级别重新定义、告警解决方案修改、知识库导入导出等。告警前转功能支持将告警发送到条件指定的邮箱、移动电话、打印机、工单系统等前转目标。

性能管理功能通过对性能数据的采集和分析，帮助管理人员了解网元的性能，以便采取必要的措施，提高设备的利用率和服务质量。当设备出现某些故障时，常常表现为某些性能的下降，通过分析性能数据可以帮助判断故障的类型，同时也可为系统扩容提供依据。

安全管理功能负责安全信息（用户组、用户）管理，用户登录认证、鉴权，用户注销等。相比射频管理与维护功能，GSS 管理与维护功能可以提供更加灵活的安全管理功能，支持按用户组管理用户，支持对用户或用户组进行创建、删除、修改、查看、锁定、解锁定等操作，支持密码有效期、密码修改警告期、是否允许新旧密码相同、密码复杂程度、密码校验失败后的处理方案（注销用户、锁定该用户时长、触发安全告警）、是否绑定用户到终端等密码策略设置。

日志管理功能提供日志记录的查询导出和日志实时监控功能。日志管理功能一方面，为获取 OMC 系统运行情况、分析网元事件和数据变更、查找操作失败原因等提供最新素材；另一方面，可以解决系统遭受攻击后的否认问题（用户进行恶意的操作后，否认该操作行为是由其发起的）。GSS 管理与维护设备记录的日志包含两部分，一部分是存储在数据库中的操作日志、安全日志、网元事件日志和网元动态数据变更日志等；另一部分是存储在日志文件中的系统运行日志（如启动、退出等）、异常信息、重要操作步骤和结果、重要消息等，这些都是研发人员定位问题时需要查看的内容。对于存储在数据库中的日志，用户可以通过界面设置查询条件，筛选获取相应的日志记录，并可以导出到文件（CSV 格式）中；对于记录在文件中的日志，则可以通过 FTP 直接从各个程序中下载获得。日志实时监控功能可以按照用户设置的呈现条件，将筛选出的网元事件日志实时呈现到人机界面。

软件管理功能主要负责管理网元升级所需的软件版本（导入软件包/补丁并存储），同时提供网元运行软件查询（如软件包版本号、各单板软件详细信息等）和网元软件包/补丁下载、加载、激活等操作。

拓扑管理功能可以显示系统中已配置的网元对象的网络拓扑结构，并实时显示网元的各种状态信息，如网元及其连接关系等网络部署情况，网元的配置、状态属性等状态信息，各级别网元告警数量等告警信息，设备、板卡及相关部件的运行情况和故障情况，波束及链路的工作状态和故障情况等。

除了以上功能之外，GSS 管理与维护功能还支持动态无线资源的管理和配置，按运控中心指定并下发的资源使用策略对信关站内的频率、功率、时隙、呼叫链路、信道资源进行实时管理和调整。

## 9.5.2 车/船载地球站监控组成及功能

车载地球站（也简称车载站）、船载地球站（也简称船载站）等典型机动型卫星地球站，主要用于移动环境下的卫星通信，规模与小型固定地球站相似，但由于平台的移动性使该类地球站监控具有自己的特点，一般需要针对监控硬件和软件做适应性设计。车/船载地球站监控组成如图 9-17 所示。

实际系统中，车/船载地球站往往具备支持多种卫星通信体制工作能力，地球站监控需要管理多种体制的卫星通信设备。针对车载站，车载站监控还需要对车上配置的其他手段通信设备进行监控，如集群、电台等设备。针对船载站，除卫星通信系统之外，往往还有其他船载平台数据通信系统，船载站监控需要面对多个上级管理系统，因此船载地球站监控一般具有两个网管代理，一个面向天基传输网网络管理系统提供管理代理服务，另一个面向船载平台现场网络管理系统提供管理代理服务。

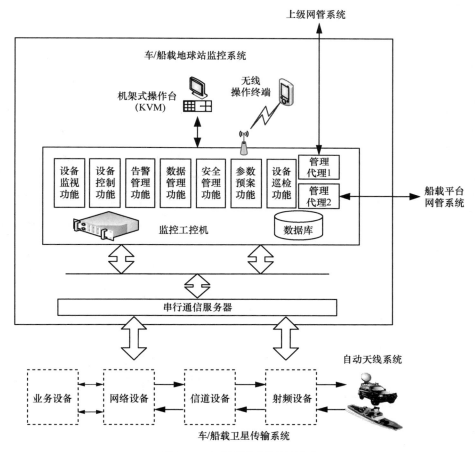

图 9-17　车/船载地球站监控组成

硬件配置方面，车/船载地球站监控一般采用工业控制计算机（以下简称"工控机"）运行平台，以适应车载站、船载站的震动、颠簸环境。监控工控机一般安装在机架上，并配置一台 KVM（Keyboard，Video，Mouse）设备提供鼠标、键盘、显示器等操作台环境，或同时配置无线操作终端，如个人数字助理（Personal Digital Assistant，PDA），方便管理人员通过无线方式进行设备监控操作。

系统功能方面，车/船载地球站监控具有设备监视、设备控制、告警管理、数据管理、安全管理、参数预案、设备巡检等典型功能，同时针对车/船载自动天线系统进行重点监控设计，在支持监测天线俯仰角、方位角、极化角，接收机的信标频率，低噪增益等参数的基础上，增加对天线的一键对星（静中通）、对星状态及质量等参数的监视和控制，为移动环境下该类站型通信功能的快速、可靠开通提供操作维护支撑。

## 9.5.3 手持站监控组成及功能

手持站又称为卫星手持终端，主要用于随身移动条件下的卫星通信，其集成度比便携站等站型的集成度更高，一般采用嵌入式智能操作系统，支持话音和低速数据业务等有限通信能力。卫星手持终端监控支持对终端重要状态参数监视，如对星状态、信号质量、工作模式、电池用量等，并提供辅助测试功能。

以典型的天通卫星手持终端为例，智能卫星手持终端监控示意图如图 9-18 所示，主要由应用处理器（Application Processor，AP）和通信处理机（Communication Processor，CP）组成，AP 与 CP 通过串口进行通信。其中 AP 运行 Android 操作系统，为终端监控应用及通信业务应用（如拨号盘、短信等）提供操作系统平台。天通卫星手持终端监控主要有对星引导、状态监视、辅助测试等功能。

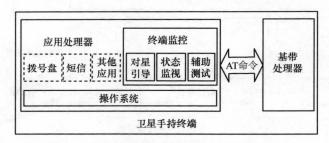

图 9-18 智能卫星手持终端监控示意图

（1）对星引导

由于卫星手持终端一般需要在室外空旷处使用，并且天线有指向性要求，其入网时间比地面移动电话的入网时间长等情况，因此在使用时需要有引导性的提示信息来辅助用户操作。卫星手持终端通过卫星助手 App 为用户提供对星引导功能，使终端天线能够正确指向天通卫星同步轨道方向。天通卫星手持终端对星引导功能如图 9-19 所示，卫星助手通过访问终端内部集成的陀螺仪、磁场传感器、导航芯片等获取传感器信息，结合卫星位置、高度等预置信息进行计算，将计算结果以动画方式直观反馈给用户，引导用户对准卫星方向。

图 9-19　天通卫星手持终端对星引导功能

（2）状态监视

卫星手持终端通过卫星助手 App 为用户提供状态监视功能。终端通信处理器将内部状态信息以 AT（Attention）命令的方式通过串口上报给卫星助手应用，驱动卫星助手 App 界面显示和刷新。状态参数包括信号强度、业务状态、信令流程（如入网状态）、卫星位置、方位角等。

（3）辅助测试

卫星手持终端通过 LOG App 应用为开发、测试用户提供辅助测试功能，包括基带日志显示、参数配置、参数查询等，辅助开发、测试人员快速分析、定位终端发生的通信业务问题。

天通卫星手持终端基带日志显示功能如图 9-20 所示，以悬浮框的方式对终端通信处理器通过串口输出的日志信息进行实时滚动显示，显示的信息还包括当前基带流程概要（如信号强度、信噪比、频点、服务状态等）。

图 9-20　天通卫星手持终端基带日志显示功能

LOG App 通过应用处理器与通信处理器之间的 AT 命令进行交互，支持基带相关参数信息的配置、查询功能，例如，LOG 显示过滤设置、AT 命令发送、终端临时移动用户识别号（Temporary Mobile Subscriber Identity，TMSI）身份查询、波束频点配置、业务资源分配信息查询等，天通卫星手持终端基带参数配置、查询功能如图 9-21 所示。

图 9-21　天通卫星手持终端基带参数配置、查询功能

# 第 10 章

# 天基传输网络健康管理技术

随着天基传输网络的地面及天基系统节点数量快速增长，装备集成化、综合化和智能化水平不断提高，系统保障思路已逐步从"故障事后维修"向"预防维修""预测维修"转变。预测与健康管理（Prognostics and Health Management，PHM）作为近几年天基传输网络运维管理的一个发展方向，得到了广泛关注。本章对天基传输网络健康管理应用要求、体系结构、管理内容、故障诊断技术、故障预测技术及软件技术进行了描述。

# |10.1　天基传输网络健康管理应用要求 |

健康管理技术来源于美国提出的 PHM 概念。PHM 在传统健康检测和故障诊断的基础上，强调早期故障预测技术和跨系统的智能推理技术，并且能够为维修保障活动提供建议。近些年来，PHM 技术受到广泛关注，在飞机、汽车、水坝、核电装备等领域得到广泛使用。

随着天基传输网络设备、技术的快速发展，设备的集成度越来越高，网络规模越来越大，复杂性也越来越高，同时应对降低设备故障率以及天基传输网络的自动化、智能化、综合化等管理要求，都提高了天基传输网络对健康管理技术的应用要求。

（1）降低设备故障率，提高设备保障能力的要求

随着卫星通信系统的建设及通信装备的大量使用，基于人工的事后维修保障体系越来越难以满足人们的要求，急需通过智能化的健康管理方法提高天基传输系统的维护保养水平，积极应用设备故障预测算法、模型，建立故障预测机制，在日常维护保养中对预测到的可能发生故障的设备进行及时的维修或更换，降低执行任务时发生故障的概率。

（2）天基传输设备的高度集成化应用要求

天基传输设备的复杂度、集成度越来越高，大规模集成电路得到了广泛的应用，芯片、电路出现问题后，通过传统的经验方法发现问题、定位问题、修复问题的维修方式已经不能满足人们的要求，迫切需要智能化、自动化的测试、诊断等维护措施。

（3）天基传输系统网络管理自动化要求

在天基传输系统中，无人值守、测控自动化、业务流程自动化、故障处理自动化等应用方法得到推广，这些方法的实现必须依赖各类设备、地球站、网络等组成单元中健康管理功能的增强，包括设备、板卡的特征提取、故障监测，地球站和网络的性能数据采集、存储，故障信息的汇聚等。

# │10.2　天基传输网络健康管理体系结构│

## 10.2.1　体系结构组成

国际上公认的健康管理体系架构是视情维修开放式体系结构（Open System Architecture for Condition Based Maintenance，OSA-CBM），该设计方法基于健康管理各项功能间的逻辑关系划分提出，包含了数据采集层、数据处理层、状态监视层、健康评估层、预测层、决策支持层及表示层。基于 OSA-CBM 的预测与健康管理架构如图 10-1 所示。

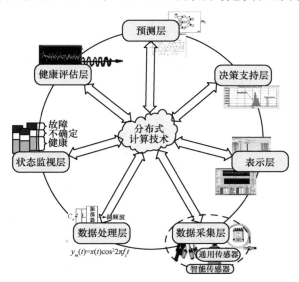

图 10-1　基于 OSA-CBM 的预测与健康管理架构

天基传输网络具有分散部署、分层分级的管理维护模式等特点，按照 OSA-CBM 体系结构设计方法，一般构建智能化、任务化、模型化、层次化、分布式的分层融合式天基传输网络健康管理体系架构。天基传输网络健康管理体系架构如图 10-2 所示，分层分级的天基传输网络健康管理体系架构一般包括板卡级、设备级、节点级、网络级和系统级等层级。

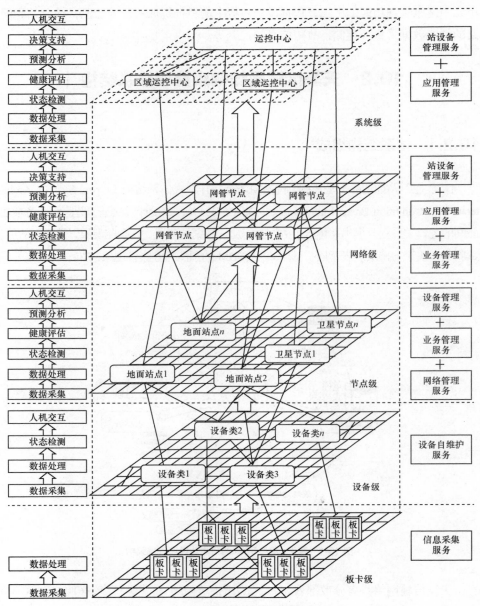

图 10-2　天基传输网络健康管理体系架构

在天基传输应用系统中，设备分散部署在各级地面站及卫星节点，地球站各站配置的设备维修维护人员的技术水平不尽相同，且各站维护人员的关注点也不同。而卫星节点状态维护由地面运控系统基于接收的卫星下行遥测信息进行维护。

在设备配置相对较少的车载站、船载站、固定站上，维护人员配置相对较弱且人员流动性较大，重点关注的内容主要是设备的工作状态和业务的连通状态，该级别的健康管理集成度、自动化能力要高，提供的操作尽量简单、信息尽量简洁、指导明确。健康管理侧重于数据采集、数据处理、状态监控、健康自动评估和呈现。同时，将采集的信息上报到管理能力较强的上级站，进行综合性的健康评估、故障预测、决策支持处理。

在设备配置相对复杂的关口站等枢纽级地球站中，都配有较强的维修维护技术力量，除设备层面的健康管理之外，还负责系统层面的健康态势，包括网络组成、子网特性、网络节点状态、网络性能等健康状况。需要实现数据采集的优化、数据的关联分析，建立与传输业务模型相关的故障诊断、故障预测、健康评估、综合呈现等健康管理内容。

在分层分级健康管理体系中，各级节点构建包含基础信息、环境信息、测试信息、历史信息、专家系统、故障预测模型、故障诊断模型、状态评估模型和决策支持模型的各级健康管理系统，具备相应级别管理范围内问题的独立判断、独立处置的能力。同时结合面向服务的应用架构在设备级、站级（节点级）、系统级分别构建健康管理服务平台，实现各关联节点及各层次信息（如知识库、故障及预测模型等）的共享。

## 10.2.2　板卡级健康管理

该层侧重于 OSA-CBM 标准的第一层和第二层。设备内的各级板卡内置信息获取传感部件，这些部件能够获取板卡内各芯片、程序、模块等组成单元的管控数据。

这些部件包括软件部件和硬件部件，如现场可编程门阵列（Field Programmable Gate Array，FPGA）芯片、数字信号处理（Digital Signal Processing，DSP）芯片、调度程序、计数器可以通过软件打桩的方式对各单元的运行信息进行感知，同时可以通过温度传感器、转速传感器等获知芯片、风扇及不同单元的运行信息。获取这些信息后，由各板卡的监控单元进行存储、汇聚。板卡级管控数据采集过程如图 10-3 所示。

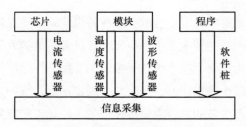

图 10-3　板卡级管控数据采集过程

各板卡在加电后，首先在板卡级驱动软件的控制下按流程进行自检，并将读取到的各软硬件传感器的数据按管控数据库模板进行分类存储。

## 10.2.3　设备级健康管理

设备级健康管理主要在板卡级信息采集的基础上，实现板卡级信息的监视、汇总、关联分析、告警和异常处理，并以服务提供者的方式对外提供健康信息，以服务受用者的方式接收上级发送的配置、控制等服务。该层侧重于 OSA-CBM 标准的第三层和第七层。

所有设备上都配置有专用的智能感知代理，周期性从各板卡采集管控数据，并存储到本地存储器中，感知代理还可定义数据关联规则库，根据不同的关联关系将不同板卡、部件的采集数据进行对比、融合分析，生成反映整体设备运行状态的管控数据，如利用各板卡提供的芯片或模块的温度信息综合生成设备内的温度参数，通过 FPGA 采集到的逻辑错误生成调制告警或解调告警等数据。信息汇聚到设备内部的存储器（数据库、文件）中，并按提交策略北向接口定义向上级信息获取单元提交数据。设备级管控数据采集过程如图 10-4 所示。

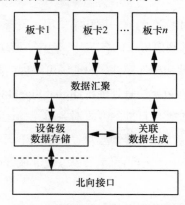

图 10-4　设备级管控数据采集过程

## 10.2.4　节点级健康管理

节点级健康管理包括地球站节点以及天基卫星节点的健康管理。地球站节点集站内各设备的健康管理信息、业务互联互通信息、网络管理代理信息于一体，从不同角度实现地球站的综合、智能化的健康管理。卫星节点则汇聚星上载荷设备健康管理信息、星地星间通信链路互通信息、载荷系统整体健康信息等，实现卫星节点的综合、智能化的健康管理。对卫星节点的健康管理数据进行分析，当星上无处理资源时，将全部数据下发至地面进行分析评估；当星上有星载处理资源时，一般采用两级处理的方案，即星载管理代理自主处理最重要的故障诊断和恢复事务，同时下发全部数据至地面完成全面的健康分析评估。

节点层侧重于 OSA-CBM 标准的第四层、第五层和第七层。节点级管控数据采集过程如图 10-5 所示。

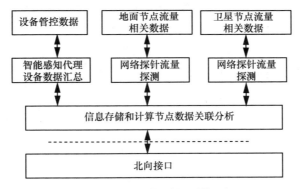

**图 10-5　节点级管控数据采集过程**

（1）设备管理服务

收集各终端、射频设备、信道设备等被管对象的设备层参数汇总后生成的数据，对数据进行统计计算，根据数据关联策略，生成不同维度、不同角度节点级数据。同时可基于设备间故障诊断模型、故障预测模型等自动化处理模型，实现对整站设备的精准、快速维护。这些处理模型可通过本地人工输入或上级管理系统下发等方式获得。

（2）业务管理服务

获取网络链路流量数据，对设备节点或卫星通信载荷产生的数据流进行收集、分类和提取。通过统计得到链路带宽、时延、丢包率、误码率、接收流量、发送流量、接收速率、发送速率等业务相关数据。

（3）网络管理服务

通过地球站及卫星节点配置的网管代理设备与上级管理者之间的信令交互过程，从管理信令层面分析节点的健康态势，如通过本站非正常的广播信令收发、入退网信令收发来分析判断上下行通道的设备、链路的健康状况；通过资源占用申请信令的应答结果（成功、降额、拒绝）、重发次数等来衡量网络资源的健康状况等。

信息存储和计算节点是网络级健康管理或系统级健康管理在地面节点和卫星节点上部署的信息获取代理，主要负责存储智能感知代理和网络探针获取的管控数据，并根据数据中心的信息需求，提供数据的查询和计算服务。

## 10.2.5 网络级健康管理

网络级健康管理主要包括组成网络的地球站及卫星节点的集中健康管理、网络应用健康管理、业务应用健康管理等内容。该层侧重于 OSA-CBM 标准的第四层至第七层。网络级管控数据采集过程如图 10-6 所示。

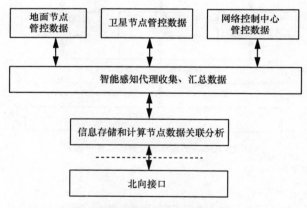

图 10-6　网络级管控数据采集过程

地球站及卫星节点的集中健康管理收集网络组成相关各地球站和卫星节点的健康状况，按预定规则，对各站、卫星性能进行评判，并用于支持网络应用健康管理。同时可按预定规则、知识库等对问题节点进行远程诊断和处理。

网络应用健康管理通过收集非正常入退网、资源占用/释放、非注册信令、异常信令流量等网管信令信息，动态评判网络整体的健康态势，并能按预定规则、知识库对网络参数进行调整。

业务应用健康管理通过收集、汇总各节点上报的业务流量、连通状态统计信息、业务拥塞、时延变化等 QoS 参数对网络性能进行评估。

一般在网络级管理对象上部署智能感知代理、信息存储和计算节点，构建关联故障预测、故障诊断算法，实现网络层健康管理功能。智能感知代理负责收集数据，并根据数据关联策略，对信息进行网络级的归纳分类、统计和关联分析，得到的数据由信息存储和计算节点进行存储、上报。信息存储和计算节点，主要负责存储智能感知代理获取的健康数据，并提供数据共享服务，按需求提供数据的查询和计算服务。

# |10.3  天基传输网络健康管理内容 |

## 10.3.1  板卡级健康管理内容

对于各天基传输设备（包括地面站设备、卫星载荷设备等），板卡级健康管理的对象分为硬件模块和软件模块两大部分。其中硬件模块通常包括各板卡、模块、数字电路及数字器件等，软件模块通常包括功能应用、系统管理及操作环境。

设备板卡健康指标主要通过各通信设备的机内测试（Built-in Tests，BIT）实现，主要监测功能电路区的特性。监测的物理量根据被测对象的健康模型和失效模式选定。常用电子部件/器件的机内测试内容见表 10-1。

表 10-1　常用电子部件/器件的机内测试内容

| 序号 | 电子部件/器件 | 监测的参数与状态 |
|------|---------------|------------------|
| 1 | 开关电源 | 输出电压、输出电流、纹波（有效值和峰值）、稳定度、温度、保护标志 |
| 2 | 电缆和连接器 | 通断、阻抗、绝缘 |
| 3 | 时基电路 | 频率、周期 |
| 4 | CPU | 总线操作（地址线或数据线死锁故障）、总线时钟、取址信号、地址锁存信号 |
| 5 | CMOS 集成电路 | 静态电流、电流变化范围、逻辑电平、工作特性 |
| 6 | 模数转换、数模转换电路 | 转换精度、线性度 |

（续表）

| 序号 | 电子部件/器件 | 监测的参数与状态 |
|---|---|---|
| 7 | 存储器 | 全地址范围数据存取的正确性 |
| 8 | 通信接口 | 输出信号幅度、收发功能、通信协议、无效数据、误码率 |
| 9 | 光电耦合器 | 正向压降、电流转换比 |
| 10 | 放大器 | 增益、频率响应 |
| 11 | RF功率放大器 | 驻波比、功耗、漏电流 |
| 12 | 可编程逻辑电路 | 逻辑功能、静态电流、电流变化范围、逻辑电平、工作特性 |

## 10.3.2 设备级健康管理内容

设备级健康管理内容包括地面应用系统（地球站节点）设备和卫星节点载荷设备的健康管理。

天基传输系统地面应用系统的主要设备包括天伺馈设备、射频设备、信道终端设备、管理控制设备等，下面以天伺馈设备、射频设备、信道终端设备为例，描述设备级健康管理的内容。

（1）天伺馈设备

天伺馈设备的健康管理参数按天线伺服设备的组成单元进行划分，主要包括天线控制单元、天线射频单元、天线座架单元等部分的参数。天伺馈设备主要健康管理内容见表10-2。

表10-2 天伺馈设备主要健康管理内容

| 序号 | 分类 | 健康参数 |
|---|---|---|
| 1 | 天线控制单元 | 机内温度 |
| | | 跟踪步进精度 |
| | | 伺服控制通信故障 |
| 2 | 天线射频单元 | 跟踪接收机故障告警 |
| | | 信标信号电平 |
| | | 信标信号信噪比 |
| | | 信标接收机功率 |
| | | 信标信号锁相环锁定信息 |
| | | 信标信号接收机锁定信息 |
| | | 信标接收机电压 |

（续表）

| 序号 | 分类 | 健康参数 |
|---|---|---|
| 3 | 天线座架单元 | 天线座架各轴角度采集故障 |
| | | 天线座架各轴驱动故障 |
| | | 天线座架各轴机械故障 |
| | | 姿态测量故障 |
| | | 极化电机故障 |
| | | 俯仰电机故障 |
| | | 方位电机故障 |
| | | 电机电压 |
| | | 电枢电压 |
| | | 测速反馈电压 |
| | | 电枢电流 |
| | | 转矩大小 |

（2）射频设备

射频设备主要包括功放、变频器等，射频设备主要健康管理内容见表 10-3。

表 10-3　射频设备主要健康管理内容

| 序号 | 设备 | 健康参数 |
|---|---|---|
| 1 | 功放 | 输出功率 |
| | | 射频抑制 |
| | | 增益衰减 |
| | | 低功率告警 |
| | | 高功率告警 |
| | | 功率反射故障 |
| | | 射频低门限告警 |
| | | 射频高门限告警 |
| | | DC 总电压过低告警 |
| | | 风机转速 |
| | | 设备增益 |
| | | 过温告警 |
| | | 负压告警 |
| | | 驻波告警 |
| | | 本振告警 |
| | | 本振电压 |

（续表）

| 序号 | 设备 | 健康参数 |
|---|---|---|
| 2 | 变频器 | 衰减 |
| | | 输入功率 |
| | | 输出功率 |
| | | 压缩功率告警 |
| | | 输入告警使能 |
| | | 输入功率告警 |
| | | 综合告警信息 |
| | | 电压告警 |
| | | 温度告警 |
| | | 增益 |
| | | 输出杂散 |
| | | 相位噪声 |

（3）信道终端设备

信道终端设备主要由调制单元、解调单元、接入单元、保密单元、监控单元以及电源等外围电路单元组成，各单元基本包含硬件和软件，健康管理复杂度比较高，因此对该类设备的健康管理，以各板卡的电源状态和可编程芯片的工作情况为单位对健康状态进行实时监测和汇总，与系统的波形部署、路由管理、资源管理及日志管理形成交互。信道终端设备的健康管理分为硬件模块的健康管理和软件的健康管理两部分。

硬件模块的健康管理参数主要包括存储器件状态、工作心跳，板卡的工作电压、工作电流、核心温度等，通过板卡内处理器收集汇总后存储在本地内存中，供主控读取，同时，处理器的心跳信息通过总线发送给主控交换模块，用来判断处理器工作状态是否可用。软件的健康管理参数主要包括各软件功能模块的工作状态，如缓存容量使用情况、锁相环锁定情况、载波解调情况等，这些信息通过监控协议处理器收集汇总后存储在本地内存中，供主控读取。信道终端设备主要健康管理内容见表10-4。

表 10-4　信道终端设备主要健康管理内容

| 序号 | 设备名称 | 健康参数 |
|------|----------|----------|
| 1 | 信道终端硬件模块 | 电压 |
| | | 电流 |
| | | EEPROM |
| | | SDRAM |
| | | NAND Flash |
| | | 交换芯片状态 |
| | | CPU 利用率、内存利用率 |
| | | 处理器（DSP/FPGA） |
| | | 晶体振荡器 |
| 2 | 信道终端软件模块 | 接口时钟 |
| | | 时钟转换锁相环 |
| | | 发中频本振 |
| | | 发中频功率 |
| | | 收中频本振 |
| | | 收载波频偏 |
| | | 收信号电平 |
| | | 接收信噪比 |
| | | 原始误码率 |
| | | 纠错误码率 |
| | | 缓存使用状态 |
| | | 伪随机序列同步 |
| | | 解调锁定 |
| | | 译码锁定 |
| | | 输出杂散 |
| | | 输出频谱 |

　　卫星节点是天基传输网络中的核心节点，随着卫星载荷越来越复杂以及卫星星座技术的发展，卫星载荷运行可靠性技术不断进步。起初通过不断增强、细化对载荷状态的监视来管理载荷的健康情况，随后将健康管理技术应用到卫

星载荷状态维护，可以实时对卫星载荷故障进行诊断，并可对载荷的未来健康趋势进行预测、评估及给出维护方案，大大提高了卫星载荷全生命周期健康状况的掌控能力。

天基传输系统卫星节点载荷设备（以星上处理为例）主要包括天线载荷、射频通道载荷、调制解调信道载荷、控制单元载荷（含 FPGA 或 CPU 硬件载荷及其上的路由交换、星载网络控制、载荷管理等软载荷），星座系统卫星还包括星间链路载荷（激光或微波）。卫星节点部分载荷典型健康管理内容见表 10-5。

表 10-5　卫星节点部分载荷典型健康管理内容

| 序号 | 分类 | 健康参数 |
|---|---|---|
| 1 | 天线载荷 | 天线通道移相值 |
| | | 天线通道相位修正值 |
| | | 相控阵 TR 组件电压检测 |
| | | 通道 T 组件开关状态 |
| | | T 组件温度 |
| | | 控制接口状态（正常/异常） |
| 2 | 射频通道载荷 | 功放电源开关状态 |
| | | 发射通道状态 |
| | | 地链路开关状态 |
| | | 温度 |
| | | 锁定指示 |
| | | 信标电平增益 |
| | | 信号电平增益 |
| | | 控制接口状态 |
| 3 | 调制解调信道载荷 | 载波多普勒 |
| | | 载波捕获状态 |
| | | 载波锁定状态 |
| | | 伪码锁定状态 |
| | | 时钟修正计数 |
| | | 发射电平衰减 |
| | | 接收电平估计 |

（续表）

| 序号 | 分类 | 健康参数 |
|---|---|---|
| 4 | 控制单元载荷 | CPU 程序版本及加载状态 |
| | | CPU 工作状态 |
| | | FPGA 版本及加载状态 |
| | | Flash 状态（擦除成功/正擦除/失败） |
| | | Flash 存储状态 |
| | | 控制单元重构状态 |
| | | 控制单元 CPU 时间状态 |
| | | 控制单元监控任务状态 |
| | | 信道接收数据帧计数 |
| | | 信道发送数据帧计数 |

## 10.3.3　节点级健康管理内容

　　天基传输网络节点级的健康管理内容包括地面应用系统（地球站节点）和卫星节点的健康管理。卫星节点以设备状态管理为主，待未来卫星处理能力增强后，可能会像地面节点一样，增加对业务健康信息的管理，主要是客观数据信息。下面主要以地面站站节点为例介绍节点级健康管理内容。

　　天基传输地面应用系统地球站健康管理主要以设备健康管理和业务健康管理两个方面为基础。其中，设备健康管理侧重于基于对各设备个体的健康信息进行信息融合后的健康参数定义、故障诊断、故障预测和故障处理等；业务健康管理通过收集地球站的连通关系、业务传输性能信息，对地球站的业务状态进行故障诊断、定位和处理。

　　设备健康管理内容包括天线、射频设备、信道终端设备、通信接入设备、管理控制设备、网络交换设备等的参数，由地球站健康管理服务平台通过共享服务总线，采用定时轮询、实时推送的方式获取、筛选和存储。

　　业务健康管理内容不是由物理实体设备直接提供的数据信息，而是人工参与、主客观数据信息融合后的业务相关参数。客观数据信息主要包括功率冲突、频率准确度、跟踪质量、IP 数据高丢包率、IP 数据误帧率、语音/视频抖动范围、终端接收失步、接收信道误码率。主观性较强的数据信息包括语音质量差（MOS 值低）、视频失真明显、视频时延大等；同时考虑各个站型的不同特点，如动中通、静中通、舰载站等站型，增加振动、冲击等环境应力；针对舰载站，增加盐雾、湿度、电磁干扰等环境应力；针对关口站等综合大型地面站，增加网络冲突等管理参数。

地球站主要健康管理内容见表10-6。

表 10-6 地球站主要健康管理内容

| 序号 | 参数分类 | 健康参数 |
|---|---|---|
| 1 | 设备 | 天线设备汇聚参数 |
| | | 上下变频器、功放、低噪、开关矩阵等射频通道设备汇聚参数 |
| | | 基带处理设备汇聚参数 |
| | | 协议处理设备汇聚参数 |
| | | 业务接入设备汇聚参数 |
| | | 管理控制设备汇聚参数 |
| | | 网络交换设备汇聚参数 |
| 2 | 客观 | 功率冲突 |
| | | 频率准确度 |
| | | 跟踪质量 |
| | | IP 数据高丢包率 |
| | | 语音/视频抖动范围 |
| | | 终端接收失步 |
| | | 接收信道高误码率 |
| 3 | 主观 | 语音质量差（MOS 值低） |
| | | 视频失真明显 |
| | | 视频时延大 |
| | | 振动环境应力 |
| | | 冲击环境应力 |
| | | 盐雾环境应力 |
| | | 湿度环境应力 |
| | | 电磁干扰应力 |
| | | 网络冲突管理参数 |

地球站健康管理服务应具备较强的故障预测能力,通过收集一些故障先兆信息,如语音业务性能下降、IP 业务丢包率升高、网管代理频繁入退网、提高终端发送电平时功放上行功率变化不大、本站接收性能不能与发端信号大小同步变化等,通过构建的地球站健康预测模型等,对地球站进行健康状态预测。同时,基于健康指标模型,定期对地球站的健康管理效能进行评价,地球站健康管理评价指标如图10-7 所示。

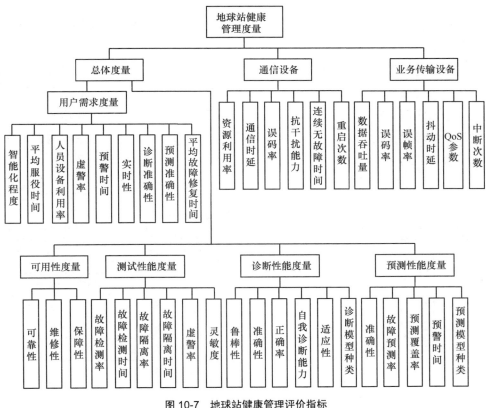

图 10-7　地球站健康管理评价指标

## 10.3.4　网络级健康管理内容

　　天基传输网络是否健康主要从网元、业务保障、管理调度等方面综合判定。其中,网元健康管理内容主要是指构成通信网的用户站、关口站、卫星等节点的设备健康、节点健康参数，这些参数由各地球站的设备健康管理结果汇总、地球站级的健康管理结果汇总获得。

业务保障健康管理内容主要通过各网络节点间的业务连通性保障情况、业务服务质量保障情况等方面获得，基于各地球站汇总上报的业务保障指标获得，主要包括掉话率、接通率、平均功率利用率、频率资源利用率、时隙资源利用率、系统拥塞率（由功率资源受限、频率资源受限、时隙资源受限、正交码资源受限引起）、忙时话务量、平均业务速率等。

管理调度健康管理内容主要是指网管信道（如 ALOHA 竞争信道、P-ALOHA 竞争信道、轮询信道等）、网络管理中心与各地球站间入退网控制、资源分配与回收、功率控制、状态查询等网络管理控制信令的到达、执行情况等，具体包括信令链路负荷、信令丢失数、信令重发率、超时无应答信令数、无效信令数、平均入网成功率、异常退网数、资源占用请求成功率、鉴权成功率等。这些数据信息需要由各传输网络的网络管理控制中心、分布在地球站的网管代理设备协同汇总。

传输网主要健康管理内容见表 10-7。

表 10-7　传输网主要健康管理内容

| 序号 | 参数分类 | 健康参数 |
|---|---|---|
| 1 | 网元 | 天线、射频、基带处理、协议处理、接入控制等接入网设备 |
| | | 接入/移动性管理、会话管理、交换转发、路由管理等核心网设备 |
| | | 业务通信设备 |
| | | 互联互通设备 |
| | | 综合网管设备 |
| | | 网络交换设备 |
| | | 连续无故障工作时长 |
| | | 信令吞吐量 |
| | | 业务吞吐量 |
| | | 卫星平台轨道、姿态保持 |
| | | 用户、馈电、星间等天线波束 |
| | | 透明转发载荷 |
| | | 综合处理载荷 |

（续表）

| 序号 | 参数分类 | 健康参数 | | |
|---|---|---|---|---|
| 2 | 业务保障 | 建链时延 | | |
| | | 通信时延 | | |
| | | 时延抖动 | | |
| | | QoS 保障 | | |
| | | 掉话率 | | |
| | | 接通率 | | |
| | | 平均功率利用率 | | |
| | | 频率资源利用率 | | |
| | | 时隙资源利用率 | | |
| | | 系统拥塞率 | 功率资源受限 | |
| | | | 频率资源受限 | |
| | | | 时隙资源受限 | |
| | | | 正交码资源受限 | |
| | | 忙时话务量 | | |
| | | 电路、IP、短报文等业务速率 | | |
| | | 抗干扰能力 | | |
| 3 | 管理调度 | 信令链路负荷 | | |
| | | 信令丢失数 | | |
| | | 超时无应答信令数 | | |
| | | 无效信令数 | | |
| | | 信令重发率 | | |
| | | 鉴权成功率 | | |
| | | 平均入网成功率 | | |
| | | 异常退网数 | | |
| | | 资源占用请求成功率 | | |

# 10.4　天基传输网络健康管理故障诊断技术

## 10.4.1　故障诊断功能定义

故障诊断是指根据系统监测的状态信息进行故障类型识别，并进一步定位故障发生位置。故障诊断包含故障类型识别、故障定位、故障原因分析、故障隔离、故障处理方法确定、专家知识库建立等过程。

故障定位。表层的故障现象可能只是深层故障原因的外在表现,健康管理的对象之间具有复杂的连接关系,深层故障原因会随着连接进行传递,在不同的设备上表现出不同的问题。要想排除故障,就不能只从表面入手,应该精确定位故障,对根源故障进行排除,从而保障系统健康良好运行。

故障原因分析。表面看到的故障只能被解释为现象或表现,相同的故障根源可以在不同设备上表现出不同的症状,而某个设备的某个症状也可能对应着多种故障原因。要想准确分析故障原因,就需要充分分析症状之间的相关性以及症状和故障原因之间的相关性,进行故障原因准确分析。

根据诊断发生的时刻划分,可以将故障诊断分为离线诊断和在线诊断。离线诊断主要通过对系统特性的研究,利用故障模式、影响及危害性分析、故障树分析等故障模式分析方法对天基传输网络进行故障推理。在线诊断主要通过实时的数据收集、信号预处理、最有用特征提取进行故障发现、定位和处理等过程。诊断过程的实施通常采用基于模型的方法、基于数据的方法以及基于统计分析的方法,具体方法包括专家知识库、故障树、模糊理论、人工神经网络(Artificial Neural Network,ANN)、贝叶斯网络等,故障诊断流程如图 10-8 所示。

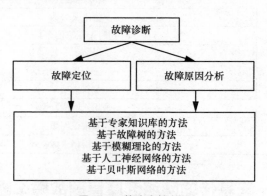

图 10-8　故障诊断流程

天基传输网络作为一个复杂的系统,很难通过一种故障诊断方法解决所有问题,需要通过多种方法的融合实现。同时基于系统的组成特点,可以从设备、管理、业务等不同的维度评估系统是否健康,因此难以构建关联性强、反映全面的物理模型和统计模型，限制了基于模型的方法、基于统计分析的方法的使用。结合离线的故障模式分析和在线基于数据的故障分析方法，在天基传输网络中更加适合从不同阶段和不同维度进行故障诊断。

## 10.4.2　故障模式分析

故障模式分析主要包括故障模式、影响与危害度分析（Fault Mode Effect and Criticality Analysis，FMECA）方法和故障树分析（Fault Tree Analysis，FTA）方法。

故障模式、影响及危害性分析是一种在工程中应用广泛的可靠性分析技术，体现的是一种以预防为主的设计思想。它通过系统的分析，确定元器件、零部件、设备、软件在设计和制造过程中所有潜在的故障模式，以及每一个故障模式出现的原因和产生的影响，并按故障影响的后果对每一个潜在故障模式划等分类，即危害度分析，以便找出潜在的薄弱环节，并提出改进措施。FMECA 作为一项可靠性工程的基础工作，在可靠性分析、维修性分析、保障性分析、测试性分析、安全性分析中都具有重要作用。典型 FMECA 工作流程如图 10-9 所示。

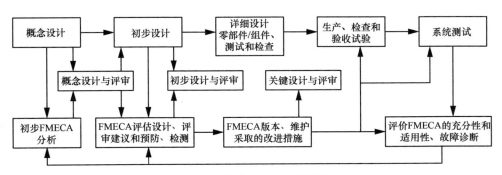

**图 10-9　典型 FMECA 工作流程**

故障树分析方法是分析各种复杂系统可靠性的重要方法之一，是自结果——不希望发生的顶事件（上级事件）向原因方面（下级事件）做树形分解，自上而下进行。由顶事件起经过中间事件至最下级的基本事件，各个环节之间用逻辑符号连接，形成树形图，再计算不可靠度（不安全概率）。故障树建造是故障树分析的关键，也是工作量最大的部分。由于故障树建造工作量大，这种方法在新的复杂系统上的使用受到限制。典型故障树如图 10-10 所示。

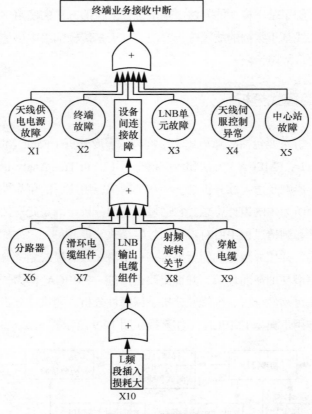

图 10-10　典型故障树

## 10.4.3　面向数据的故障诊断方法

面向数据的故障诊断方法是一种基于测试或者传感器数据进行诊断的技术。由于故障诊断对象的复杂性、测试手段的局限性、知识的不确定性，故障诊断解决的大多数是不确定性问题。大型复杂的机电设备，其构件之间及构件内部都存在很多复杂、关联耦合的相互关系，充满不确定因素及不确定信息，其故障可能是多故障、关联故障等复杂不确定问题。网络层面故障诊断由于故障现象难以预测，针对故障现象的问题定位同样难以估计。基于以往实例和现有认知的实例推理法，难以做到对不确定问题现象的故障定位、原因分析。面对具有不确定性（包括不完整性）的信息，如何尽快解析故障原因、定位故障是一个棘手问题。

为了解决不确定问题，弥补基于实例推理对未知故障定位的不足，引入了人工智能自主学习方法。通过不断累积故障现象以及故障现象发生时的设备工作参数特征、网络运行特征、资源使用特征、气象特征等数据，利用模糊理论、人工神经网络、贝叶斯网络对这些数据进行自主训练、学习，挖掘故障现象与传输网络运行数据的内部关联，随着故障数据的不断累积，诊断的精度会越来越高。

模糊理论。模糊语言变量接近自然语言，知识的表示形式可读性强，模糊推理逻辑严谨，类似人的思维过程，易于解释。但模糊诊断知识获取困难，尤其是故障与征兆的模糊关系较难确定，且系统的诊断能力依赖模糊知识库，学习能力差，容易发生漏诊或误诊。由于模糊语言变量是用模糊数（即隶属度）表示的，如何实现语言变量与模糊数之间的转换是实现上的一个难点。

人工神经网络。人工神经网络是由大量简单处理单元广泛连接而成的复杂的非线性系统，具有学习能力、自适应能力、非线性逼近能力，能进行故障模式识别，还能进行故障严重程度评估和故障预测，应用广泛。人工神经网络知识的隐式表示导致解释能力差，用户对其诊断行为理解困难。

贝叶斯网络。基于概率推理的贝叶斯网络就是为解决不确定性、不完整性问题而提出的，它对于解决复杂设备不确定性和关联性引起的故障具有很大的优势，在多个领域获得了广泛关注，是目前不确定知识表达和推理领域较有效的理论模型之一。贝叶斯网络是一种基于网络结构的有向图解描述，是人工智能、概率理论、图论、决策分析相结合的产物，适用于表达和分析不确定性和概率性的事物，应用于有条件地依赖多种控制因素的决策，可以从不完全、不精确或不确定的知识或信息中做出推理。

功率放大器组成框架如图 10-11 所示，功率放大器故障分析模型如图 10-12 所示。

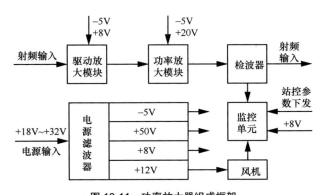

**图 10-11　功率放大器组成框架**

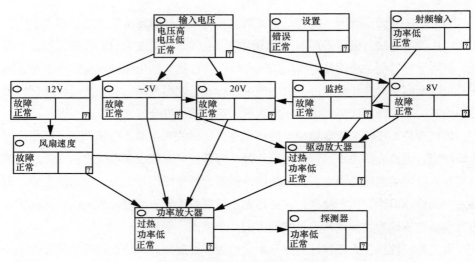

图 10-12　功率放大器故障分析模型

经仿真计算，最终导致整机输出功率低的概率为 100%（输出检波器检测功率低），风机正常概率为 100%，−5V 电源输出正常概率为 100%，射频输入正常的概率为 100%。

导致该功率放大器故障的原因有 81% 的可能为 +20V 输出故障，有 19% 的可能是功率放大器自身损坏。其中 +20V 输出故障的原因有 63% 的可能是监控单元，有 43% 的可能是站控参数设置错误。功率放大模块输出功率低仿真结果如图 10-13 所示。

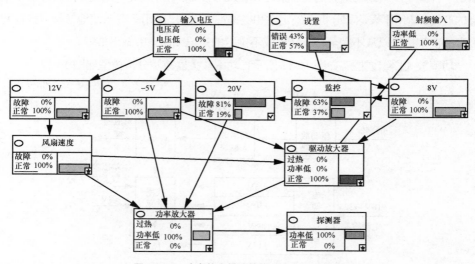

图 10-13　功率放大模块输出功率低仿真结果

# |10.5　天基传输网络健康管理故障预测技术 |

## 10.5.1　故障预测功能定义

故障预测是根据系统现在或历史性能状态预测性地诊断部件或系统完成功能的状态（未来的健康状态），包括确定部件或系统的剩余使用寿命（Remaining Useful Life，RUL）或正常工作的时间长度等。健康管理系统的显著特点就是故障预测能力，预测技术直接影响系统的性能和装备的作战使用效率，需要综合利用系统/装备的状态监测参数、使用情况、工作状况、历史数据等各种数据信息，借助数学建模、人工智能等各种推理技术对系统/部件的剩余使用寿命进行评估，故障预测主要用于如下方面。

- 预测故障发生时间：预测装备系统、子系统和部件的不同类型故障模式的故障发生时间。
- 预测装备的剩余使用寿命。
- 预测故障发生的概率：预测下次检查或维修前装备、子系统和部件发生故障的概率大小。

## 10.5.2　常用故障预测方法

故障预测是以当前设备的使用状态为起点，结合已知预测对象的结构特性、参数、环境条件及历史数据等，对设备、地面站未来的故障进行预测、分析和判断，确定可能的故障性质、类别、严重程度、原因及部位。从而使维护人员预知设备的健康状态和故障的发生，降低故障风险、节约保障资源、减少经济损失、提高任务保障能力。

故障预测是在充分了解设备组成（如机内部件、模块、关键元器件）的机理的基础上，根据当前系统状态，结合系统的近期健康程度、特征参量及历史数据，通过相应的预测算法模型对系统未来时刻的健康状态进行预测、分析与决策，故障预测模型如图 10-14 所示。

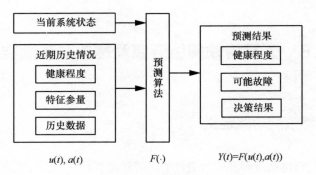

$u(t), a(t)$        $F(\cdot)$        $Y(t)=F(u(t),a(t))$

图 10-14   故障预测模型

故障预测模型可以用式（10-1）来表征：

$$Y(t) = F\big(u(t),a(t)\big) \tag{10-1}$$

式（10-1）中，$Y(t)$ 为故障预测的结果，$u(t)$ 为设备的当前状态即预测的输入，$a(t)$ 为各种不明原因，即作用于设备的外部数据，$t$ 为时间，$F(\cdot)$ 为设备故障的变化函数。故障预测就是利用智能预测算法求取 $F(\cdot)$ 的过程。

（1）基于概率的故障预测方法

基于概率的故障预测方法适用于从过去故障历史数据的统计特性角度进行故障预测。在该预测方法中，所需要的信息包含在一系列不同概率密度函数（Probability Density Function，PDF）中，不需要特定的数据或数学模型的表述形式。该类方法的优势就是所需要的概率密度函数可以通过对统计数据进行分析获得，且这种方法所给出的预测结果含有置信度，置信度能够很好地表征预测结果的准确度。

典型的基于概率的故障率曲线称为故障率函数（也称为"浴盆曲线"）。即在设备或系统运行之初（早期失效期），故障率相对较高，经过一段时间后运行稳定，故障率一般可以保持在相对比较低的水平，而后，再经过一段时间运转（老化失效期），故障率开始增加，直到所有部件或设备出现故障或失效为止。故障率与时间关系如图 10-15 所示。

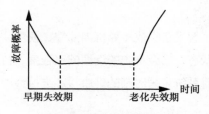

图 10-15   故障率与时间关系

（2）基于模型的故障预测方法

基于模型的故障预测方法要求对象系统的数学模型是已知的，具有能够深入对象系统本质的特点和实现实时故障预测的优点。在系统工作条件下，该方法通过对功能损伤的计算来评估关键对象的损耗程度，并实现在有效寿命周期内评估对象使用中的故障累积效应，通过集成物理模型和随机过程建模，可以评估部件剩余使用寿命的分布状况。

采用模型进行故障预测时，根据预测对象系统的稳态、瞬态信息或其他在线测试信息构建预测模型框架，并统计系统或设备的历史运行情况或预期运行状态，进行后续运行状态的仿真预测。通常情况下，对象系统的故障特征与所用模型的参数紧密联系，要求对象系统的数学模型具有较高的精度。但是针对复杂动态系统难以建立精确的数学模型，因此，基于物理模型的故障预测技术的实际应用和效果受到了很大限制，尤其是对复杂系统的故障预测，如电子系统故障预测，很难甚至不可能建立精确的预测对象数学模型。

典型的基于物理模型的故障预测方法包括基于失效物理（Physics-of-Failure,PoF）模型、累积损伤模型、疲劳寿命模型、随机损伤传播模型、层次化系统模型和集总参数模型等。

（3）基于数据驱动的故障预测方法

基于数据驱动的故障预测方法是一种基于测试或者传感器数据进行预测的方法。在实际应用中，对于由很多不同的因素引发的历史故障数据或者统计数据集，很难确认何种预测模型适用于预测。同时也很难甚至不可能建立复杂部件或者系统的数学模型，此时部件或者系统设计、仿真、运行和维护等各个阶段的测试、传感器历史数据就成为掌握系统性能下降的主要手段。

基于数据驱动的故障预测技术不需要对象系统的先验知识（数学模型和专家经验），以测试和状态监测数据为对象，估计对象系统未来的状态演化趋势，从而避免了基于模型和基于知识的故障预测技术的缺点。同时随着测试技术的迅速发展，尤其是测试信息采集、传输和存储能力的快速提高，目标对象系统可用的状态监测数据（含传感器数据）、测试数据、试验数据呈级数级增长，有力推动了数据驱动PHM 预测方法的推广。机器学习和统计分析方法成为数据驱动 PHM 的主流算法，不同方法融合、模型选择或模型适应性、应用平台等问题，成为现今该领域内的研究重点。

### 10.5.3　基于数据驱动的故障预测模型

基于数据驱动的故障预测方法主要应用在机器学习、智能计算或其他统计模型中。应用较为广泛和相对成熟的方法有时间序列自回归（AR）系列模型、神经网络、支持向量机、随机过程模型以及一大类统计信号处理类方法等，典型的基于数据驱动的故障预测模型汇总见表 10-8。

表 10-8　典型的基于数据驱动的故障预测模型汇总

| 序号 | 算法类型 | 备注说明 |
| --- | --- | --- |
| 1 | 灰色模型 | GM |
| 2 | 神经网络 | ARNN、RBF、MLP 等 |
| 3 | 支持向量机 | 分类问题 |
| 4 | 粒子滤波 | PF、RAPF、UPF、RSPF |
| 5 | 贝叶斯网络 | 不确定推理 |
| 6 | Markov 模型 | HM、HMM、MCMC |
| 7 | 随机过程模型 | 高斯、维纳过程等 |
| 8 | AR/ARMA 等 | 时间序列回归分析模型等 |

（1）神经网络预测模型

人工神经网络是一种数据驱动的预测方法，不需要根据先验知识假设模型结构，只需要利用时间序列的历史值对 ANN 进行训练，之后即可采用训练好的网络对序列进行预测，ANN 的标准数学结构如图 10-16 所示。

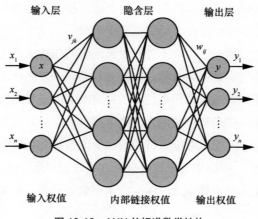

图 10-16　ANN 的标准数学结构

神经网络预测模型具备自组织聚类、非线性映射和并行计算的能力，其重要特征就是在不需要先验知识的情况下能够学习或者通过训练来捕获期望的知识，包括建模和对未知系统的预测。

（2）AR/ARMA 模型

时间序列分析方法是时间序列数据挖掘的一个重要分支，其主要基于相似性的数据分析和预测，对序列的基本趋势及关联规则进行分析，对特定的数据集合和拟合理论模型进行分析，实现对序列的未来发展状况预测。时间序列分析是基于随机过程理论和数理统计学的方法。由于时间序列分析方法是一个小样本理论，应用起来方便简单，满足实际工程中样本数量较少情况的需求，在信号处理、金融分析等众多领域有广泛应用。常用的模型包括自回归模型、滑动平均（Moving Average，MA）模型、自回归滑动平均（Autoregressive Moving Average，ARMA）模型和自回归积分滑动平均（Autoregressive Integrated Moving Average，ARIMA）模型。

AR 模型是线性时间序列分析模型中最简单的模型，通过自身前面部分的数据与后面部分的数据之间的相关关系（自相关）来建立回归方程，从而进行预测或者分析。

MA 模型关注的是自回归模型中误差项的累加，通过将一段时间序列中白噪声序列进行加权和，解决特征向量的随机特性或噪声对预测的影响。

ARMA 模型利用系统过去若干个时刻的状态以及过去若干个时刻的噪声项进行线性组合，对当前的状态做出估计和预测。ARMA 模型建模理论基础是利用历史数据序列的信息，根据统计获得的数据序列中存在的相关关系，找到序列值之间相关关系的规律，拟合出可以描述这种关系的模型，进而利用模型对序列的未来走势进行预测。

ARIMA 模型又称融合滑动平均自回归模型，主要运用于原始数据差分后是平稳的时间序列。对于平稳序列，可以直接建立 AR、MA 或者 ARMA 模型。但是，常见的时间序列一般是非平稳的，必须通过差分后转化为平稳序列，才可以使用 ARMA 模型。

在天基传输网络中，影响网络信道传输质量的参数主要包括接收参考 $E_b/N_0$、接收数据 $E_b/N_0$、参考突发错误率、参考突发丢失率、数据突发错误率、丢帧率、误帧率等，根据工程经验，对每一个健康参数进行分级（好、较好、较差、差）定义，并按 4 个等级进行综合评判后，给出每种组合可能的健康等级数字化定义（好：10.0，较好：8.0，较差：7.0，差：6.0）。网络信道传输质量影响因子定义见表10-9。

表 10-9 网络信道传输质量影响因子定义

| 特征向量 | 分级定义 | 值域 |
|---|---|---|
| 接收参考 $E_b/N_0$（0～25dB） | 好 | >10dB |
| | 较好 | 7～10dB |
| | 较差 | 4～7dB |
| | 差 | <4dB |
| 接收数据 $E_b/N_0$（0～25dB） | 好 | >10dB |
| | 较好 | 7～10dB |
| | 较差 | 4～7dB |
| | 差 | <4dB |
| 参考突发错误率（$5×10^{-6}$～$5×10^{-1}$） | 好 | $<5×10^{-7}$ |
| | 较好 | $5×10^{-7}$～$5×10^{-5}$ |
| | 较差 | $5×10^{-5}$～$5×10^{-4}$ |
| | 差 | $>5×10^{-4}$ |
| 参考突发丢失率（$5×10^{-6}$～$5×10^{-1}$） | 好 | $<5×10^{-7}$ |
| | 较好 | $5×10^{-7}$～$5×10^{-5}$ |
| | 较差 | $5×10^{-5}$～$5×10^{-4}$ |
| | 差 | $>5×10^{-4}$ |
| 数据突发错误率（$5×10^{-6}$～$5×10^{-1}$） | 好 | $<5×10^{-7}$ |
| | 较好 | $5×10^{-7}$～$5×10^{-5}$ |
| | 较差 | $5×10^{-5}$～$5×10^{-4}$ |
| | 差 | $>5×10^{-4}$ |
| 丢帧率（0～0.1） | 好 | ≤1% |
| | 较好 | $1\% < x < 5\%$ |
| | 较差 | $5\% < x < 10\%$ |
| | 差 | $>10\%$ |
| 误帧率（0～0.1） | 好 | ≤1% |
| | 较好 | $1\% < x < 5\%$ |
| | 较差 | $5\% < x < 10\%$ |
| | 差 | $>10\%$ |

以参考突发丢失率参数为预测对象,利用自回归滑动平均模型进行了预测分析,预测分析结果如图 10-17 所示。其中椭圆框外为模型的训练数据,以此产生模型所需的自相关函数（Autocorrelation Function，ACF）和偏自相关函数（Partial Autocorrelation Function，PACF），并通过对自相关图和偏自相关图的分析，得到最佳的阶层 $p$、阶数 $q$ 和 ARMA 模型。然后对得到的模型进行模型检验。

$$y_t = u + \sum_{i=1}^{p} \gamma_i y_{t-i} + \varepsilon_t + \sum_{i=1}^{q} \theta_i \varepsilon_{t-i} \tag{10-2}$$

图 10-17 中椭圆框内为预测区域，大幅度曲线为验证数据集，小幅度曲线为预测结果，两者趋势相近，但幅度差距较大，是因为算法在预测过程中进行了滤波、平滑等处理。

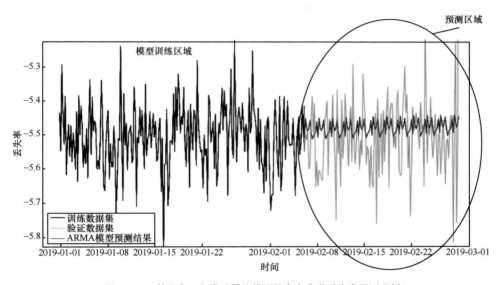

图 10-17　基于自回归滑动平均模型的参考突发丢失率预测分析

# | 10.6　天基传输网络健康管理软件技术 |

## 10.6.1　软件组成

分层级的天基传输网络的健康管理体系包括板卡级、设备级、节点级、网络级和系统级等层级。其中板卡级和设备级侧重具体健康管理参数的检测，节点级、网络级和系统级侧重健康数据的分析评估，一般部署有层级健康管理软件。地区站节点级健康管理软件一般部署在地球站节点，卫星节点级健康管理软件受卫星计算能力限制一般部署在地面网管或运控中心；网络级健康管理软件部署在网络中心站或系统关口站；系统级健康管理软件一般与运控系统一起部署在运控中心站。

节点级、网络级和系统级健康管理系统的软件组成基本一致，它们的区别在于健康管理的范围。以系统级健康管理系统为例，系统级健康管理系统软件组成如图 10-18 所示，健康管理系统软件一般包含数据采集与管理、天基传输网络健康管理综合数据库、健康应用支撑服务、健康态势实时分析服务、健康态势呈现和应用支撑呈现等部分。

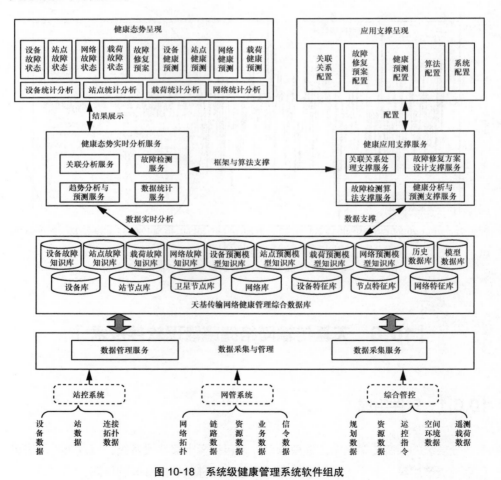

图 10-18　系统级健康管理系统软件组成

## 10.6.2　主要功能

天基传输网络健康管理系统软件主要功能包括数据采集与管理、健康应用支撑、健康态势实时分析、健康态势呈现与支撑和健康管理综合数据库等，天基传输网络健康管理系统软件主要功能如图 10-19 所示。

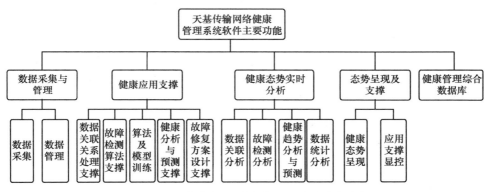

图 10-19　天基传输网络健康管理系统软件主要功能

数据采集与管理功能：包括数据采集和数据管理功能，负责将各层级健康数据通过站控系统、网控系统、运控系统等各级管理系统采集到健康管理系统，并保存到健康管理综合数据库。管理的数据包括设备、站点、卫星载荷、网络等各级别基础信息库、特征库、故障知识库及预测模型知识库，还包括历史库、模型数据库等。数据管理功能可以对存储的数据进行查询、检索、修改、格式化预处理等。

健康应用支撑功能：为健康态势实时分析功能提供基础支撑平台，向健康态势实时分析功能提供数据关联关系处理支撑、故障检测算法支撑、故障修复方案设计支撑、健康分析与预测支撑等服务支撑，并且支持对算法、模型的训练功能。

健康态势实时分析功能：基于健康管理综合数据库中的实时数据、历史数据、知识库及算法，在健康应用支撑服务的框架与算法支撑下，进行数据统计分析、数据关联分析、故障检测分析、健康趋势分析与预测等实时健康分析。

态势呈现与支撑功能：包括健康态势呈现、应用支撑显控等功能。健康态势呈现向用户展现设备、站点、卫星载荷、网络等级别的数据统计分析结果、故障状态、健康预测结果及故障修复预案等。应用支撑显控功能向用户提供配置和维护监控应用支撑服务的界面，可以进行系统配置、数据关联关系配置、故障修复预案配置、健康预测配置及算法配置等操作。

### 10.6.3 典型工作流程

天基传输网络健康管理系统软件定期从站控系统、网管网控系统、运控系统等采集提取与健康相关的源数据，根据健康管理业务需求对各类源数据进行预处理（清洗、转换、规约），形成待分析健康数据，并将其写入健康管理综合数据库保存。

针对预处理后数据，利用各类数据挖掘算法分析数据之间存在的关系，构建关联知识库；根据数据挖掘及经验知识，构建故障库模型。当存在异常时，通过故障树进行故障诊断，并制定相应的故障修复预案。针对健康管理综合数据库中设备、站点、卫星载荷、网络等各级别运行数据对各层级的健康态势进行分析和预测。

健康管理工作流程如图 10-20 所示。

天基传输网络健康管理软件典型工作流程主要有数据预处理流程、数据关联关系分析流程、故障检测与修复流程、健康态势预测流程等。

（1）数据预处理流程

数据预处理流程实现对站控、网控、运控等运行原始数据采集、解析、处理，完成将采集的源数据加工清洗为待分析健康数据的过程。通常的数据预处理流程如下。

- 数据解析：将设备、站点、卫星载荷、网络等专用运行数据翻译为标准格式的健康分析业务数据，一般采用 XML 文件描述二进制载荷数据的数据格式。
- 标准化：对已有健康分析业务数据进行格式标准化处理。
- 数据清洗：去掉重复行列、填充缺失值、时标对齐等。
- 数据转换规约：离散化、二元化、归一化、变量变换等。
- 特征提取：将获取的特征存入数据库中的特征库中，为后续任务提供数据支撑。
- 建立索引标签：对采集的数据建立索引标签，为后续采集的健康业务数据入库、检索、查询提供依据。

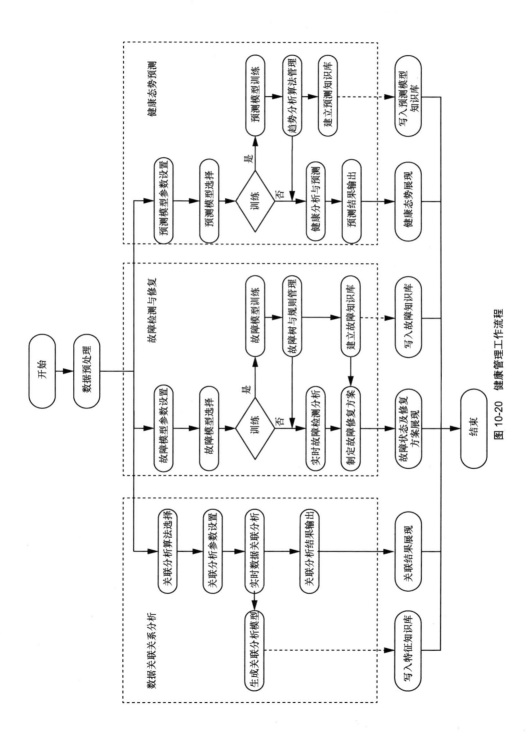

图 10-20　健康管理工作流程

（2）数据关联关系分析

数据关联关系分析为天基传输网故障追踪、关联知识获取、运控管理等提供数据支撑。可通过数据挖掘方法对全生命周期数据进行关联分析，发掘不同数据内容之间潜在的关联关系，为设备、站点、载荷、网络等健康诊断提供依据。一般的数据关联关系分析流程如下。

- 关联分析算法选择：根据不同的任务需要选择适合的关联分析算法，在确定关联分析算法以及相关数据后，对运行所需参数进行设置。
- 关联分析参数设置：设置需要分析的设备、站点、载荷、网络等对象或其组合，以及对象内部用于分析的数据源。
- 实时数据关联分析：基于选定的关联分析算法、关联分析参数，实时分析各类不同数据之间存在的关系。
- 生成关联分析模型：将实时数据关联分析的结果格式化后生成关联分析模型，存储到特征数据库。
- 关联分析结果输出：关联分析结果输出将关联拓扑关系输出到可视化界面，便于用户对不同要素数据之间关联性的有效理解，有助于通过关联关系分析对系统参数进行进一步优化。

（3）故障检测与修复流程

故障检测与修复流程主要用于对天基传输网络的设备、站点、卫星载荷、网络等级别运行数据进行定期检测，发现其中存在的异常，判断异常是否为故障，并对故障出现的原因进行分析，定位故障点或可能故障点，有针对性地制定修复方案。一般的故障检测与修复流程如下。

- 模型参数配置：根据故障检测需求对检测任务进行模型、参数等配置。
- 模型选择：根据故障检测对象选择故障模型库中相应的故障模型。
- 实时故障检测：根据选定的故障模型，对目标健康数据进行故障检测。对故障机理明确的故障，一般通过数据阈值、数据包络对数据进行判读，检测是否发生故障；对故障机理未知的故障，则通过基于模型的故障诊断方法对目标运行数据进行故障检测。将故障检测结果输出的故障类型与故障类型数据库进行匹配，给出故障类型、故障现象、故障原因，以便于维修人员能对故障进行快速定位和排除。
- 制定故障修复方案：对简单设备故障，通过在故障类型中附加维修说明作为故障修复方案；针对站节点、卫星载荷、网络节点等复杂故障，制定相应的故障修复方案，写入故障修复方案数据库，并建立故障类型与故障修复方案之间的关联。

- 故障及修复方案呈现：显示故障类型、现象、原因等故障检测分析结果，显示针对故障制定的故障修复方案。

（4）健康态势预测流程

健康态势预测流程用于对设备、站节点、卫星载荷、网络等级别运行数据进行趋势分析与健康状态预测。一般的健康态势预测流程如下。

- 模型参数配置：根据健康态势预测需求对预测任务进行模型、参数等配置。
- 模型选择：根据健康态势预测对象选择健康预测模型库中相应的预测模型。
- 健康态势预测评估：根据选定的预测模型，对目标健康数据进行态势预测评估。对故障机理明确的故障，通过调用预测模型管理库中的预测模型和趋势分析算法库中的算法对数据进行分析，给出目标对象健康趋势分析指标以及健康状态预测曲线；对故障机理不明确的故障，需要通过大量的标记样本进行模型训练，训练出更加精准的预测模型，为在线趋势分析与健康状态预测提供更优的支持。
- 结果呈现：以图形化方式显示目标对象健康指标及指标健康趋势曲线。

健康管理软件结果呈现如图 10-21 所示。

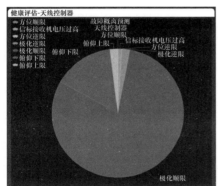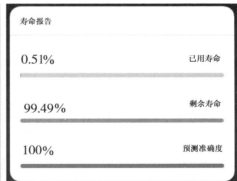

图 10-21　健康管理软件结果呈现

# 第 11 章

# 天基物联网运维管控技术

物联网业务有别于常规的语音、数据、视频等通信业务应用，具有类型多样、用户量大、覆盖范围广等特点。天基物联网是对地面物联网能力的有效延伸和扩展，在满足跨境、海洋、沙漠等稀疏部署应用需求的同时，实现了低轨遥感卫星、航空/航海监视等天基物联感知设备的接入应用，本章主要对天基物联网不同的网络架构、应用分类等进行了描述，并针对天基物联网对运维管控的特定要求等进行了阐述。

## |11.1　天基物联网体系架构|

天基物联网是以天基通信网络为核心和基础,在支持现有地面物联应用的同时融合天基感知、监测、时间同步等服务,实现对目标的智能化识别、定位、跟踪监控和管理的一种互联互通网络,是对地面物联网能力的有力补充和扩展。一方面,可广泛应用于海洋岛屿、石油管线、电网线路监控、物流运输采集等地面网络难以覆盖的区域,延展了已有物联网系统的管理范畴;另一方面,传感器设备由地面部署向天基迁移,如各类遥感、气象、航空/航海监视传感器等,也使物联网体系能力得以进一步拓展和提升,天基物联网网络架构示意图如图 11-1 所示。

## |11.2　天基物联网的主要分类|

根据感知对象的不同,天基物联网可分为采集类天基物联网、感知类天基物联网、监视类天基物联网 3 类,天基物联网分类如图 11-2 所示。

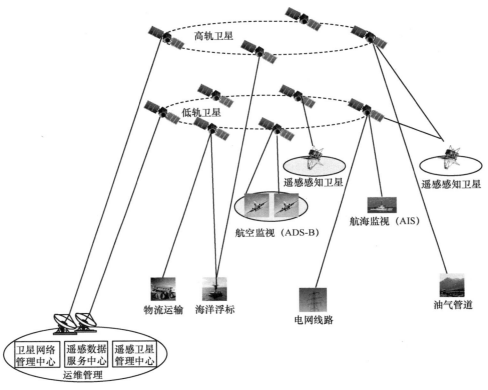

图 11-1　天基物联网网络架构示意图

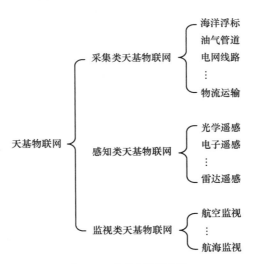

图 11-2　天基物联网分类

采集类天基物联网与地面移动物联网功能相对应，以地面各类感知节点为管理目标，需要支持海量地面接入节点，传输速率较低（一般为几 kbit/s），单次接入信息具备短时突发、信息量小、占用卫星资源少等特点，卫星提供透明转发方式或者星上处理方式实现感知信息的转发。

感知类天基物联网以各类具备光学照相、电子信号感知、大气信息感知能力的天基感知卫星节点为管理目标，具备接入节点少、传输速率高、单次接入信息量大、相对规律性存储转发等特点。天基感知传感器既可以与天基传输网络卫星节点一体设计，也可独立设计经星间链路接入天基传输网络。天基传输网络卫星提供透明转发方式或者星上处理方式实现感知信息的转发。

监视类天基物联网以具备航空、航海监视感知能力的天基采集卫星节点为管理目标，通过信号识别、解析实现对目标对象的跟踪、监视，具备接入节点多、传输速率低、区域差异性大、周期性规律等特点，传输协议一般遵循国际标准规范。监视类传感器载荷一般部署在低轨卫星（如海事卫星、铱星、Orbcomm 卫星等）上，同时与卫星通信载荷同星部署，卫星利用星上处理方式实现感知信息的转发，只占用卫星到地面关口站的卫星资源。

（1）采集类天基物联网

在采集类天基物联网中，各感知节点主要部署在地面上，直接接入卫星通信网络，或者经卫星接入网关从而间接接入卫星通信网络，所有感知节点都作为卫星通信网络的接入用户，感知信息和对感知节点的管理信息都以卫星通信业务的形式存在。

采集类天基物联网是一个星形网络，所有数据都经卫星传送到感知数据服务中心。由于海量感知节点需要直接接入卫星通信网络，且传输的感知信息大多以突发形式发送，单次占用时间短、突发性强，更适合采用 ALOHA 竞争方式实现接入回传。但在该模式下，如果不加以有效管控，会导致感知信息在空间发生大量碰撞、数据丢失。因此，需要通过运维管理系统制定合理的接入控制策略、资源分配策略，适应多用户、短时突发的高效传输需求，降低感知节点信息传输过程中由碰撞、冲突造成的资源浪费，保障传输的时效性和完整性。常规天基物联网应用如图 11-3 所示。

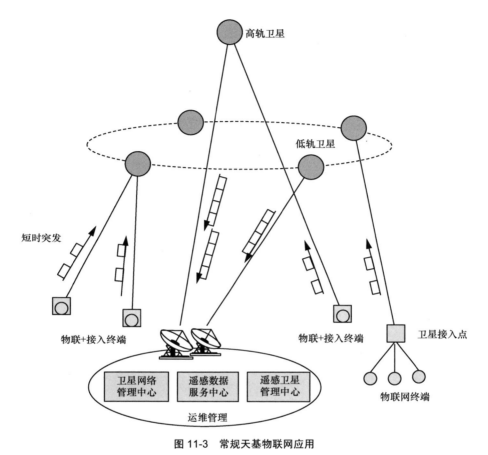

图 11-3　常规天基物联网应用

（2）感知类天基物联网

在地面物联网中，有大量的视频传感器、电子频谱传感器、气象/海洋传感器等。这些传感器被广泛应用于城市管理、安全防控、无线电监测、天气预报等场景，但只能管理有限的局部范围，要实现广域的信息收集必须通过大量部署设备完成，借助天基卫星节点覆盖范围广的特点，将传感器搭载到卫星平台上构建感知类天基物联网将大大减少设备部署的数量。

感知类天基物联网基于天基传感器和卫星通信网络构建，主要由通信卫星（负责信息传输）、高低轨遥感卫星（搭载光学遥感、电子信号感知、环境感知等各类传感载荷）、感知数据管理的卫星网络管理中心、遥感数据服务中心、遥感卫星管理中心等组成。

感知类天基物联网应用模式下，低轨遥感卫星获取各类感知信息，并通过高低轨通信卫星转发数据到数据服务中心，在数据服务中心进行数据的提炼、融合和分析处理。卫星通信网络业务传输，前向传输主要以低速率、非连续的低轨卫星遥感载荷控制指令传输为主，返向传输主要以大容量、高速率的感知数据传输为主，用户数（遥感航天器）少，单节点占用时间长，支持基于任务规划的资源占用方式和少量由遥感卫星主动提出的按需资源占用方式，卫星资源调配方式相对简单，基本具备了卫星传输资源协调调度等运行管理能力。遥感应用天基物联网应用如图 11-4 所示。

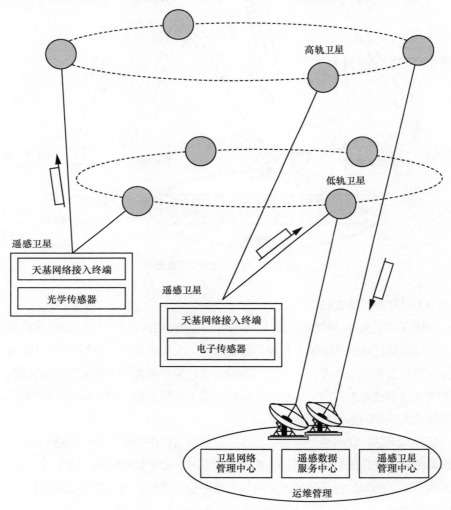

图 11-4　遥感应用天基物联网应用

由于低轨遥感卫星相对通信卫星高速运动，为保证感知信息的完整传输，当通过高轨通信卫星传输时，采用跟踪波束的方式实现与遥感卫星在一段时间内的连续通信保持；当通过低轨通信卫星传输时，采用跟踪波束方式的同时还要掌握遥感卫星接入不同通信卫星时的切换控制，保证传输的连续性。

（3）监视类天基物联网

监视类天基物联网，主要针对广播式自动相关监视（Automatic Dependent Surveillance-Broadcast，ADS-B）系统、船舶自动识别系统（Automatic Identification System，AIS）等应用。利用天基节点的广域覆盖能力，提升 ADS-B 系统、AIS 的监视能力。如在地基 AIS 和 ADS-B 系统中，最大理论监视范围分别不足 40km 和 370km，而使用高度为 1000km 的星基监测时，最大理论监视范围可扩展为 3700km。监视类天基物联网应用中，需要天基节点与飞机、舰船间严格按照国际标准规定的协议规范进行信息的采集和处理。

受地面应答终端能力、时延及覆盖性等指标影响，一般采用低轨通信卫星作为天基采集平台，并将监视信息传递到地面数据服务中心处理。天基数据采集天基物联网应用如图 11-5 所示。

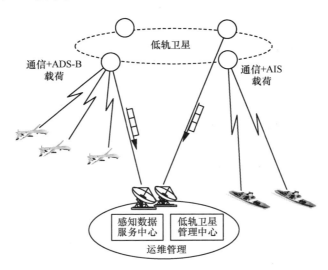

图 11-5 天基数据采集天基物联网应用

作为地面 ADS-B、AIS 等数据采集系统的能力延伸和补充，天基数据采集系统需要与现有地面采集系统的协议兼容，依托已有标准实现管理。

ADS-B 系统中，飞机利用全球定位系统（Global Positioning System，GPS）、数据收发机和天线等机载设备，生成精准的飞行信息，将自身的飞行信息（如速度、维度、高度、天气等）按照固定的频率通过数据链广播给其他飞机以及地面控制站，使其通信范围内的飞机和地面控制站可以知道其精准的飞行导航信息。

AIS 采用自组织时分多址接入（Self Organized Time Division Multiple Access，SOTDMA）方式，自动广播和接收船舶动态、静态等信息，实现识别、监视和通信。AIS 主要用途是交换船舶之间的位置、路线和速度等信息，对船舶进行识别、定位、领航以及船只避碰等。

监视类天基物联网一般是一个星形网络架构，主要占用从卫星到地面关口站的卫星链路资源，所有信息都要汇聚到业务中心，但由于单位时间内的监视信息量较少，时效性在秒级且始终动态变化，为其提供固定的卫星资源进行传输保障性价比低，为此一般会采取按需保障的策略，与其他业务共用卫星信道，为该类业务设定一个优先级，保证在一定时间内传输完成即可。为实现 ADS-B 系统、AIS 等星基监视载荷采集数据的传输分发，低轨卫星需要具备星上交换处理能力、搭载路由交换载荷，与监视载荷进行采集数据交互，将采集数据交换转发到地面关口站。天基数据采集物联数据交互如图 11-6 所示。

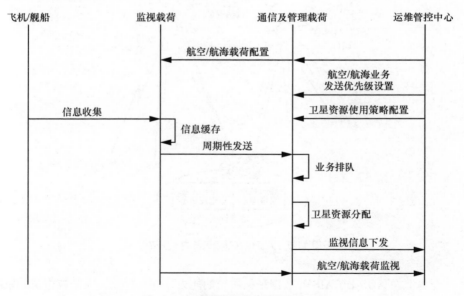

图 11-6　天基数据采集物联数据交互

# |11.3　天基物联网运维管控架构|

天基物联网主要由天基传输网络、感知物联网组成。对天基传输网络的管理主要包括感知节点、感知数据的接入管理、资源管理、设备管理等；对感知物联网的管理主要包括感知设备管理、感知数据管理、感知应用管理等。天基物联网运维管控总体架构如图 11-7 所示，该架构包括感知层、卫星接入网络层、管理层及应用层。

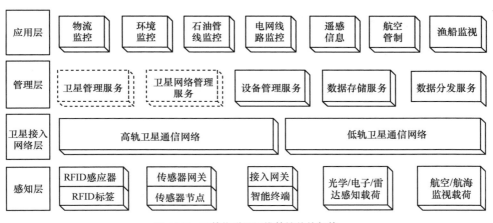

**图 11-7　天基物联网运维管控总体架构**

（1）感知层

感知层主要包括各种天地物联网终端传感器或数据采集设备，主要实现各类信息的收集，并按约定的管理控制协议实现感知信息的传输，配合运维管控中心实现对感知模块、设备的远程监视和控制。

（2）卫星接入网络层

卫星接入网络层主要包括天基传输网络的卫星节点、配置在各感知节点的卫星接入设备（如天线、射频、终端等），主要实现卫星物联网终端接入、物联数据汇聚转发、管理控制信令传输等。

（3）管理层

管理层主要包括部署在地面管控节点上的运维管控中心、网络管理中心，部署在各感知节点上的管理代理等，实现卫星管理服务、卫星网络管理服务、设备管理服务、数据存储服务、数据分发服务等。

（4）应用层

应用层主要包括各类物联网应用服务，采用面向服务的方式，为各类、各级用户按需提供差别化服务，如物流监控服务、环境监控服务、石油管线监控服务、电网线路监控服务、遥感信息服务、航空管制服务、渔船监视服务等。

## 11.4 管理控制对象

天基物联网管理控制对象主要包括地面感知节点、天基感知节点，如图 11-8 所示。

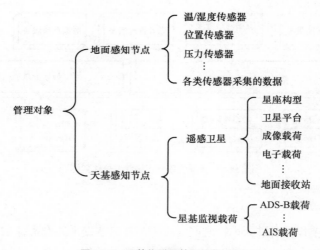

图 11-8　天基物联网管理控制对象

地面感知节点管理对象，主要包括各类传感器的工作状况，如温度传感器、湿度传感器、压力传感器、位置传感器、电压传感器、流量传感器等，以及各类传感器采集的数据。

天基感知节点管理对象，主要分为遥感卫星和星基监视载荷两类。其中，遥感卫星管理对象，可细分为星座构型、卫星平台、各类遥感载荷、星地链路、星间链路、地面测控站、地面接收站等；星基监视载荷管理对象，可细分为 ADS-B 载荷、AIS 载荷等。

# | 11.5　主要管理控制功能 |

为满足物联感知数据的多用户、差异化分发及业务量、管理对象扩展的需要，管理平台主要采用面向服务的模式，并融合云计算、大数据平台进行设计。天基传输网络的管理控制可参见前述章节，不是本节的重点。

天基物联网管理控制主要实现各类感知信息的接入，对各类物联网设备的管理控制，物联数据的存储、处理和分发等。天基物联网管理平台功能组成如图 11-9 所示。

| 数据库（结构化、非结构化） | 数据分发服务管理 | 安全管理 |
|---|---|---|
| | 数据可视化管理 | |
| | 信息处理管理 | |
| | 设备管理 | |
| | 数据接入管理 | |
| 云平台管理 | | |

图 11-9　天基物联网管理平台功能组成

## 11.5.1　数据接入管理

物联网管理最底层是数据接入管理层，该层负责各类差异化物联网元数据的收集、转义和汇聚存储处理。为简化上层功能的处理复杂度，数据接入管理层需要对格式差异化的数据进行归一化处理，将同类不同格式的数据统一格式，这对于确保所有设备数据被正确接入非常有必要。归一化处理所有设备数据是实现对物联网设备监视、管理和分析的基础。数据接入过程示意图如图 11-10 所示。

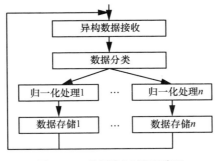

图 11-10　数据接入过程示意图

## 11.5.2　设备管理

设备管理层实现对所有地面物联网终端、天基物联网载荷的状态管理、远程控制等，确保接入对象正常工作且保证其软件和应用程序的更新和运行。设备管理层的功能主要包括设备信息维护、远程配置、固件/软件更新及故障排除。在天基物联网系统中，存在着数以千计甚至数以百万计的物联设备，具备批量操作和自动化处理能力的设备管理功能对实现所有节点的有效管理和控制成本至关重要。

（1）配置管理

配置管理完成传感器设备的初始工作参数的定义、更新等操作，配置参数包括工作门限、采集频度、精度、连接速率、异常处理规则等。

（2）故障管理

故障管理负责标识、隔离、修复和记录感知节点网络中发生的故障。

（3）成员管理

成员管理负责处理感知节点网络的成员关系，以及处理物联网服务、设备、应用、用户等相关单元的重要信息。

（4）报告管理

报告管理从其他管理功能中提炼数据、生成报告，或者从历史数据中恢复报告。

（5）状态管理

状态管理监视和预测感知节点网络过去、现在和未来的状态。

设备管理过程示意图如图 11-11 所示。

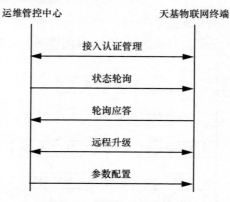

**图 11-11　设备管理过程示意图**

### 11.5.3  信息处理管理

信息处理管理对收集到的物联网元数据进行翻译，基于预定义的逻辑规则编辑器和规则引擎将低级传感器事件映射到可识别的高级事件上，并将其转换为面向物联网设备或末端用户的事件或动作指令。同时利用高级计算、机器学习、人工智能等算法集合，对数据进行复杂的数据挖掘和深入分析，为系统维护、最终用户提供更加有价值的支撑。信息处理过程示意图如图 11-12 所示。

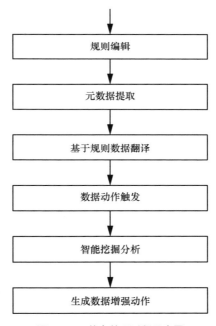

图 11-12  信息处理过程示意图

### 11.5.4  数据可视化

数据可视化全面展现卫星网络拓扑组成、感知节点网络拓扑构型及变化，对感知信息的业务量变化、动态分布特性进行管理，并对各类感知信息融合处理后的应用服务进行管理和调度。数据可视化以表格、线型、层叠式、饼状图、二维、三维等数据可视化模型，向程序开发人员和最终用户统筹呈现各类数据。

### 11.5.5　数据分发服务管理

天基物联网运维管理平台采用面向服务的方式为不同用户提供数据推送、集成应用等服务，即支持不同用户对运维管理平台应用的直接访问服务，也支持为特定开发者和管理者提供增强开发的服务能力，对外提供 HTTP 访问服务、简单对象访问协议（Simple Object Access Protocol，SOAP）访问服务、REST 访问服务、App访问服务、应用模型服务、API 访问服务等。服务方式包括分发推送、按需订阅等。天基物联网数据分发服务如图 11-13 所示。

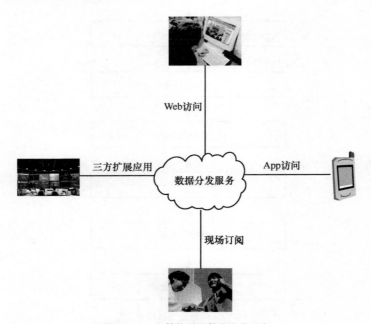

**图 11-13　天基物联网数据分发服务**

### 11.5.6　云平台管理

广域覆盖、海量接入是天基物联网最鲜明的特点，其要管理用户的数量、接入的数据量远远超过常规卫星通信网络的管理规模，需要强大的软/硬件平台来支撑海量数据的存储与计算处理。云平台高效、动态、可大规模扩展的计算资源处理能力、容灾能力和可靠性使其在物联网的运维管理平台中得到广泛使用。为高效动态适应物联网需求的变化，云平台要具备虚拟化环境接入、虚拟化资源按需管理、应用部署模板化、自动化、平台智能监控等功能。天基物联网云平台管理示意图如图 11-14所示。

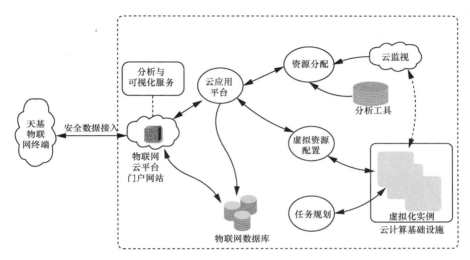

图 11-14　天基物联网云平台管理示意图

## |11.6　管理控制协议 |

管理控制协议负责运维管理中心和被管对象之间的信息交换。根据管理目的的不同，管理控制协议分为实现天基物联网用户及资源综合调度的管理控制协议、地面设备管理控制协议、低轨遥感卫星管理控制协议、星基监视类管理控制协议等。

### 11.6.1　实现天基物联网用户及资源综合调度的管理控制协议

实现天基物联网用户及资源综合调度的管理控制协议，主要负责物联网终端与感知节点网络管理中心、卫星通信网络管理中心之间的接入认证、卫星资源的占用和释放控制等。为适应卫星信道的长时延、高误码率、低带宽等特点及管理控制高安全的特性，主要采用专用的链路层协议，不考虑使用应用层网络协议。

目前，可借鉴的实现天基物联网用户及资源综合调度的管理控制协议可以分为两类：基于卫星通信网络的管理控制协议和基于移动通信规范的管理控制协议。

（1）基于卫星通信网络的管理控制协议

基于卫星通信网络的管理控制协议结构可参照前述章节定义的管理控制协议进行设计，并由物联网管理相关的信息单元封装发送。

感知节点与感知节点网络管理中心之间的注册认证、事件上报、远程控制等管控信令，以卫星通信网业务数据的形式传输，封装在卫星通信帧的数据区，感知节点网络管理控制协议格式如图 11-15 所示。

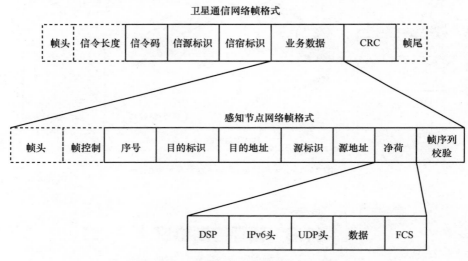

图 11-15　感知节点网络管理控制协议格式

传感器节点附着于不同的测量对象，业务类型也不相同，并且业务的产生有轮询方式和事件触发方式，特定的传感数据和业务流向也依赖于接入类型（直接接入卫星系统或者间接接入卫星系统）以及应用场景的类型。因此，根据业务量和接入类型选择合理的多址方式和接入方式对高效使用卫星资源非常重要。

为提高卫星信道的使用效率，主要采用 DAMA 方式在终端用户间共享卫星资源。网络管理中心控制每个终端何时能够发送数据，在返向信道中一个时隙仅允许一个传感器接入。如果分配时隙内传感器节点没有数据发送，则链路资源空置；如果传感器节点有数据要发送，没有被分配时隙，必须等待直到下一个分配被接收。

（2）基于移动通信规范的管理控制协议

基于移动通信规范的管理控制协议，实现对物联网信息的管理控制、天基物联网系统与地面物联网系统的融合设计和信息的共享共用。但卫星时延大、移动性强等因素导致地面标准移动协议不能完全适应卫星通信系统，需要进行适应性修改。基于移动通信规范的管理控制协议（参见第 3 章相关内容），目前主要支持两种移动通信协议栈。

一类是基于透明转发的管理控制协议栈，卫星只作为透明的传输通道，物联网终端经卫星转发，与关口站、核心网互操作，实现与地面数据管理服务中心的信息交互。基于透明转发的管理控制协议栈如图 11-16 所示。

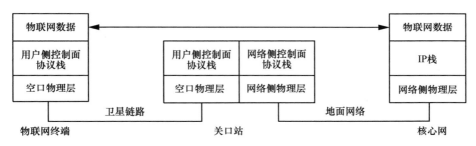

**图 11-16　基于透明转发的管理控制协议栈**

另一类是基于星上处理交换的管理控制协议栈，在卫星上部署移动通信网络的基站设备，物联网终端首先与星载基站进行空口信息交互，然后由星载基站将数据转发至卫星关口站、核心网。基于星上处理交换的管理控制协议栈如图 11-17 所示。

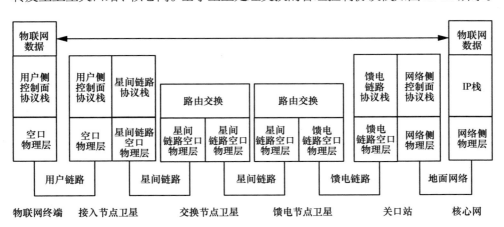

**图 11-17　基于星上处理交换的管理控制协议栈**

- 物联网终端，按该分层协议架构进行协议帧处理。
- 接入节点卫星，负责终端数据的接收，终端侧完成链路空口协议处理，卫星侧完成用户侧协议到卫星传送协议的转换和封装，通过星间链路发送到下一个路由节点卫星。经过若干路由节点卫星的转发，数据被转发到馈电节点卫星，下发到地面关口站。
- 关口站，完成卫星传送协议剥离，生成 IP 分组数据，通过地面网络发送到核心网。
- 核心网，进行协议解析，得到终端发送的非接入层消息，解析终端发送的物联网数据，最后通过标准接口发送给物联网应用数据管理服务器，经过分析生成产品，将产品分发至各垂直用户。

## 11.6.2　地面设备管理控制协议

地面设备管理主要包括对卫星通信终端、物联网感知节点、传感器的管理，对卫星通信终端的管理可参考第 9 章约定的协议，主要采用 SNMPP；对物联网感知节点、传感器的管理可以采用 SNMP 或 RS232、RS485 等异步接口协议。

## 11.6.3　低轨遥感卫星管理控制协议

对低轨遥感卫星的管理，主要通过遥测遥控通道实现，通过上行测控信道向遥感卫星发送控制指令，实现对各遥感载荷的工作模式、工作时段等的参数配置，通过下行遥测信道接收遥感卫星发送的遥测参数，监视遥感载荷的工作状态。遥感卫星遥测遥控指令，主要参考空间数据系统协商委员会（Consultative Committee for Space Data System，CCSDS）发布的遥测（Tele Measuring，TM）、遥控（Tele Controlling，TC）协议。

## 11.6.4　星基监视类管理控制协议

星基监视类管理控制协议主要分为星基监视载荷管理控制协议、星基监视载荷与采集终端间管理控制协议两类。

（1）星基监视载荷管理控制协议

地面运维管控经测控信道或者专用的通信管理信道，对 ADS-B、AIS 等星基监视载荷进行管理控制，管理控制协议采用 IP 实现。星基监视载荷管理控制协议如图 11-18 所示。

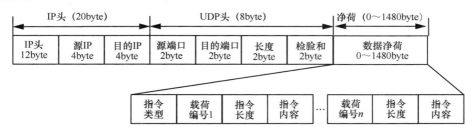

图 11-18　星基监视载荷管理控制协议

星基监视载荷管理参数见表 11-1。

表 11-1　星基监视载荷管理参数

| 星基监视载荷 | 管理参数 |
| --- | --- |
| ADS-B 载荷 | 波束参数 |
| | 接收门限参数 |
| | ADS-B 接收信息传输 |
| | 采集测试信息帧传输 |
| | 接收链路参数帧传输 |
| | 捕获判决门限 |
| | 置信度判决门限 |
| | 信息判决门限 |
| | 波束 1 通道工作正常/异常 |
| | 波束 2 通道工作正常/异常 |
| | 波束 3 通道工作正常/异常 |
| | 波束 n 通道工作正常/异常 |
| | 接收 ADS-B 信息数量 |
| | 温度状态值 |
| | ADS-B 信道时钟状态锁定/未锁定 |

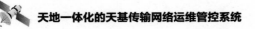

（续表）

| 星基监视载荷 | 管理参数 |
|---|---|
| AIS 载荷 | 滤波器系数 |
| | 选择默认接收门限参数 |
| | 选择上传接收门限参数 |
| | 选择全流程校验 |
| | 选择关闭增强型暴力纠错 |
| | 选择关闭保守纠错和增强型暴力纠错 |
| | AIS 接收信息传输 |
| | 采集测试信息帧传输 |
| | 接收链路参数帧传输 |
| | 捕获判决门限 |
| | 鉴频环路参数 |
| | 解调器配置参数 |
| | 通道工作正常/异常 |
| | 信号接收模块工作正常/异常 |
| | 信息传输模块工作正常/异常 |
| | 接收 AIS 信息数量 |
| | 温度状态值 |
| | AIS 信道时钟状态锁定/未锁定 |

（2）星基监视载荷与采集终端间管理控制协议

根据国际电信联盟（International Telecommunication Union，ITU）颁布的《ITU-R M.1371-4 建议书》，AIS 目前有 27 种类型消息，涵盖了动/静态信息、与航次有关信息、与安全有关信息等内容。AIS 消息帧，主要由前置码（训练序列）、起始标志、业务数据（消息 ID、用户 ID、AIS 数据等）、循环冗余校验（Cyclic Redundancy Check，CRC）、结束标识、缓冲等部分组成。不同的消息类型只有数据部分是不一样的，其他内容均相同，AIS 管理协议格式如图 11-19 所示，其中，AIS 管理协议业务数据字段内容见表 11-2。

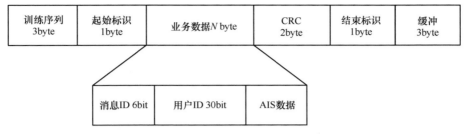

图 11-19 AIS 管理协议格式

表 11-2 AIS 管理协议业务数据字段内容

| 消息类别 | 类型内容 |
| --- | --- |
| AIS 目标显示信息 | 位置报告 |
| | 基站报告 |
| | 航行相关数据 |
| | B 类设备扩展数据 |
| 安全信息处理 | 地址安全相关 |
| | 广播安全相关 |
| 扩展应用处理 | 二进制地址 |
| | 二进制广播 |
| 系统控制 | 二进制确认 |
| | UTC 和数据请求 |
| | UTC 和数据应答 |
| | 安全相关确认 |
| | 询问 |
| | 委派方式命令 |
| | DGNSS 二进制广播 |
| | 数据关联管理 |
| | 通道管理 |

ADS-B 系统功能基于数据链通信技术,根据航空移动通信专家组(Aeronautical Mobile Communication Panel,AMCP)制定的数据链监视服务——未来航空移动通信的远景,对于高密度陆地区域,ADS-B 服务在初始阶段将实施 1090ES 数据链技术,ADS-B 系统管理协议格式如图 11-20 所示,其中,业务数据字段长度 7byte,

业务数据字段首字节 1～5bit 指明消息的类型（取值 0～31），6～8bit（取值 0～7）区分一些消息类型的子类型。ADS-B 消息类型的确定见表 11-3，表中"预留"表示 ADS-B 消息类型的格式未被定义，在将来版本中可能被定义。

| 控制标识 1byte | 用户地址 3byte | 业务数据 7byte | CRC 3byte |
| --- | --- | --- | --- |

图 11-20　ADS-B 系统管理协议格式

表 11-3　ADS-B 消息类型的确定

| 业务数据字段首字节 1~5bit 取值 | 业务数据字段首字节 6~8bit 取值 | 消息类型 | 业务数据字段首字节 1~5bit 取值 | 业务数据字段首字节 6~8bit 取值 | 消息类型 |
| --- | --- | --- | --- | --- | --- |
| 0 | 不存在 | 空中/地表位置消息 | 25～26 | | 预留 |
| 1～4 | 不存在 | 飞机 ID 与类型 | 27 | | 航线改变 |
| 5～8 | 不存在 | 地表位置消息 | 28 | 0, 2～7 | 预留 |
| 9～18 | 不存在 | 空中位置消息 | | 1 | 飞机身份消息 |
| 19 | 0, 5～7 | 预留 | 29 | 0 | 目标状态 |
| | 1～4 | 空中速度消息 | | 1～7 | 预留 |
| 20～22 | 不存在 | 空中位置消息 | 30 | 0～7 | 预留 |
| 23 | 0, 7 | 测试消息 | 31 | 0～1 | 飞机运行状态 |
| | 1～6 | 预留 | | 2～7 | 预留 |
| 24 | | 地表系统状况 | | | |

## 11.7　传输管理控制

天基物联网数据大多是短数据分组（几十字节）且以返向回传数据为主，为满足不同物联网终端对短数据分组和长数据分组传输的要求，提高信道利用率，运维管控系统需要同时支持控制信道、业务信道两种信道传输物联网数据的能力，并能够对两类信道进行按需调度管理。

（1）基于控制信道的传输控制

基于控制信道的传输控制主要适用于单向短时突发、无须严格双向交互的采集类物联网终端接入场景。在该种应用场景下，如果为每次突发的业务传递都分配专用的业务信道，分配过程占用的时间有可能远大于信息传输的时间，会严重降低资源的利用率、减少用户的接入数。

　　运维管控将物联网信息当成一类特殊的管理信令进行定义和处理，各物联网终端采用 ALOHA 方式，随机发送，从而大大简化工作流程，提升传输效率。但 ALOHA 方式容易导致不同用户间信息的碰撞，影响回传信息的时效性。基于 ALOHA 的控制信道传输示意图如图 11-21 所示。

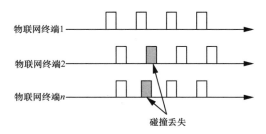

图 11-21　基于 ALOHA 的控制信道传输示意图

　　为提高信息回传的可靠性，可以采用增加控制信道的数量、增加碰撞重发机制、订阅触发机制或改进的 ALOHA 算法等降低碰撞的概率来解决该问题，如时隙 ALOHA（Slotte ALOHA，S-ALOHA）和资源预留时隙 ALOHA（Contention Resolution Diversity Slotted ALOHA，CRDSA）等。基于改进 ALOHA 的控制信道传输如图 11-22 所示。

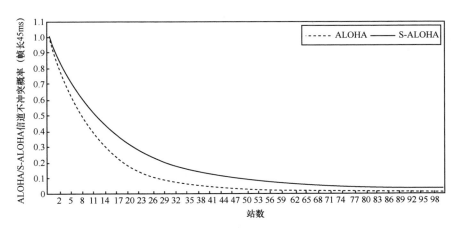

图 11-22　基于改进 ALOHA 的控制信道传输

订阅触发机制中，运维管控周期性检查各感知终端上报的信息，如果在策略约定时间内发现关联数据没有发生变更，则认为该设备上报异常，主动向其发送订阅请求，命令该终端向中心发送数据，从而实现数据的更新。基于订阅触发机制的控制信道传输流程示意图如图 11-23 所示。

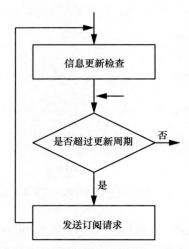

图 11-23　基于订阅触发机制的控制信道传输流程示意图

（2）基于业务信道的传输控制

基于业务信道的传输控制主要适用于传输时间较长、需要连续占用卫星信道的物联网终端接入场景，如遥感卫星、地面汇聚接入等应用。在上述应用场景下，运维管理需要根据用户优先级、业务类型、转发关系、传输资源空闲程度等进行资源调度，完成卫星资源预留或按需动态调配等。基于业务信道的传输控制流程如图 11-24 所示。

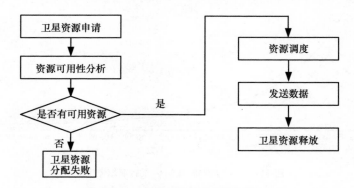

图 11-24　基于业务信道的传输控制流程

# 第 12 章

# 天基传输网络运行支撑系统

运 行支撑系统是天基传输网络的重要组成部分，通常包括辅助决策、综合服务、运营管理等，能够为天基传输网络的可靠运行提供网络规划、运行评估、业务咨询、运营支撑等服务。本章分别对辅助决策、综合服务和运营管理的作用、功能、场景等内容进行了描述。

# | 12.1 辅助决策 |

## 12.1.1 辅助决策的作用

辅助决策为网络的快速开通、高效运行、良好运行、快速调整提供支撑，具体包括以下 4 个方面。

（1）网络的高效运行

网络的高效运行体现在为用户提供高服务质量的传输应用情况下，占用最少的卫星资源、消耗最少的地面站能源。

网络运行占用的卫星资源主要包括频率资源、功率资源、波束资源等，与地面网络资源相比，卫星资源单位成本非常高，优化卫星资源的使用可大大提高支持的用户数，提高网络的性价比。

影响地面站能源消耗的主要因素包括站型大小、设备多少、人员配置等，天线口径大、功率高、设备多、维护人员配置多，则消耗的能源就多，通过优化选择传输网的技术体制，提升网络自动、智能运行能力，可有效降低设备功耗、减少设备配置和人员配置。

（2）网络的良好运行

网络的良好运行主要与地面站的可靠性以及空间环境干扰有关。受天气、电磁环境等干扰影响小，有利于网络的良好运行，这与频段和体制选择有关。所使用的站型设备可靠稳定，若故障率很高，网络运行状态就不会很好。

（3）网络的快速开通

天基传输网络往往用于应急、机动场景，即使是用于固定站也常用于为地面有线链路做备份，当地面固定站网络出现问题时，能够迅速切换为天基传输网络，也需要快速开通。

（4）网络的快速调整

在某些情况下，需要对网络运行快速调整，如换星、转网等工作。

## 12.1.2　功能、模型及数据

辅助决策通常具备网络规划、网络运行评估等功能，同时还有链路预算、电波特性、气象数据、电离层闪烁、大气衰减、业务量等专家知识库标准算法，也包括各类网络所涉及的卫星模型、星座模型、工作频段、转发器模型、站型、站型设备能力等数据库，网络运行支撑能力如图 12-1 所示。

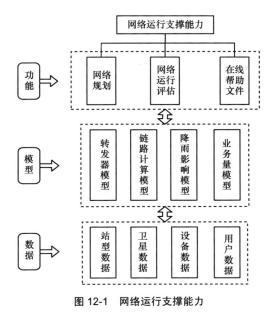

**图 12-1　网络运行支撑能力**

### 1. 基本功能

（1）网络规划

网络规划是根据用户需求，对使用的网络结构、技术体制、参数配置进行规划，不同的卫星、场景、用户需求，规划输入和结果不相同。

（2）网络运行评估

网络运行评估是根据网络的运行情况给出运行好坏的评判，帮助用户做出是否对网络进行调整、巡检等决策。

（3）在线帮助文件

在线帮助文件是为用户在线提供的系统使用说明，为用户熟练使用系统功能提供在线帮助支持。

### 2. 模型

（1）转发器模型

转发器主要分为透明转发器和再生处理转发器，转发器示意图如图 12-2 所示。图 12-2 中，透明转发器主要实现了星上信号放大、频率变换，而再生处理转发器除了信号放大、频率变换之外，还提供信号解调、交换、调制等功能。

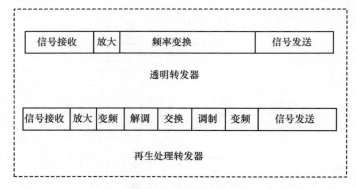

图 12-2　转发器示意图

透明转发器。根据频率变换的类型划分，透明转发器可细分为透明直通转发器和透明铰链转发器，透明转发器示意图如图 12-3 所示。图 12-3 中，透明直通转发器支持同频段频率变换，如特高频（Ultrahigh Frequency，UHF）频段、C 频段、Ku 频段、Ka 频段等；透明铰链转发器支持跨频段频率变换，如 C-S 铰链、Ka-Ku 铰链、UHF-Ka 铰链等。

<table>
<tr><td colspan="3" align="center">UHF透明转发器</td><td colspan="3" align="center">X频段透明转发器</td><td colspan="3" align="center">C透明转发器</td></tr>
<tr><td>389MHz接收</td><td>频率变换</td><td>347MHz发送</td><td>7.5GHz接收</td><td>频率变换</td><td>8.15GHz发送</td><td>6GHz接收</td><td>频率变换</td><td>4GHz发送</td></tr>
<tr><td colspan="3" align="center">Ku透明转发器</td><td colspan="3" rowspan="2" align="center">透明直通转发器</td><td colspan="3" align="center">Ka透明转发器</td></tr>
<tr><td>14GHz接收</td><td>频率变换</td><td>12GHz发送</td><td>30GHz接收</td><td>频率变换</td><td>20GHz发送</td></tr>
</table>

<table>
<tr><td colspan="3" align="center">通信C-S双向交链转发器</td><td colspan="3" align="center">Ka-Ku单向交链转发器</td><td colspan="3" align="center">通信Ka-Ku双向交链转发器</td></tr>
<tr><td>4GHz接收</td><td>频率变换</td><td>2170MHz发送</td><td>30GHz接收</td><td>频率变换</td><td>12GHz发送</td><td>30GHz接收</td><td>频率变换</td><td>12GHz发送</td></tr>
<tr><td>6GHz接收</td><td>频率变换</td><td>2170MHz发送</td><td></td><td></td><td></td><td>14GHz接收</td><td>频率变换</td><td>20GHz发送</td></tr>
<tr><td colspan="3" align="center">通信C-UHF双向交链转发器</td><td colspan="3" rowspan="2" align="center">透明铰链转发器</td><td colspan="3" align="center">通信UHF-Ka双向交链转发器</td></tr>
<tr><td>4GHz接收</td><td>频率变换</td><td>390MHz发送</td><td>30GHz接收</td><td>频率变换</td><td>400MHz发送</td></tr>
<tr><td>6GHz接收</td><td>频率变换</td><td>340MHz发送</td><td></td><td></td><td></td><td>400MHz接收</td><td>频率变换</td><td>20GHz发送</td></tr>
</table>

图 12-3　透明转发器示意图

透明转发器不进行信号的解调，只是将卫星上行链路的载波频率变换到卫星下行链路的载波频率，实现频率的搬移，频率变换模型为：

$$f_2 = f_0 + f_1 \tag{12-1}$$

其中，$f_0$ 为转发器上行接收链路频点，$f_2$ 为转发器下行发送链路频点，$f_1$ 为频差。

为降低卫星上行链路和下行链路变频实现复杂度，透明转发器上行频率、下行频率通常是成对选取的，以国际电信联盟无线电通信部门（ITU-R）《无线电规则》建议的频率划分区域 3 区为例，典型透明直通转发器频率关系见表 12-1，表 12-1 中没有特别说明的转发器频率范围同样适用于 1 区、2 区。

表 12-1　典型透明直通转发器频率关系

| 转发器类型 | 接收频率范围<br>/GHz | 发送频率范围<br>/GHz | 频差<br>/MHz | 备注 |
|---|---|---|---|---|
| C 频段透明转发器 | 5.925～6.425 | 3.7～4.2 | 2225 | 标准 C 500MHz |
|  | 6.425～6.725 | 3.4～3.7 | 3025 | 扩展 C 300MHz |
|  | 6.725～7.025 | 4.5～4.8 | 2225 | 规划 C 300MHz |
| Ku 频段透明转发器 | 14.0～14.5 | 12.25～12.75 | 1750 | 标准 Ku 500MHz，发送频率<br>1 区和 3 区使用 |
|  | 13.75～14.0 | 11.45～11.7 | 2300 | 扩展 Ku 250MHz |
|  | 12.75～13.25 | 10.7～10.95 | 2050 | 规划 Ku 500MHz，下行分<br>2 段，接收频率 3 区使用 |
|  |  | 11.2～11.45 | 1800 |  |
| Ka 频段透明转发器 | 27.5～31.0 | 17.7～21.2 | 9800 |  |

再生处理转发器。再生处理转发器与透明转发器最大的区别是实现了信号的星上调制、解调，同样支持同频段处理转发和跨频段处理转发，再生处理转发器示意图如图12-4所示。对再生处理转发器中，调制到上行链路的基带信号在再生处理转发器的解调器中被解调出来，并被调制到下行新载波上，上行链路、下行链路的频率没有直接对应关系。

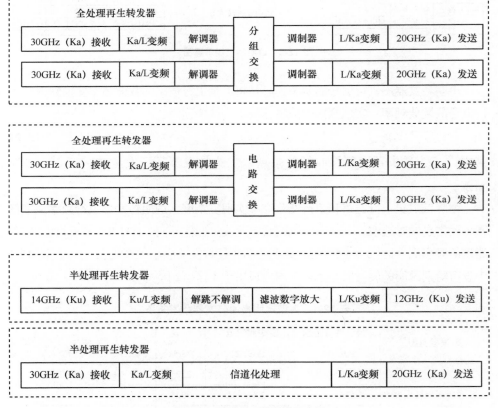

**图 12-4　再生处理转发器示意图**

（2）链路计算模型

卫星链路指在发射地球站和接收地球站之间经过一个卫星的卫星连接。其中，从发射站到卫星方向传输的链路为上行链路，从卫星到接收站方向传输的链路为下行链路。根据卫星转发器载荷的类型划分，卫星链路可分为透明转发卫星链路和再生处理卫星链路两类，链路计算的模型也有所不同。

① 透明转发卫星链路计算模型

典型的透明转发卫星链路一般由地球站信道编码、调制、上变频及功率放大、地球站发射、卫星接收、星上频率变换及功率放大、卫星发射、地球站接收、低噪声放大及下变频、解调、信道译码等组成，透明转发卫星链路信道模型如图 12-5 所示。

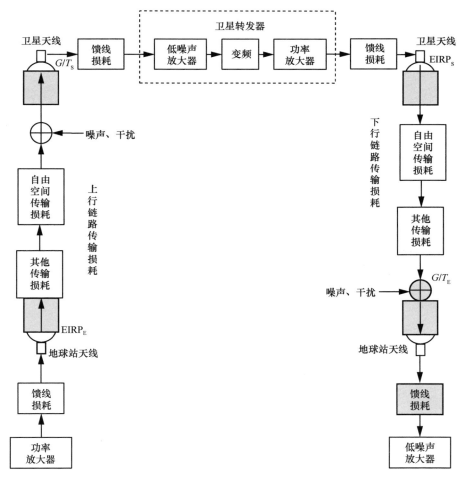

**图 12-5 透明转发卫星链路信道模型**

对于透明转发卫星链路预算，链路通信能力一般用上行载噪比、下行载噪比和总载噪比等表征。其中，上行载噪比表征卫星接收地球站发送信号的质量，是卫星接收机输入端信号载波功率与噪声功率的比值，由式（12-2）计算为：

$$\left[\frac{C}{N}\right]_u = [\text{EIRP}] - [L]_u + \left[\frac{G}{T}\right] - [k] - [B] \tag{12-2}$$

其中，u 表示上行链路，[EIRP] 表示地球站的有效全向辐射功率（Effective Isotropic Radiated Power，EIRP），$[L]_u$ 表示上行链路总损耗，$\left[\dfrac{G}{T}\right]$ 为卫星接收机 $G/T$，k 为玻尔兹曼常数，$B$ 为信号占用带宽。

下行载噪比表征地球站接收卫星发送信号的质量，是地球站接收机输入端的 $C/N$，由式（12-3）计算为：

$$\left[\frac{C}{N}\right]_d = [\text{EIRP}]_d - [L]_d + \left[\frac{G}{T}\right]_d - [k] - [B] \tag{12-3}$$

在卫星通信链路中，透明转发器相当于信号放大、衰减及噪声、干扰的累加，透明转发器卫星链路的总载噪比与上行载噪比、下行载噪比及各干扰信号载噪比有关，计算方法如下。

$$\left[\frac{C}{N}\right]_t^{-1} = \left[\frac{C}{N}\right]_u^{-1} + \left[\frac{C}{N}\right]_d^{-1} + \left[\frac{C}{N}\right]_I^{-1} \tag{12-4}$$

其中，$\left[\dfrac{C}{N}\right]_I$ 是由邻星干扰、交叉极化干扰以及卫星互调干扰等引起对卫星系统干扰的总和。考虑 ITU 关于干扰协调的相关规定对卫星系统开展设计，为卫星系统选择合适的工作点，工程计算典型值为 18dB。

② 再生处理卫星链路计算模型

由于星上进行了信号的解调、调制，上行链路、下行链路相互独立，再生处理卫星链路信道模型如图 12-6 所示。在具体链路计算时，上行链路、下行链路分别进行性能计算，计算模型与透明转发卫星链路基本一致。

（3）降雨影响模型

降雨对卫星通信的影响非常明显，特别是在 10GHz 以上的工作频段，降雨可能使传输链路承受巨大的衰耗，甚至造成通信中断，链路预算需要预留一定的降雨衰减量（以下简称"雨衰"）。雨衰与地理位置、链路可用度有很大的关系。假定 1 个地区 0.1%时间内降雨造成的衰减量为 12dB，就表示链路可用度为 99.9%时，降雨可能造成的链路衰减约为 12dB，如果要达到链路可用度为 99.9%，就要预留的雨衰余量为 12dB。

《ITU-R P.618-13 建议书》（2017）中给出了雨衰数据计算模型及步骤。通过计算可以得到全球任意地区、不同链路可用度对应的雨衰数据，链路可用度选择范围一般在 99.4%～99.9%，根据链路类型和业务需求合理确定，不同链路可用度要求预留的雨衰余量不同。通信行业标准 YD/T 2721—2014《地球静止轨道卫星固定业务的链路计算方法》中给出了常用的 C 频段、Ku 频段链路可用度选择范围要求，其中，C 频段为 99.9%～99.96%，Ku 频段为 99.5%～99.96%。

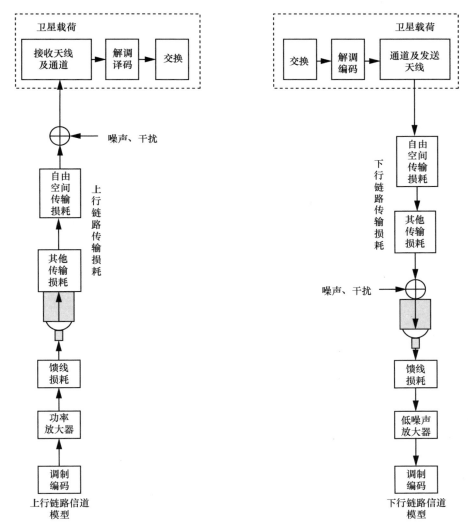

图 12-6 再生处理卫星链路信道模型

（4）业务模型

网络容量规划一般需要解决两个问题：一是给定满足用户需求的最高阻塞率，根据用户业务量，确定网络能提供的信道数；二是给定能提供的信道数，根据用户要求最高阻塞率，确定网络能提供的用户业务量。归纳一下，这都涉及业务模型。最早的卫星通信业务以电路域语音业务为主，随着宽带互联网业务的发展，卫星通信主要业务逐渐转变为分组业务。下面对电路域语音业务模型和分组业务模型分别进行描述。

对于电路域语音业务量（以下简称"话务量"），一般用单位时间爱尔兰（erl）表征，是单位时间用户呼叫次数平均值与平均通话占用时长的乘积，可以理解为平均同时发生的呼叫数，即平均同时占用的通路数，定义为：

$$A = \lambda \times \overline{t} \tag{12-5}$$

其中，$A$ 为话务量，单位为爱尔兰（erl）；$\lambda$ 为单位时间内用户呼叫次数平均值，一般取每天业务最繁忙期间统计值；$\overline{t}$ 为平均通话占用时长。

对于分组业务量，以单位时间比特数表征，单位为 bit/s，目前业界没有类似电路域语音业务爱尔兰-B 表这样统一、经典的话务量模型，考虑将单位时间比特数即数据吞吐量 $S$ 折算到等效爱尔兰话务量，折算计算式为：

$$S = A \times v \tag{12-6}$$

其中，$A$ 为数据业务的等效爱尔兰，$v$ 为数据业务平均速率。

通过等效爱尔兰方法，将多种类型业务等效为一种业务，构建一种业务模型，通过爱尔兰-B 表解决网络容量规划问题。

3．**数据**

（1）卫星天线波束数据

卫星部署于卫星通信系统的空间段，主要作用是通信中继，即地面站发出的信号均经过卫星进行中继，再转发到对方地面站。通信中继主要是由卫星天线波束及转发器完成的，其中卫星天线主要实现信号发射、信号接收，卫星天线的形状、种类、能力各不相同，但对通信传输的业务天线而言，无论是点波束天线还是区域波束天线，对通信任务的影响主要体现在覆盖范围以及天线的增益对 EIRP 的影响上。通常将卫星天线与波束作为一个整体来分析，并将卫星平台部分通信相关属性纳入卫星天线波束的属性，卫星天线波束属性数据见表 12-2。

## 表 12-2　卫星天线波束属性数据

| 天线波束类型 | 参数名称 | 单位 | 典型取值 |
|---|---|---|---|
| 区域波束 | 所在卫星 | — | |
| | 卫星性质 | — | 军事、商业、试验 |
| | 卫星轨道类型 | — | GEO、IGSO、MEO、LEO |
| | 卫星轨道高度 | km | GEO：36000<br>MEO：10000~15000<br>LEO：≤1500 |
| | 卫星轨道位置 | 度 | |
| | 轨道倾角 | 度 | |
| | 工作频段 | — | C、UHF、X、S、Ku、Ka、Q/V |
| | 发射频率范围 | MHz | |
| | 接收频率范围 | MHz | |
| | 波束边缘 EIRP | dBW | |
| | 波束边缘 $G/T$ | dB/K | |
| | 极化方式 | — | 线极化、圆极化 |
| | 覆盖范围 | — | 覆盖边缘圈的经纬度集合 |
| | 波束铰链关系 | — | 同频段透明转发、跨频段铰链转发、同频段处理转发、跨频段处理转发等类型对应的铰链波束列表 |
| | 波束移动性 | — | 固定、可移动 |
| 点波束 | 所在卫星 | — | |
| | 卫星轨道类型 | — | GEO、IGSO、MEO、LEO |
| | 卫星轨道高度 | km | GEO：36000<br>MEO：10000~15000<br>LEO：≤1500 |
| | 卫星轨道位置 | E | — |
| | 轨道倾角 | 度 | — |
| | 工作频段 | — | C、UHF、X、S、Ku、Ka、Q/V |
| | 发射频率范围 | MHz | — |
| | 接收频率范围 | MHz | — |
| | 波束边缘 EIRP | dBW | — |
| | 波束边缘 $G/T$ | dB/K | — |
| | 极化方式 | — | 线极化、圆极化 |
| | 频率复用 | — | 适用于多波束，如三色复用、七色复用等。 |
| | 中心经度 | E | — |
| | 中心纬度 | N | — |
| | 覆盖半径 | km | — |
| | 波束铰链关系 | — | 同频段透明转发、跨频段铰链转发、同频段处理转发、跨频段处理转发等类型对应的铰链波束列表 |
| | 波束移动性 | — | 固定、机械可移动、相控阵捷变 |
| | 波束类型 | — | 单波束、多波束 |
| | 是否可调零 | — | — |

（2）卫星转发器数据

透明转发器可分为同频段透明转发器和跨频段透明铰链转发器，典型透明转发器频率见表 12-3。

表 12-3　典型透明转发器频率

| 转发器类型 | 参数名称 | 典型值举例 | 典型取值范围 |
|---|---|---|---|
| C 频段透明转发器 | 接收频点 | 6GHz | 5.925～6.425GHz |
| | 发送频点 | 4GHz | 3.7～4.2GHz |
| | 带宽 | 36MHz | 36MHz |
| Ku 频段透明转发器 | 接收频点 | 14GHz | 14.00～14.50GHz |
| | 发送频点 | 12GHz | 12.25～12.75GHz |
| | 带宽 | 36MHz | 36MHz、54MHz |
| Ka 频段透明转发器 | 接收频点 | 30GHz | 27.50～31.00GHz |
| | 发送频点 | 20GHz | 17.70～21.20GHz |
| | 带宽 | 350MHz | 36MHz～500MHz |

典型转发器功率见表 12-4。

表 12-4　典型转发器功率

| 转发器类型 | 参数名称 | 单位 | 典型取值范围 |
|---|---|---|---|
| 透明转发器 | 有效辐射功率 EIRP 值 | dBW | — |
| | 品质因数 $G/T$ | dB/K | — |
| | 饱和通量密度 SFD | dBW/m² | $-95～-70$ dBW/m² |
| | 输入补偿 | dB | 6～7dB |
| | 输出补偿 | dB | 3～4dB |
| 处理上行转发器 | $G/T$ | dB/K | — |
| | 输入补偿 | dB | 6～7dB |
| 处理下行转发器 | EIRP | dBW | — |
| | 输出补偿 | dB | 3～4dB |

（3）地球站数据

地球站的基本作用是向卫星发送需要传输的信息，同时接收经过卫星转发的信息。不同的卫星通信系统一般配置不同的地球站资源，并通过地球站配置来支持不同技术体制的网系，各种不同的网系通过地球站或中心站的中转来实现互通。

卫星地球站具有多种分类方式，例如，按工作频段划分，卫星地球站可分为 C

频段站、Ku 频段站和 Ka 频段站等；按安装方式划分，卫星地球站可分为固定站和移动站；按业务范围划分，卫星地球站可分为国际通信卫星地球站和国内通信卫星地球站等。

卫星地球站通信相关属性主要包括站类型、工作频段、移动性、天线口径、天线效率、功放功率、所在经度、所在纬度、服务用户、用户优先级、支持的多址方式、编码/调制方式、业务类型、发送速率、接收速率、扩频比、工作状态等。地球站属性数据见表 12-5。

表 12-5　地球站属性数据

| 参数名称 | 单位 | 典型取值 |
|---|---|---|
| 地球站类型 | — | 固定站、车载站、机载站、舰载站、弹载站、箱式站、手持终端等 |
| 工作频段 | — | UHF、C、S、Ku、Ka、Q/V 等 |
| 工作频率范围 | MHz | — |
| 移动性 | | 固定、可移动 |
| 等效天线口径 | m | 0.1、0.6、0.9、1.2、1.8、2.4、3.7、4.5、7.3、9、13、15 等 |
| 天线效率 | % | — |
| 功放功率 | W | — |
| 所在经度 | E | — |
| 所在纬度 | N | — |
| 服务用户 | — | 政府、企业、个人 |
| 用户优先级 | — | |
| 多址方式 | — | FDMA、TDMA、CDMA |
| 编码方式 | — | 卷积码、R-S 码、交织码、级联码、Turbo 码、LDPC 码等 |
| 调制方式 | — | BPSK、QPSK、8PSK、16APSK、16QAM、32QAM、64QAM、128QAM、256QAM 等 |
| 业务类型 | — | 语音、传真、视频、IP 数据、同/异步等 |
| 发送速率范围 | kbit/s | — |
| 接收速率范围 | kbit/s | — |
| 扩频比 | — | |
| 工作状态 | — | 在用、空闲、故障 |

（4）传输网系数据

天基传输网络就是利用卫星通信链路将地球站互联起来，依照一定的技术体制和协议体系，实现信息交换和资源共享的系统。天基传输网系根据星上转发模式划分，可分为透明网和处理网；根据采用的多址方式划分，可分为 TDMA 网、FDMA 网、CDMA 网；根据传输的业务速率及支持的用户类型划分，可分为宽带网、移动网；根据接入对象划分，可分为骨干网、接入网；根据服务对象划分，可分为专用网络、通用网络。

传输网系的主要属性包括支持的工作频段、星上转发方式、多址方式、业务速率、地球站类型等，传输网系属性数据见表 12-6。

表 12-6　传输网系属性数据

| 参数名称 | 单位 | 典型取值 |
|---|---|---|
| 星上转发方式 | — | 透明、处理 |
| 工作频段 | — | 激光、微波各频段 |
| 多址方式 | — | SCPC/FDMA、MCPC/FDMA、TDMA、MF-TDMA、CDMA |
| 业务速率 | — | 高速、中低速 |
| 上行速率范围 | kbit/s | — |
| 下行速率范围 | kbit/s | — |
| 地球站类型 | — | 固定站、车载站、机载站、舰载站、弹载站、箱式站、手持终端等 |
| 网络类型 | — | 骨干网、接入网 |
| 业务类型 | — | 宽带业务、移动业务 |
| 服务对象 | — | 政府、企业、个人等 |
| 网络拓扑结构 | — | 星状网、网状网、混合网 |

（5）链路计算数据

链路计算数据包括输入数据、输出数据，链路计算输入数据见表 12-7，链路计算输出数据见表 12-8。

表 12-7　链路计算输入数据

| 参数类别 | 参数名称 | 单位 |
|---|---|---|
| 卫星转发器参数 | 轨道位置 | E |
| | 星地距离 | km |
| | 上行中心频率 | GHz |
| | 下行中心频率 | GHz |
| | 转发器带宽 | MHz |
| | $EIRP_S$ | dBW |
| | $(G/T)_S$ | dB/K |
| | 饱和通量密度 | $dBW/m^2$ |
| | 输入补偿（Boi） | dB |
| | 输出补偿（Boo） | dB |

（续表）

| 参数类别 | 参数名称 | 单位 |
|---|---|---|
| 发站参数 | 经度 | E |
| | 纬度 | N |
| | 天线口径 | m |
| | $EIRP_E$ | dBW |
| 收站参数 | 经度 | E |
| | 纬度 | N |
| | 天线口径 | m |
| | $G/T$ | dB/K |
| 载波参数 | 调制方式 | — |
| | 编码方式 | — |
| | 带宽系数 | — |
| | 门限信噪比 $E_b/N_0$ | dB |
| 其他 | 设计余量 | dB |

表 12-8　链路计算输出数据

| 参数类别 | 参数名称 | 单位 |
|---|---|---|
| 链路能力 | 站型 | — |
| | 传输速率 | bit/s |
| | 调制编码方式 | — |
| | 每载波发送功率 | W |
| | 功率余量 | dB |
| | 占星功率 | % |
| | 占星带宽 | % |
| 地球站能力 | 天线口径 | m |
| | 功放大小 | W |
| | 多载波补偿 | dB |
| | 载波速率 | — |
| | 载波路数 | — |
| | 功率余量 | dB |

## 12.1.3　基于透明转发器的传输网络辅助决策

### 1. 网络场景想定

基于透明转发器的宽带传输网络场景想定如图 12-7 所示。基于 Ku/Ka 频段透明转发器，可以组建多张网络，支持常态运行网络、用户专用通信网络。

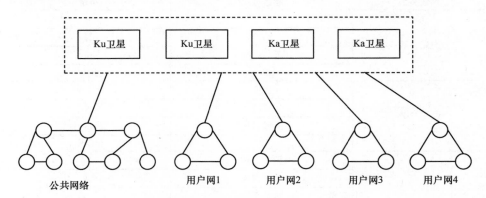

图 12-7　基于透明转发器的宽带传输网络场景想定

### 2. 网络约束条件想定

- 转发器条件：Ku/Ka 区域波束；Ku/Ka 机械可移动点波束。
- 转发器能力：$EIRP_{Ku}$ 为 44dBW，$EIRP_{Ka}$ 为 52dBW；$G/T_{Ku}$ 为 $-0.5$dB/K，$G/T_{Ka}$ 为 8dB/K。
- 转发器带宽条件：Ku 36MHz、72MHz；Ka 72MHz、300MHz。
- 地球站条件：Ka/Ku 双频段。
- 天线口径：0.5～9m。
- 信道类型：FDMA、MF-TDMA。
- 设备配置：中心主站主备、远端站单信道、各站具有监控单元。

### 3. 网络规划功能实现

网络规划根据输入的用户需求信息、卫星信息、地球站信息等，调用基于透明规划算法模型，选择适用的技术体制，并输出相应的网络参数，网络规划功能实现如图 12-8 所示。

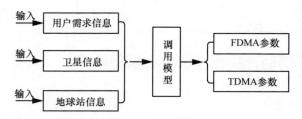

图 12-8　网络规划功能实现

基于透明转发器组网，上行链路载波直接频率搬移到下行链路，总的链路通信能力受上行链路、下行链路的共同影响，地球站一般使用相同的收发波束，网络规划的特点主要体现在以下几个方面。

上行链路、下行链路采用相同的多址方式，基于透明转发器组网，载波链路一般考虑采用 MF-TDMA、FDMA 多址方式，支持中低速率业务。

支持的网络拓扑结构包括单波束星状网、单波束网状网、多波束星状网、多波束网状网以及混合网等。

透明转发器链路计算要以满足功带平衡为原则，即链路占用卫星功率的比例应与其占用卫星带宽的比例相当，结合气象信息、干扰信息等对上行链路、下行链路能力进行综合考虑，计算总的链路最大通信能力。

（1）网络规划过程

基于透明转发器的网络规划过程如图 12-9 所示，主要包括业务量分析、波束覆盖分析、载波参数规划、链路计算、载波定频等过程。

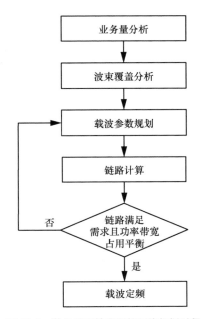

图 12-9　基于透明转发器的网络规划过程

**步骤 1**　*业务量分析*

业务量分析主要是根据地球站数量、互通关系、业务类型、业务量等，确定网络规模、拓扑结构、总业务量等。一般支持的业务类型包括语音、传真、视频、IP数据、帧中继、同/异步等，根据地球站的互通关系，分别统计各类业务的速率及路数需求，得出每个地球站的收发业务速率需求。

**步骤2** 波束覆盖分析

基于透明转发器组网，一般支持单波束、多波束组网，在进行波束覆盖计算时，根据每个地球站的经纬度、工作频段、互通关系以及波束覆盖范围，通过立体几何方法进行计算，确定覆盖所有地球站可选的波束组合。

波束覆盖计算的输入为参与组网通信的每个地球站的经纬度、支持的工作频段等信息，以及卫星资源库中提取的 Ku/Ka 区域波束、机械可移动点波束的覆盖范围。区域波束的覆盖范围一般为波束边缘圈的经纬度数据集，机械可移动点波束的覆盖范围一般为卫星对地视场。

**步骤3** 地球站规划

参与通信地球站一般由通信用户指定或根据工作频段、业务速率、机动性要求、通信区域等从地球站装备库中匹配选择。对于通信用户指定的情况，网络规划只需要从装备库中提取载波参数规划、链路计算相关的参数即可。对于需要规划选择的地球站，要考虑通信能力、机动性和成本等多种因素。

- 通信能力规划。地球站支持的工作频段、最大通信速率需要满足相应的通信发送、接收业务量需求。
- 机动性规划。根据任务通信方式、活动区域、归属部门等，匹配选择固定站、车载站、机载站、舰载站、箱式站、手持站等站型。
- 成本规划。选择满足通信需求、最低成本的站型，一般而言，手持站、箱式站、车载站、舰载站、机载站、固定站等站型的成本依次增大。

**步骤4** 载波参数规划

载波参数规划主要包括载波数量、速率等规划，与卫星链路采用的多址方式相关，典型的透明转发器组网多址方式包括 MF-TDMA、FDMA 等。下面针对两种多址方式载波参数规划的内容及原则进行说明。

MF-TDMA 载波参数规划主要是根据收/发地球站通信能力、互通业务需求确定载波的数量、带宽、值守的地球站等。规划遵循的主要原则如下。

- 载波速率总和应不小于全网总信息速率。
- 在卫星链路允许的条件下，尽量采用高速载波。考虑帧结构头开销，高速载波比低速载波的传输效率高。另外，卫星资源分配时，载波之间还要留出频率间隔。因此，在卫星链路允许（依据卫星链路计算）的条件下，同样满足信息传输需求时，尽量采用数量较少的高速载波。

- 若全网站型能力强（依据卫星链路计算），可采用数量较少的较高速率载波；若全网包含能力弱的小站，可采用数量较多的高/中/低速率载波，少量高速率载波比多数低速率载波的频率资源利用率要高。

FDMA 载波参数规划主要是根据收/发地球站通信能力、互通业务需求确定控制信道和业务信道的数量、带宽等。FDMA 控制信道一般前向传输采用 TDM 信道复用方式，同时发送给多个地球站，返向传输采用 ALOHA 信道，地球站竞争接入；业务信道通常采用 SCPC 方式（单路单载波）。

TDM 信道规划主要是根据参与通信的地球站数量、TDM 信道结构等确定 TDM 信道速率、数量和带宽；ALOHA 信道规划主要是根据地球站数量、业务接入频度及 ALOHA 信道结构、ALOHA 信道碰撞预测模型等确定 ALOHA 信道速率、数量和带宽等；业务信道主要是根据互通需求、地球站能力动态分配。规划遵循的主要原则如下。

- 信道的带宽和速率由组网地球站中发射能力最弱（EIRP 最小）的站决定。
- 将天线口径相近的远端站终端安排在相同的信道上。

**步骤 5** 链路计算

透明转发器组网链路通信能力由上行链路通信能力、下行链路通信能力联合确定，需要结合气象信息，使用满足通信需求、覆盖需求的卫星转发器参数，进行总的链路通信能力计算，结果应满足链路可用度要求，且功率带宽占用基本平衡。透明转发器链路计算的输入/输出如图 12-10 所示。

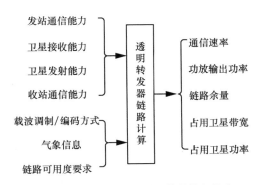

**图 12-10　透明转发器链路计算的输入/输出**

计算输入为可用卫星转发器信息（根据波束覆盖分析得到的可用波束组合确定）、参与通信的地球站信息（站型规划结果）。其中，卫星转发器信息包括转发器上行链路的频率、带宽、$G/T$、饱和通量密度、输入补偿取值、下行链路的频率、带宽、EIRP、输出补偿取值等；发站地球站信息包括经纬度、天线口径、工作频段、EIRP、功放多载波输出回退等；收站地球站信息包括经/纬度、工作频段、$G/T$ 等。

链路计算根据发站通信能力、收站通信能力、卫星发射能力、卫星接收能力，以及发站、收站所在区域的气象信息，考虑发站载波发射功率不能超过功放功率、卫星载波占用功率不能超过卫星最大 EIRP（考虑输出补偿）、链路可用度满足要求、功带平衡等约束条件，计算发站、收站通信能够支持的最大速率，以及此时载波调制编码方式、地球站载波输出功率、占用卫星带宽、占用卫星功率等。

链路计算结果结合收站、发站互通业务需求、拟值守的载波，最终确定载波的带宽、值守的地球站，以及收发站能够发送的业务速率。

**步骤 6** 载波定频

确定满足网内业务需求的载波数量、载波带宽后，需要从可用的卫星资源中选择确定载波使用的频段（中心频点、带宽），一般以各载波干扰最小、碎片最少为原则进行规划，主要如下。

- 频率资源充足存在大块连续转发器资源时，采用大载波排两边、小载波排中间的马鞍型排列方式，该种排列方式互调干扰最小。
- 不存在大块连续转发器资源时，采用见缝插针方式，以资源碎片最少为原则进行载波排列。

载波定频：很难通过定性的判定或简单的计算就实现载波排列最优，一般考虑将该问题转化为转发器各载波干扰最小、碎片最少等为约束条件的时间、频率二维最优解问题。遗传算法、粒子群算法、蚁群算法等是目前较为成熟、常用的最优解算法。

（2）网络规划输入/输出数据

网络规划输入/输出数据类别主要包括用户数据、地球站数据、卫星数据、设备数据等，网络规划输入数据见表 12-9。

表 12-9 网络规划输入数据

| 数据类别 | 典型取值 |
|---|---|
| 用户数据 | 网络运行起止时间、覆盖区域、优先级、业务互通需求（如互通关系、速率、路数等） |
| 地球站数据 | 地球站类型、天线口径、功放功率、位置（或限定的活动区域） |
| 卫星数据 | 卫星轨位、高度、波束频段、波束类型、波束覆盖范围、EIRP、$G/T$、转发器类型（透明转发器、处理转发器）、上行频率、下行频率、资源占用情况 |
| 设备数据 | 信道设备支持的调制、编码方式、信道路数、速率、端口及协议类型、设备数量、工作状态、使用情况 |

**4. 网络运行评估功能实现**

网络运行评估根据基于透明转发器的宽带传输网络的特点，构建可以用来评估/预测天基传输网络运行情况以及卫星转发器资源使用情况的指标体系模型和评估算法模型，对网络运行数据进行分析，评估系统可用度、系统容量、业务服务质量、转发器使用性能等，评估结果可以用于辅助设备巡检优化、地面网络配置优化、卫星资源分配优化调整等。网络运行评估功能实现如图 12-11 所示。

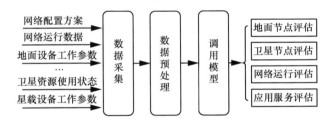

图 12-11 网络运行评估功能实现

基于透明转发器的宽带传输网络运行评估区别于其他网络评估的原因主要是评估的内容即评估指标体系的构建，包括以下 4 个方面：

- 评估宽带卫星透明转发器资源的功率带宽分配、使用是否平衡；
- 评估波束内不同优先级用户、不同业务的传输能力；
- 对预分配资源的使用情况进行评估；
- 受干扰通信能力重点评估干扰规避能力。

针对透明转发器组网特点，以系统性、客观性和层次性为原则，构建涵盖面向节点、网络和应用的分层分级的宽带卫星通信网络评估指标体系，基于透明转发器组网的网络运行评估指标体系如图 12-12 所示。

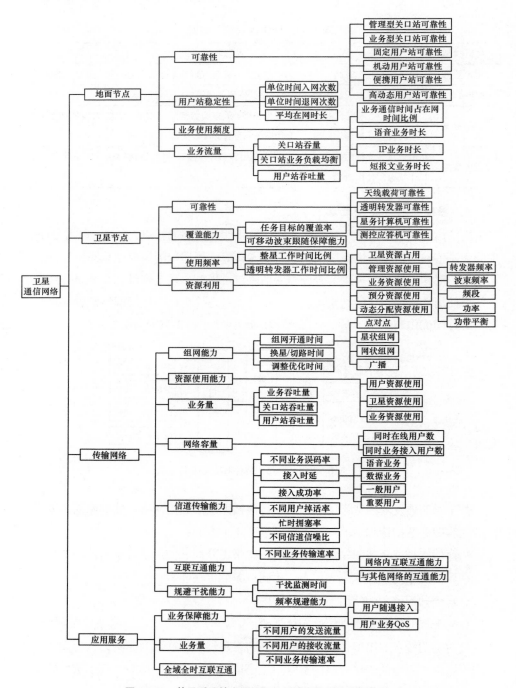

图 12-12　基于透明转发器组网的网络运行评估指标体系

网络运行评估通过定量、定性分析卫星通信系统当前运行状态，定位系统的薄弱环节，提升系统整体能力。

**5. 网络运行评估输入/输出数据**

网络运行评估输入数据见表 12-10，网络运行评估输出数据见表 12-11。

表 12-10　网络运行评估输入数据

| 数据类别 | 输入数据 |
|---|---|
| 资源使用数据 | 卫星、波束、转发器、频段、时隙、占用时间段 |
| 网络拓扑及流量数据 | 网络节点互通关系、互通链路是否正常、时延、误码率、互通用户（地球站）、业务方向、起止时间、业务类型、业务量、业务 QoS |
| 网络运行事件 | 通话事件、入/退网事件、资源申请事件、故障告警事件、网络配置变更事件 |
| 地球站及设备数据 | 地球站属性、支持的业务类型、入网时间、退网时间、在网时长、各设备告警信息、MTBF |
| 卫星遥测数据 | 卫星载荷工作状态、告警数据 |
| 频谱监测数据 | 卫星、波束、转发器、频段、频段占用、时隙占用、功率占用 |
| 其他 | 用户需求变更信息、系统自运行信息 |

表 12-11　网络运行评估输出数据

| 数据类别 | 输出数据 |
|---|---|
| 地面节点运行效能 | 节点工作可靠性、稳定性、业务使用频度、业务量、安全防护能力等 |
| 卫星节点运行效能 | 卫星工作的可靠性、覆盖能力、频率资源使用、功率资源使用等 |
| 快速组网能力 | 网络开通时间、网络换星时间、链路中断的拓扑重构时间、终端动态入网、退网、转网时间 |
| 业务承载能力 | 支持的业务类型、业务流量、业务 QoS、使用的卫星和关口站的吞吐量等 |
| 资源利用能力 | 预分配频率资源和功率资源使用能力、动态分配资源使用能力、不同体制网络资源使用能力、不同用户资源使用能力 |
| 业务传输能力 | 随遇接入能力、波束切换能力、路由交换能力 |
| 全域互通能力 | 网内互联互通、与其他地面网络的互联互通 |

## 12.1.4　基于处理转发器的传输网络辅助决策

**1. 网络场景想定**

基于处理转发器的宽带传输网络场景想定如图 12-13 所示。基于 Ka 频段以及后续的 Q/V 频段处理再生转发器，单星一般只组建一张网，服务骨干节点用户、中/大型关口站间的大容量交换。

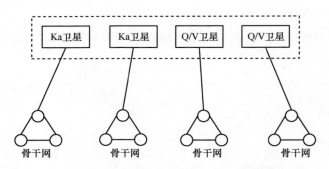

**图 12-13 基于处理转发器的宽带传输网络场景想定**

### 2. 网络约束条件想定

- 转发器条件：Ka、Q/V 机械可移动点波束；Ka、Q/V 区域波束。
- 转发器能力：$EIRP_{Ka}$ 为 53dBW，$EIRP_{Q/V}$ 为 67dBW；$G/T_{Ka}$ 为 12dB/K，$G/T_{Q/V}$ 为 24dB/K。
- 转发器带宽条件：Ka 为 300MHz、450MHz；Q/V 为 350MHz。
- 地球站条件：Ka 频段或 Q/V 频段。
- 口径：4.5～13m。
- 信道类型：上行 FDMA、MF-TDMA，下行 TDM。
- 设备配置：中心主站主备、远端站单信道、各站具有监控单元。

### 3. 网络规划功能实现

基于处理转发器组网，上行链路、下行链路相对独立，网络规划时需要分别考虑。网络规划就是对参与组网通信的地球站使用的上行链路、下行链路资源进行规划，并对地球站终端参数进行规划，使地球站可以使用链路资源进行通信。区别于基于透明转发器组网，基于处理转发器组网规划的特点主要包括以下方面。

上行链路、下行链路可以采用不同的多址方式。可以采用上行 FDMA/下行 TDM、上行 MF-TDMA/下行 TDM、上行 CDMA/下行 SCPC 等链路多址方式组合，其中，上行 FDMA/下行 TDM、上行 MF-TDMA/下行 TDM 的链路多址方式变换，将上行链路多个窄带载波合路为单个下行链路宽带载波，可以降低单个地球站的发射功率；并且由于下行链路单载波工作，卫星可以工作在饱和点，输出较高的 EIRP，降低对地球站接收能力的要求。

上行链路、下行链路分别计算通信能力。上行链路、下行链路相对独立，通信能力间没有直接关系，需要采用基于处理转发器的链路计算模型，分别对上行链路、下行链路最大支持的通信速率进行计算。

支持星上路由交换。部分卫星处理转发器具备基带信号处理和交换能力，上行链路信号经过调制、译码后，按照交换策略，将信号进行再编码、调制，由下行链路发送到地面。需要针对分组交换网进行规划，如对天基传输网络的各个通信节点规划 IP 地址、初始路由表等。

下面针对业务量分析、波束覆盖分析、载波参数规划、链路计算及载波定频等步骤，分别说明基于处理转发器的网络规划过程。

**步骤 1　业务量分析**

基于处理转发器的宽带传输网络支持的业务类型包括语音、传真、短消息、数据、视频等，由于存在多个上行链路载波合成一个下行载波的情况，因此，需要对每个地球站上行链路、下行链路每类业务的流量需求分别进行统计汇总、计算分析。

**步骤 2　波束覆盖分析**

基于处理转发器支持单波束、多波束组网，根据参与通信地球站的互通关系，确定发送地球站集合、接收地球站集合，根据发站和收站的经纬度分别确定上行链路使用的接收波束和下行链路使用的发送波束。接收波束、发送波束均可以是一个波束或多个波束。通常而言，卫星设计时，接收波束带宽相对较窄，可以支持发射能力较弱的地球站中/低速率接入；发送波束带宽相对较宽，支持高速率载波下传。

**步骤 3　地球站规划**

处理转发器组网服务的主要用户为中/大型关口站、重要的通信保障用户，一般在组网需求中直接指定，不需要进行规划。

**步骤 4　载波参数规划**

由于基于处理转发器组网，上行链路、下行链路支持采用不同的多址方式，因此需要独立设计。为降低地球站发射和接收能力的要求，卫星上行链路一般采用窄带载波，支持中/低速率接入，降低地球站 EIRP 要求，提高链路余量，抵抗雨衰、外部干扰等不利条件。下行链路采用宽带载波，使卫星功放工作在饱和点，提供卫星 EIRP，降低地球站 G/T 要求，提高链路抵抗雨衰的能力。

上行链路载波参数规划时，根据地球站对多址方式的支持能力，考虑采用 MF-TDMA、FDMA 等多址方式，具体的参数规划方法及原则与基于透明转发器组网规划相同。

下行链路载波规划时，多采用 TDM 宽载波。根据下行链路的通信需求，确定载波的带宽、数量等（需要结合链路计算）。

**步骤 5** 链路计算

基于处理转发器组网，根据发站通信能力、卫星接收能力、上行链路气象信息，确定上行链路支持的最大通信能力；根据卫星发射能力、收站通信能力、下行链路气象信息，确定下行链路支持的最大通信能力。处理转发器链路计算的输入/输出如图 12-14 所示。

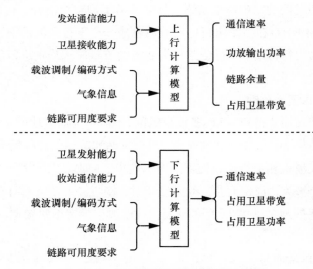

**图 12-14 处理转发器链路计算的输入/输出**

链路计算输入的发站能力参数包括 EIRP、天线口径、功放多载波回退取值、支持的调制方式、编码方式。卫星接收能力参数包括频率、带宽、G/T、输入补偿。卫星发射能力参数主要是频率、带宽、EIRP、输出补偿。收站能力参数包括 G/T、支持的解调方式、译码方式等。

计算上行链路时，需要考虑发站载波发射功率不能超过功放功率、链路可用度满足要求等约束条件，计算发站能够支持的最大通信速率以及载波采用的载波调制/编码方式、占用卫星带宽等。

计算下行链路时，需要考虑卫星载波占用功率不能超过卫星最大 EIRP（考虑输出补偿）、链路可用度满足要求等，计算收站能够收到的最大通信速率以及此时的载波采用的载波调制/编码方式、占用卫星带宽、占用卫星功率等。

根据链路计算的结果最终确定上行链路的带宽（取决于发射能力最弱的值守地球站）、数量以及下行链路的带宽、数量等（取决于卫星发射能力以及接收能力最弱的地球站）。

**步骤 6**　载波定频

规划方法同第 12.1.3 节所述。

#### 4. 网络运行评估功能实现

对于不同的天基传输网络，网络运行评估的方法基本相近，但是不同天基传输网络使用的卫星资源、链路技术体制、地球站使用方式等可能不同，影响天基传输网络高效运行、良好运行的要素有所区别，需要构建能够表征这些要素的指标体系模型。基于处理转发器的网络运行评估重点需要关注的方面如下。

（1）馈电链路、用户链路、星间链路资源使用分别评估。馈电链路、星间链路对于处理转发卫星系统来说为骨干传输链路，链路使用相对连续；而用户链路通信数据具有突发性、不连续性，需要对两类链路分别评估。

（2）馈电链路、用户链路上行、下行频率资源使用分别评估。处理转发器上行、下行链路分配的资源不同、占用载波链路的地球站发送或接收的业务速率不同，因此，上行、下行资源使用不对等，需要分别评估，方便后续有针对性地指导网络资源调整。

（3）卫星节点发送、接收吞吐量分别考虑。

（4）关注地面站业务通信发送速率、接收速率是否满足 QoS 要求。

（5）关注星上处理交换能力。卫星处理转发器可能采用电路交换、ATM、IP等分组交换模式，针对每种模式下的交换速率、端口数、交换容量、丢包率等进行评估。

处理转发器的网络运行评估指标体系如图 12-15 所示。同时，根据处理转发器组网评估的关注点，调整指标的权重模型。

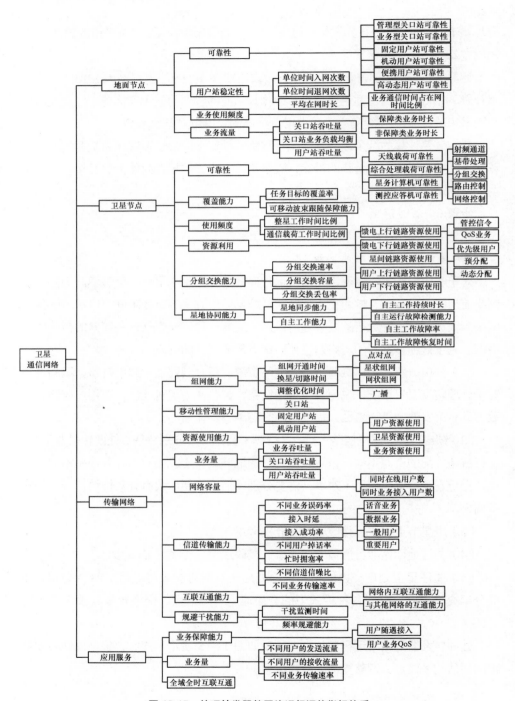

**图 12-15 处理转发器的网络运行评估指标体系**

# |12.2 综合服务 |

## 12.2.1 能力需求

早期的网络综合服务主要采用人工电话被动值守方式，值勤人员接到用户来电后，采用口述方式解答用户问题，或根据用户需求查询和操作网管系统、用户资料表以及若干值勤等级资料开展相应服务。早期的网络综合服务在一定程度上满足了服务用户的需求，但服务过程缺少规范化、自动化的业务处理系统，业务受理对个人经验的依赖性较强，服务质量因人而异，服务标准统一性、流程规范性不足，用户体验有待提高，岗位往往没有专业性的划分，不利于专业化人才队伍的培育建设。

为了满足卫星通信用户"响应快速、处理专业、服务高效"的服务需求，天基传输网络已朝着面向一线客服岗位提供自动化、智能化的综合服务方向快速发展，切实提升了用户服务保障水平，有效促进了网络效能的发挥，对网络整体能力提升具有重要的实用价值。其价值主要体现在用户服务的接入、处理和管理方面。

**1. 服务接入方面**

（1）建设统一呼叫接入平台，提供统一服务号码

建设统一呼叫接入平台，具备完善的统一排队、智能路由等呼叫管理策略，可集中受理卫星通信用户的服务请求。统一呼叫接入平台向外提供一个唯一的服务号码，当用户遇到任何卫星通信中的问题时，只需要直接拨打该服务号码即可，极大地方便了用户的服务接入过程。

（2）提供语音、Web、短消息等多种服务方式

实现面向卫星通信用户的多种服务方式（如语音、Web、短消息等），丰富的服务接入方式使得卫星通信用户可以更加便捷、广泛地获取服务支持，扩大服务覆盖范围。

（3）提供自助语音、网络、短信服务，减轻人工压力

加强自助的语音、网络、短信服务能力，与人工服务相结合共同提供服务保障。自助服务的引入可在一定程度上减少人工服务访问量，由于其服务过程无须人工干预，大大减轻了服务人员的工作压力。同时，自助服务可提供 $7 \times 24h$ 的不间断服务，

为卫星通信用户提供极大便利。

（4）提供话务分析和来电提示功能，提升用户体验

依托呼叫接入平台的建设，提供话务分析能力以支持用户二次呼入时优先接入上次的人工座席，减少问题的重复沟通，提升用户体验。另外，来电提示功能使得在用户呼叫接入时人工座席可自动获取用户相关的基本信息，方便与用户沟通，对用户提出的一些常见的基本信息查询请求提供快速反馈能力。

**2. 服务处理方面**

（1）建立服务内容体系，统一标准化描述

通过对天基传输网络服务内容的梳理、归类及统一描述，形成标准化的服务内容体系，服务人员可根据此体系将用户反馈的问题归入体系中的某一服务内容。系统的功能设计依据该服务内容体系展开，形成系统能力与服务内容互相映射的天基传输网络综合服务系统。

（2）设计面向服务的标准化流程，形成服务规范

针对服务内容体系中的各项服务内容，通过在天基传输网络综合服务系统中设计相应功能，实现服务的标准化处理流程，服务人员在为用户提供服务时，按照既成的规范流程开展工作，极大限度避免了个人经验和能力不同导致的服务质量参差不齐的问题，同时降低了服务处理的复杂度，提高了服务效率。

（3）实现信息集中处理，简化信息获取

根据用户的实际服务需求，采集各个卫星网络的配置数据、运行数据等信息，对同类信息进行统一的格式化处理和存储，并为系统用户提供标准化的信息检索能力，大大简化信息获取的步骤，改变信息分散、查询复杂的服务现状。

（4）设计业务自动化处理流程，提高服务效率

通过工单管理等功能设计，将复杂业务处理和工作流转的过程进行标准化、流程化，并完成自动化设计实现，大大降低业务处理复杂度，提高服务效率。另外，工作的流转处理可以使得内部各岗位人员更直观清晰地交互，有助于内部人员合作，共同解决用户问题。

**3. 服务管理方面**

（1）设计服务岗位设置，有效组织服务力量

依托天基传输网络综合服务系统建设，从用户服务、后台值勤、系统维护等各个角度开展服务岗位的分工设计，通过合理分配岗位职责、制定岗位值勤时间等管

控措施，实现对用户服务保障力量的有效组织。

（2）提供服务监督能力，保证服务质量

提供多种面向服务的监督管理方法。用户方面，可以对所接受的服务进行评价，也可以通过系统向服务中心提交改善意见；管理者方面，可以实时监控座席状态、事后回放通话录音等。通过多种监督手段的有机结合，有力保证服务质量。

## 12.2.2　主要功能

天基传输网络综合服务功能组成如图 12-16 所示，包括人工座席、用户接入、网络服务平台、业务处理、数据库等。

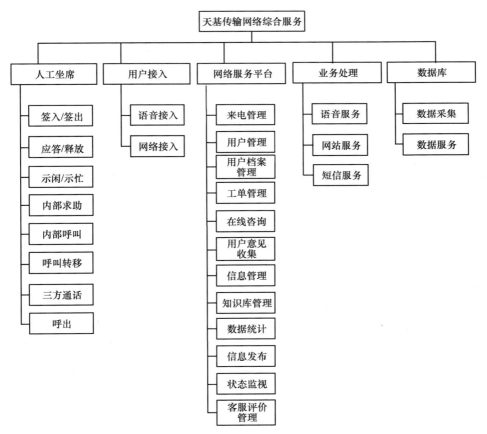

图 12-16　天基传输网络综合服务功能组成

（1）人工座席

人工座席提供人工电话服务，包括签入/签出、应答/释放、示闲/示忙、内部求助、内部呼叫、呼叫转移、三方通话、呼出等功能。人工座席可通过网络服务平台进行信息查询以完成人工服务，还可以通过网络服务平台进行自动外呼、工单转移等操作。

（2）用户接入

用户接入提供语音接入和网络接入服务。其中，语音接入负责系统的语音接入，具备智能排队、座席选择等能力，提供自助导航、语音应答以及转人工服务等功能；网络接入负责外部用户的网络访问接入以及短消息的收发等。

（3）网络服务平台

网络服务平台提供综合服务的人机交互入口，为人工座席以及外部用户提供Web服务。网络服务平台提供来电管理、用户管理、用户档案管理、工单管理、在线咨询、用户意见收集、信息管理、知识库管理、数据统计、信息发布、状态监视、客服评价管理等功能。

（4）业务处理

业务处理提供语音服务、网站服务和短信服务。其中，语音服务主要接收来自用户接入的自助语音服务请求，完成用户的来电身份识别、自助应答等功能；网站服务主要接收来自网络服务平台的业务处理请求，完成自助查询、即时通信等业务流程；短信服务主要接收通过用户接入进入系统的短信信息，并根据短信服务申请进行业务处理，以短信形式进行反馈响应。

（5）数据库

数据库提供数据采集和数据服务功能。其中，数据采集主要完成与外部系统的接口适配，负责从外部数据源获取各类信息；数据服务主要为业务处理提供数据增、删、改、查的操作服务接口。

## 12.2.3 信息模型

天基传输网络综合服务是一个综合服务平台，同时也是一个信息综合管理平台，是对各类卫星通信信息的集中、格式化统一管理。集成的信息包括用户档案信息、工单信息、卫星通信基础知识、系统状态信息、卫星信息、网系信息等，天基传输网络综合服务信息模型示意图如图12-17所示。

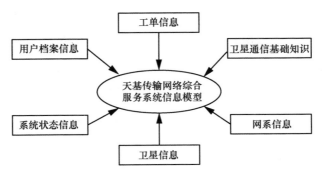

图 12-17　天基传输网络综合服务信息模型示意图

（1）用户档案信息

用户档案信息主要是卫星通信终端用户的档案信息，包括终端用户的隶属单位信息、终端装备型号信息、终端联系人信息等，为系统人工座席提供关于终端用户的基础信息。

（2）工单信息

工单信息主要是根据天基传输网络服务内容而设计的，用于承载用户服务申请的信息模型，用于完整表征卫星通信领域常见的故障排查、业务申请等用户服务请求信息，并支持描述在不同岗位人员之间进行流转、处理、闭环等一系列操作过程。

（3）卫星通信基础知识

卫星通信基础知识主要是卫星通信领域常用的知识信息，包括各站型终端装备的参数配置流程、开通架设方法、常见故障的原因、故障排查方法、入网/退网申请流程、停检/复检申请流程、通播业务申请流程、地面网中继呼叫方法、卫星通信网间呼叫方法等。

（4）系统状态信息

系统状态信息主要是对综合服务系统本身运行状态的表征，用于帮助系统的管理维护人员及时、全面地了解系统状态，开展维护工作，包括软/硬件运行状态、系统访问记录信息等。

（5）卫星信息

卫星信息主要是通信卫星相关配置信息，用于帮助人工座席了解卫星信息，为卫星通信用户提供咨询服务。卫星信息包括卫星转发器配置、卫星频率资源、卫星波束配置、卫星波束覆盖信息等。

（6）网系信息

网系信息主要是指网络参数信息和网络运行信息，用于支持用户问题咨询和故障排查等业务。其中，网络参数信息包括所属卫星、通信资源参数、业务参数等配置信息；网络运行信息包括网络通信记录、资源使用记录、网内终端位置信息、网内终端状态等网络运行过程中产生的记录、状态信息。

## 12.2.4  主要服务方式

为使卫星通信用户能够更加便利地接入服务，同时为服务人员合理地减少工作量，提高整体服务效能，天基传输网络综合服务系统为用户提供丰富的服务接入渠道和人工与自助相结合的多样化服务方式。主要服务方式包括人工语音服务、自助语音服务、网络服务和短信服务，主要服务方式组成如图 12-18 所示。

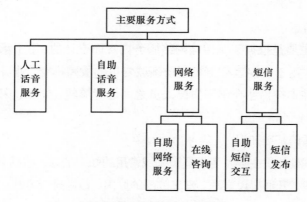

图 12-18　主要服务方式组成

### 1.人工语音服务

语音服务为用户提供统一的语音服务接入能力，是天基传输网络综合服务系统的主要工作场景之一。当用户有问题咨询或业务申请时，可以呼入天基传输网络综合服务系统，并根据导航语音通过按键获取人工服务。

### 2.自助语音服务

自助语音服务为用户提供语音呼入的自动应答能力，能够有效减少人工座席的压力，提升系统的服务容量。当用户需要进行某些既定、简要信息的咨询时，可呼入天基传输网络综合服务系统，并根据导航语音通过按键进入相应菜单，获取自助语音应答。用户拨打统一号码到综合服务系统，系统根据预设的语音流程向用户播报语音菜单，用户根据语音菜单提示输入相应咨询按键，系统按照收到的按键号码信息进行相关信息查询和处理，将处理结果以语音形式播报给用户。

### 3. 网络服务

网络服务为用户提供了网络环境下的自助访问服务，当用户有问题咨询或业务申请时，可自主访问天基传输网络综合服务系统中的综合服务网站。用户使用地面网络终端或各类接入卫星通信网络的终端，可远程访问综合服务系统的网络服务平台，通过输入账户名、密码等信息，经验证合法后进入系统网站。用户可浏览中心发布的各类资料信息或提交业务申请，还可以通过网络服务平台发起在线咨询，以文字形式与用户服务岗人员进行在线交流。

### 4. 短信服务

短信服务分为自助式短信交互和短信发布。

（1）自助式短信交互

自助式短信交互为用户提供短信方式的自动应答能力。当用户需要进行某些既定、简要信息的咨询时，可以用短信形式发送特定编号内容到天基传输网络综合服务系统，获取自助式短信应答。自助式短信支持的查询内容与自助语音相同。卫星通信用户通过发送短信到天基传输网络综合服务系统提供的特定服务电话，业务处理根据特定的短信编码内容所代表的服务请求进行信息查询和处理，将处理结果以短信形式返回给用户，完成短信的自助服务。

（2）短信发布

天基传输网络综合服务系统提供短息发布功能，当用户有信息订阅需求或系统有重要信息需要通知时，可通过短信渠道实现面向用户的信息发布。用户服务岗人员根据需要编辑相关信息，并通过短信形式推送给指定的目标用户。用户服务岗人员也可以通过制定发布计划，由系统按时、自动地按照一定规则对相关信息进行处理，并通过短信形式推送给预设好的目标用户。

## | 12.3　运营管理 |

天基传输网络运营管理是一个综合的业务运营和管理支撑平台，同时也是各类卫星通信业务的综合管理平台。运营管理系统面向运营人员，以支撑运营和满足客户需求为目的，提供统一的业务开通能力和全业务运营能力，为不同保障级别的客户提供业务受理、故障申告、服务投诉、业务计费等服务。

## 12.3.1　体系架构

运营管理实现对客户及业务运营情况的管理，响应客户的业务办理请求，核算客户网络业务的用量和费用，为天基传输网络的运营提供运营分析和建议。运营管理系统包含需求管理、客户管理、服务开通、计费管理、服务质量管理、运营分析和号码资源管理七大功能，运营管理架构如图 12-19 所示。运营管理系统与天基传输网络管理系统交互完成客户服务开通、计费管理和服务质量管理等功能。

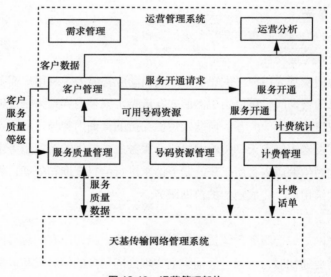

图 12-19　运营管理架构

## 12.3.2　主要功能

### 1. 需求管理

主要任务是需求管理接收及用户的各类业务需求管理，一般包括需求接收、需求申请管理、需求审批、需求处理等功能。需求管理功能组成如图 12-20 所示。

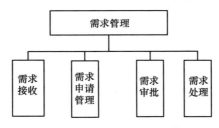

图 12-20　需求管理功能组成

（1）需求接收

需求接收主要是接收业务需求，并进行需求分发。

（2）需求申请管理

需求申请管理实现对各种需求的需求单创建、需求单呈报、需求单终止、需求单查询。

（3）需求审批

需求审批主要是审批系统中发起的需求申请，如审批不通过，将审批意见一同返回给申请者。如审批通过，将审批结果流转至需求处理环节。

（4）需求处理

需求处理对接收的需求或审批通过的需求进行相应的处理操作。

**2．客户管理**

客户管理实现对客户信息的管理和对客户服务需求的受理，一般包括客户信息管理、客户订单管理、客户合同管理、客户问题管理和客户分析等功能。客户管理功能组成如图 12-21 所示。

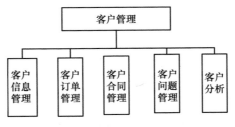

图 12-21　客户管理功能组成

（1）客户信息管理

客户信息管理主要整合客户资料，统一管理客户和销售人员资料。

（2）客户订单管理

客户订单管理主要完成订单生成、订单分解、订单变更、订单撤单、订单跟踪、订单竣工和订单查询等流程化管理。可管理的客户订单内容主要是客户对卫星服务产品的订购服务，包括服务申请、服务暂停/恢复、服务成员变更、服务变更或注销等操作。

客户订单管理将受理的服务订单发送给服务开通模块，接收订单开通结果通知，实现订单开通。订单竣工后，客户订单管理会向计费管理同步服务订购状态。

（3）客户合同管理

为了满足客户复杂合同的管理要求，客户合同管理完成对合同从签订到终止的全程管控，建立合同模板生成、审批以及特殊条款审批等整体流程，支持合同范本管理、合同签订管理、合同履行管理、合同到期预警、续签和终止等整个生命周期的管理。

（4）客户问题管理

客户问题管理分类记录客户建议和投诉，进行综合分析，按照指定的流程将建议转交和反馈给相关部门。

（5）客户分析

客户分析挖掘客户消费信息、忠诚度和信誉度数据，划分客户价值等级。

**3. 服务开通**

服务开通实现服务订单处理、服务开通监控。服务开通功能组成如图 12-22 所示。

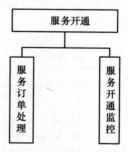

**图 12-22　服务开通功能组成**

（1）服务订单处理

服务订单处理从客户管理接收客户服务订单后，启动服务管理运营层面和资源管理运营层面的开通流程，形成各种自动或者手动开通工单，对能够进行自动激活的网管系统或网络设备生成网络激活命令，完成相关的开通流程后，向客户管理反馈竣工信息。

（2）服务开通监控

服务开通监控对服务开通的运转流程进行监控。

**4．计费管理**

计费管理实现客户使用业务的计费和收费，具体包括计费数据处理、资费管理、账务管理、收费管理、欠费管理等功能。计费管理功能组成如图 12-23 所示。

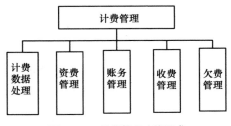

**图 12-23　计费管理功能组成**

（1）计费数据处理

计费数据处理周期性采集原始计费话单，并对话单进行验证、合并和统一格式，生成最终话单文件，根据批价规则和资费标准计算话单的费用，生成话务账单。

（2）资费管理

资费管理完成业务目录管理、业务定义、套餐目录管理、套餐定义及业务套餐发布等功能。

（3）账务管理

账务管理完成账单管理、出账、合账处理、账务优惠等功能，生成用户每月应交纳的账款，根据账务优惠计算用户的优惠账款，综合生成用户每月实缴账单，同时提供账单查看、账单打印等功能。

（4）收费管理

收费管理实现新建、修改、注销、查询、余额规则管理等账户管理功能，提供用户充值缴费、账户扣款和账户退款等收费功能。

（5）欠费管理

欠费管理完成呆账管理和坏账管理功能。

### 5. 服务质量管理

服务质量管理对客户应获得的和实际获得的服务质量进行管理与分析，实现面向大客户的个性化服务质量管理。服务质量管理主要功能包括 QoS 监控/评估和服务等级协议（Service Level Agreement，SLA）违反处理等。

（1）QoS 监控/评估

QoS 监控/评估负责定时或人工监控 SLA 的各项指标，定期生成评估报告。

（2）SLA 违反处理

SLA 违反处理对 SLA 违反进行问题识别和分发，根据 SLA 违反处理规则人工或自动处理。

### 6. 运营分析

运营分析对天基传输网络的运营情况进行精细化分析，能够提升天基传输网络信息数据的有效共享，支撑系统管理和运营分析数据应用，充分发挥数据的价值，实现数据服务向信息服务的提升。运营分析功能架构如图 12-24 所示，主要包括数据采集平台、业务主题分析和报表管理等功能。

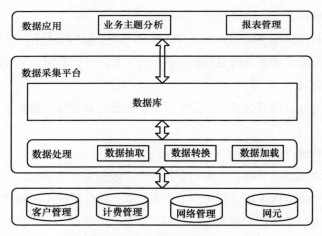

图 12-24　运营分析功能架构

（1）数据采集平台

数据采集平台从计费管理获取计费数据、从客户管理获取客户信息、从网络管理获取网络运行数据，并对原始数据进行数据抽取、转换、清洗、加载，将生成数据保存到数据库中。

（2）业务主题分析

业务主题分析支持常态化的业务分析需求，包括常规的客户分析、量收分析、套餐分析等。

（3）报表管理

报表管理主要包括业务套餐销售报表、计费财务报表等。

**7．号码资源管理**

号码资源管理对天基传输网络业务中使用的终端地址和 IP 地址资源进行管理维护，主要功能包括号码资源入库、号码分配、号码释放、号码查询等。

## 12.3.3　典型管理流程

（1）客户业务开通流程

客户业务开通典型流程如图 12-25 所示，具体流程如下。

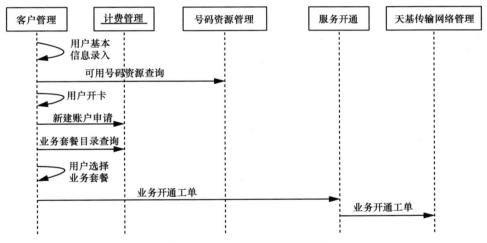

图 12-25　客户业务开通典型流程

- 接收客户的业务开通申请。
- 操作员将用户基本信息录入客户管理。
- 从号码资源管理查询当前可用的号码资源，客户选择号码。
- 通过计费管理为用户新建账户。
- 从计费管理查询业务套餐目录。

- 用户选择业务套餐。
- 客户管理根据用户开户订单生成业务开通工单，并发送到服务开通。
- 服务开通系统根据业务开通工单，进行工单分拆，并将分拆后的业务开通工单发送到天基传输网络管理。
- 天基传输网络管理根据业务开通工单配置相应的网元设备，完成可用服务开通，并将开通结果上报到运营管理系统。

（2）客户计费管理流程

客户计费管理典型流程如图 12-26 所示，具体流程如下。

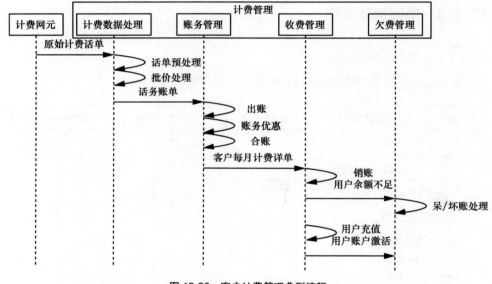

图 12-26　客户计费管理典型流程

- 计费网元产生原始计费话单。
- 计费数据处理单元周期性采集原始计费话单，并对话单进行验证、合并和统一格式等预处理。
- 计费数据处理单元对预处理后的话单文件按照批价规则和用户套餐资费标准进行批价，生成每次业务的话务账单。
- 账务管理单元根据接收到的话务账单进行出账处理，每月汇总计算用户应交账款。
- 账务管理单元根据用户的账务优惠，计算用户的优惠账款。

- 账务管理单元汇总用户的应交账款和优惠账款，进行合账处理，生成用户每月的计费详单。
- 收费管理单元根据用户的计费详单进行销账处理，从用户账户中扣除用户的实缴账款。
- 当用户余额不足时，收费管理单元向欠费管理发送用户欠费信息。
- 欠费管理单元将用户账户根据规则设置成呆账或坏账，并向用户发送欠费追缴通知。
- 用户通过收费管理单元为账户充值，收费管理将用户账户状态从呆/坏账状态恢复成正常。

# 第 13 章

# 天基传输网络运维管控技术发展展望

随着天基传输网络体系的发展和相关电子技术的发展，其运维管控系统和技术也将发生变化。从当前的国内外情况来看，运维管控系统和技术的变化主要体现在以下方面：

- 测控信道泛在化、测控模式天地随遇化；
- 处理和操作智能化、功能服务化；
- 管理数据采集密集化、健康管理深入化；
- 天地管控耦合、功能星载迁移化；
- 通、导、遥管控综合化。

## 13.1 测控信道泛在化、测控模式天地随遇化

测控信道最常用的是统一 S 频段测控体制，后续发展了扩频测控体制，基本基于单个测控站对卫星进行跟踪控制，或者多个测控站通过任务调度，实施对卫星跟踪控制。随着卫星数量的增加和测控任务的急剧增多，一方面，为了限制测控站天线数量的增加，发展了基于大型相控阵天线的多目标测控技术；另一方面，为了减少人工干预调度、提高测控效率，发展了随遇测控技术；后续随着基于低轨星座天基传输网络的建设、星间互联全球骨干网的建设，可以大量使用天基传输网络的信道资源，对航天器等进行测控，使得测控信道泛在化、测控模式随遇化，提高航天测控网的弹性抗毁能力。测控技术演进示意图如图 13-1 所示。

## 13.2 处理和操作智能化、功能服务化

智能化是未来信息系统的主要特征，对于天基传输网络来说最需要智能化的是运维管控系统，需要研究与天基传输网络相关的人工智能算法、人工智能引擎、人工智能的知识库等，用人工智能技术实现传统人工操作的功能，或者人工无法操作的功能和处理。

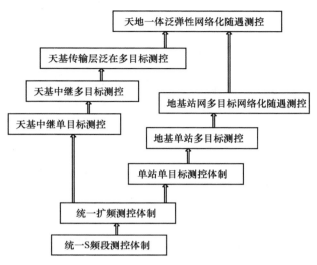

图 13-1 测控技术演进示意图

服务化是未来天基传输网络运维管理需要不断加强扩展的方面，为天基传输网络提供强大的后台管控服务。目前的运维管控局限于对网络要素的管控，对网络使用者提供服务方面欠缺。如可以提供卫星频段选择服务、传输体制波形推送服务、不同场景应用模式推荐服务、上层信息传输服务等，从而拓展天基传输网络运维管控的功能，提升天基传输网络服务能力。

## |13.3 管理数据采集密集化、健康管理深入化 |

目前受天基传输网络各要素可提供的管理信息限制，网络和网络设备的管理功能、管理的精细化程度受到影响，需要人们高度重视，组成天基传输网络的各要素需要增加检测点、探针获取相关状态信息，这不是一个简单的操作，而是需要对各要素产品进行全面可管可控升级的过程。

健康管理越来越受到人们的重视，但是健康管理在天基传输网络运维管控中的应用与期望达到的效果依然有很大差距。健康管理在天基传输网络运维管控中实际应用的效果，一方面取决于从系统可获得的信息支持，另一方面需要不断地积累相关经验数据、研究算法。

## | 13.4  天地管控耦合、功能星载迁移化 |

过去的天基传输网络以地面管控站网为主要依托，星上只是通过应答机和中心计算机对卫星平台和载荷进行管理，网络端站和网络节点的管控主要位于地面关口站和中心站。随着星上处理、星间组网的发展，这种趋势在逐渐发生变化，对网络节点和网络端站的管控逐步向星上迁移，星地一体融合管控特征更加明显，但是服务化的管理中心依然在地面。

## | 13.5  通信、导航、遥感管控综合化 |

随着星上处理和星间组网天基传输网络的发展，遥感卫星可以随遇接入这张传输网，利用这张传输网。一方面，星上智能控制单元可以对这些遥感卫星进行接入控制和测控，地面控制中心也可以通过这张传输网实施控制；另一方面，遥感卫星之间可以通过这张传输网进行协同。同时随着低轨星上处理和星间组网系统的建设，搭载导航增强载荷，构成导航增强网络成为一种趋势。因此未来的天基传输网络，尤其是低轨星座网络，将呈现以传输网络为核心的通、导、遥多种功能网络的综合网络，运维管控也呈现多功能综合化趋势。

# 缩略语

| 英文缩写 | 释义 |
| --- | --- |
| 3GPP | 3rd Generation Partnership Project，第三代合作伙伴计划 |
| 5GC | 5G Core Network，5G 核心网 |
| AAU | Active Antenna Unit，有源天线单元 |
| ACF | Autocorrelation Function，自相关函数 |
| ACU | Antenna Control Unit，天线控制单元 |
| ADS-B | Automatic Dependent Surveillance-Broadcast，广播式自相关监视 |
| AGCH | Access Grant Channel，接入许可信道 |
| AIS | Automatic Identification System，（船舶）自动识别系统 |
| AMCP | Aeronautical Mobile Communication Panel，航空移动通信专家组 |
| AMF | Access and Mobility Management Function，接入和移动管理功能 |
| ANN | Artificial Neural Network，人工神经网络 |
| AOS | Advanced Orbiting System，高级在轨系统 |
| API | Application Programming Interface，应用程序接口 |
| AR | Autoregressive，自回归 |
| ARIMA | Autoregressive Integrated Moving Average，自回归积分滑动平均 |
| ARMA | Autoregressive Moving Average，自回归滑动平均 |
| ARP | Address Resolution Protocol，地址解析协议 |

（续表）

| 英文缩写 | 释义 |
|---|---|
| ARQ | Automatic Repeat reQuest，自动重传请求 |
| AS | Access Stratum，接入层 |
| AS | Autonomous System，自治系统 |
| ASN | Autonomous System Number，自治系统号 |
| ASN.1 | Abstract Syntax Notation One，ASN.1 抽象语法标记 |
| AUC | Authentication Center，鉴权中心 |
| AUM | Authentication Module，鉴权模块 |
| AUSF | Authentication Server Function，认证服务器功能 |
| BACH | Basic Alarm Channel，基本告警信道 |
| BBU | Building Base Band Unit，室内基带处理单元 |
| BCCH | Broadcast Control Channel，广播控制信道 |
| BCH | Broadcast Channel，广播信道 |
| BER | Basic Encoding Rule，基本编码规则 |
| BGP | Border Gateway Protocol，边界网关协议 |
| BGP-LS | BGP Link-State，BGP 链路状态路由协议 |
| BoD | Bandwidth on Demand，按需分配带宽 |
| BOOTP | Boot Strap Protocol，引导程序协议 |
| BSC | Base Station Controller，基站控制器 |
| BSS | Business Support System，业务支撑系统 |
| BTS | Base Transceiver Station，基站收发台 |
| CAC | Connection Admission Control 接入许可控制 |
| CAN | Controller Area Network，控制器局域网络 |
| CC | Call Control，呼叫控制 |
| CCCH | Common Control Channel，公共控制信道 |

（续表）

| 英文缩写 | 释义 |
|---|---|
| CCSDS | Consultative Committee for Space Data System，空间数据系统协商委员会 |
| CICH | Common Idle Channel，公共空闲信道 |
| CIR | Committed Information Rate，承诺信息速率 |
| CM | Connection Management，连接管理 |
| CMIP | Common Management Information Protocol，公共管理信息协议 |
| CMNET | China Mobile Net，中国移动互联网 |
| CNNIC | China Internet Network Information Center，中国互联网络信息中心 |
| COM | Component Object Model，组件对象模型 |
| CORBA | Common Object Request Broker Architecture，公共对象请求代理体系结构 |
| CPCI | Compact Peripheral Component Interconnect，紧凑型 PCI |
| CS | Circuit Switch，电路域 |
| CS-CG | CS Charging Gateway，电路域计费网关 |
| CTI | Computer Telephony Integration，计算机电话集成 |
| CU | Centralized Unit，集中单元 |
| CU | Channel Unit，信道单元 |
| DACCH | Dedicated Associated Control Channel，专用随路控制信道 |
| DAMA | Demand Assigned Multiple Access，按需分配多路寻址 |
| DCA | Dynamic Channel Allocation，动态信道分配 |
| DCCH | Dedicated Control Channel，专用控制信道 |
| DHCP | Dynamic Host Configuration Protocol，动态主机配置协议 |
| DL-SCH | Downlink Shared Channel，下行共享信道 |
| DNS | Domain Name System，域名系统 |
| DTCH | Dedicated Traffic Channel，专用业务信道 |
| DU | Distributed Unit，分布单元 |

（续表）

| 英文缩写 | 释义 |
|---|---|
| DVB | Digital Video Broadcast，数字视频广播 |
| DVB-RCS | Digital Video Broadcasting Return Channel by Satellite，回传信道通过卫星的数字视频广播 |
| DVB-S2 | Digital Video Broadcasting-Satellite-Second Generation，数字视频广播卫星第二代 |
| EIRP | Effective Isotropic Radiated Power，有效全向辐射功率 |
| EMS | Enhanced Message Service，增强型短消息服务 |
| eNB | Evolved Node B ，演进型 Node B |
| ETSI | European Telecommunications Standards Institute，欧洲电信标准化协会 |
| FCCH | Frequency Correction Channel，频率校正信道 |
| FDCA | Fast Dynamic Channel Allocation，快速动态信道分配 |
| FDMA | Frequency Division Multiple Access，频分多址 |
| FTAM | File Transfer Access and Management，文件传输访问和管理 |
| FTP | File Transfer Protocol，文件传输协议 |
| FW | Firewall，防火墙 |
| GEO | Geostationary Earth Orbit，地球静止轨道 |
| GGSN | Gateway GPRS Support Node，网关 GPRS 支持节点 |
| GMM | GPRS Mobile Management，GPRS 移动性管理 |
| gNB | gNodeB，5G 移动基站 |
| GPRS | General Packet Radio Service，通用分组无线业务 |
| GSC | Gateway Station Controller，信关站控制器 |
| GSM | Global System for Mobile Communications，全球移动通信系统 |
| GSS | Gateway Station Subsystem，信关站子系统 |
| GTS | Gateway Transceiver Station，信关收发站 |
| HARQ | Hybrid-ARQ，混合自动重传请求 |

（续表）

| 英文缩写 | 释义 |
|---|---|
| HC | Handover Control，切换控制 |
| HDLC | High-Level Data Link Control，高级数据链路控制协议 |
| HLR | Home Location Register，归属位置寄存器 |
| HNO | Host Network Operator，主网络运营商 |
| HPA | High-Power Amplifier，高功率放大器 |
| HTS | High Throughput Satellite，高通量卫星 |
| HTTP | Hyper Text Transfer Protocol，超文本传输协议 |
| HTTPS | Hyper Text Transfer Protocol over Secure Socket Layer，超文本传输安全协议 |
| IaaS | Infrastructure as a Service，基础设施即服务 |
| IANA | Internet Assigned Numbers Authority，互联网编号分配机构 |
| IDL | Interface Description Language，接口描述语言 |
| IETF | Internet Engineering Task Force，国际互联网工程任务组 |
| IGMP | Internet Group Management Protocol，Internet 组管理协议 |
| IGSO | Inclined Geosynchronous Earth Orbit，倾斜地球同步轨道 |
| IIOP | Internet Inner-ORB Protocol，互联网内部对象请求代理协议 |
| IMS | IP Multimedia Subsystem，IP 多媒体子系统 |
| IoT | Internet of Things，物联网 |
| IP | Internet Protocol，互联网协议 |
| IR | Internet Register，Internet 注册机构 |
| ISO | International Organization for Standardization，国际标准化组织 |
| ISP | Internet Service Provider，互联网服务提供商 |
| Itf-N | Interface-North，北向接口 |
| IVR | Interactive Voice Response，交互式话音应答系统 |
| KVM | Keyboard，Video，Mouse，键盘、视频和鼠标 |

（续表）

| 英文缩写 | 释义 |
| --- | --- |
| LAN | Local Area Network，局域网 |
| LEO | Low Earth Orbit，低轨地球轨道 |
| LNA | Low Noise Amplifier，低噪声放大器 |
| LSBCH | Location Service Broadcast Control Channel，定位服务广播控制信道 |
| MA | Moving Average，滑动平均 |
| MAC | Media Access Control，媒体访问控制层 |
| MANO | NFV Management and Orchestration，NFV 管理与组织层 |
| MCPC | Multiple Channel per Carrier，每载波多路 |
| MEO | Medium Earth Orbit，中地球轨道 |
| MF-TDMA | Multiple Frequency-Time Division Multiple Access，多频 TDMA |
| MGW | Media Gateway，媒体网关 |
| MIB | Management Information Base，管理信息库 |
| MIMO | Multiple-Input Multiple-Output，多输入多输出系统 |
| MM | Mobile Management，移动性管理 |
| MME | Mobile Management Entity，移动性管理实体 |
| MSC | Mobile Switching Center，移动交换中心 |
| NAS | Non-Access Stratum，非接入层 |
| NASA | National Aeronautics and Space Administration，美国国家航空航天局 |
| NAS-MM | NAS Message Management，NAS 消息管理 |
| NAS-SM | NAS Session Management，NAS 会话管理 |
| NB | NodeB，3G 移动基站 |
| NCH | Notification Channel，组呼通知信道 |
| NE | Net Element，网元 |
| NEF | Network Exposure Function，网络开放功能 |

（续表）

| 英文缩写 | 释义 |
|---|---|
| NETCONF | Network Configuration Protocol，网络配置协议 |
| NGAP | Next Generation Application Protocol，下一代应用协议 |
| NGOSS | Next Generation Operational Support System，下一代运行支撑系统 |
| NIR | National Internet Registry，国家级互联网注册管理机构 |
| NFV | Network Functions Virtualization，网络功能虚拟化 |
| NFVO | NFV Orchestrator，NFV 编排器 |
| NMS | Network Management System，网络管理系统 |
| NRF | Network Repository Function，网元查询功能 |
| NSSF | Network Slice Selection Function，网络切片选择功能 |
| 5G NR | 5G New Radio，5G 新一代无线技术 |
| OID | Object Identifier，对象标识符 |
| OMC | Operation Maintenance Center，操作维护中心 |
| OMC | Operation Maintenance Center - RAN，接入网操作维护中心 |
| OpenAMIP | Open Standard Antenna Modem Interface Protocol，开放标准天线调制解调器接口协议 |
| OVSDB | Open vSwitch Database，开放虚拟交换机数据库 |
| OSA-CBM | Open System Architecture for Condition Based Maintenance，视情维修开放式体系结构 |
| OSS | Operational Support System，运行支撑系统 |
| OVS | Open vSwitch 虚拟交换机 |
| PaaS | Platform as a Service，平台即服务 |
| PACCH | Packet Associated Control Channel，分组随路控制信道 |
| PACF | Partial Autocorrelation Function，偏自相关函数 |
| PBCH | Physical Broadcast Channel，物理广播信道 |
| PC | Power Control，功率控制 |

（续表）

| 英文缩写 | 释义 |
|---|---|
| PCCCH | Packet Common Control Channel，分组公共控制信道 |
| PCCH | Paging Control Channel，寻呼控制信道 |
| PCEP | Path Computation Element Communication Protocol，路径计算单元通信协议 |
| PCF | Policy Control Function，策略控制功能 |
| PCH | Paging Channel，寻呼信道 |
| PCI | Peripheral Component Interconnect，外设组件互联标准 |
| PCRF | Policy and Charging Rules Function，策略与计费规则功能单元 |
| PDCCH | Physical Downlink Control Channel，物理下行控制信道 |
| PDCP | Packet Data Convergence Protocol，分组数据汇聚协议 |
| PDN | Public Data Network，公用数据网 |
| PDSCH | Physical Downlink Shared Channel，物理下行共享信道 |
| PDTCH | Packet Data Traffic Channel，分组数据业务信道 |
| PDU | Protocol Data Unit，协议数据单元 |
| PDP | Packet Data Protocol，分组数据协议 |
| PGSN | Packet Gateway Support Node，分组网关支持节点 |
| PGW | PDN Gateway，PDN 网关 |
| PHM | Prognostic and Health Mangement，故障预测与健康管理 |
| PHY | Physical Layer，物理层 |
| PIR | Peak Information Rate，峰值信息速率 |
| PNF | Physical Network Function，物理网络功能 |
| PRACH | Packet Random Access Channel，分组随机接入信道 |
| PLMN | Public Land Mobile Network，公共陆地移动网 |
| PS | Packet Schedule，分组调度 |
| PS | Packet Switch，分组域 |

（续表）

| 英文缩写 | 释义 |
| --- | --- |
| PS-CG | PS Charging Gateway，分组域计费网关 |
| PSTN | Public Switched Telephone Network，公共交换电话网 |
| PUCCH | Physical Uplink Control Channel，物理上行控制信道 |
| PUSCH | Physical Uplink Shared Channel，物理上行共享信道 |
| PVC | Permanent Virtual Circuit，永久虚电路 |
| QoS | Quality of Service，服务质量 |
| RAN | Radio Access Network，无线接入网 |
| RAB | Radio Access Bearer，无线接入承载 |
| RACH | Random Access Channel，随机接入信道 |
| RANAP | Random Access Network Application Part，无线接入网络应用部分（协议） |
| REST | Representational State Transfer，描述性状态转移 |
| RIP | Routing Information Protocol，路由信息协议 |
| RIR | Regional Internet Register，地区性 Internet 注册机构 |
| RLC | Radio Link Control，无线链路控制层协议 |
| RM | Registry Management，注册管理 |
| RNC | Radio Network Control，无线网络控制器 |
| RRC | Radio Resource Control，无线电资源控制 |
| RRM | Radio Resource Management，无线资源动态分配 |
| RRU | Remote Radio Unit，射频拉远单元 |
| S1AP | S1 Application Protocol，S1 应用协议 |
| SaaS | Software as a Service，软件即服务 |
| SACCH | Slow Associated Control Channel，慢速随路控制信道 |
| SBI | Service based Interface，面向服务的接口 |
| SCPC | Single Channel per Carrier，单路单载波 |

（续表）

| 英文缩写 | 释义 |
|---|---|
| SCTP | Stream Control Transmission Protocol，流控制传输协议 |
| SDCA | Slow Dynamic Channel Allocation，慢速动态信道分配 |
| SDN | Software Defined Network，软件定义网络 |
| S-eNodeB | Satellite eNodeB，卫星 eNodeB |
| SGSN | Serving GPRS Support Node，GPRS 服务支持节点 |
| SGW | Serving Gateway，服务网关 |
| SIP | Session Initiation Protocol，会话起始协议 |
| SLA | Service Level Agreement，服务等级协议 |
| SM | Session Management，会话管理 |
| SMC | Short Messaging Center，短信中心 |
| SMF | Session Management Function，会话管理功能 |
| SMI | Structure of Management Information，管理信息结构 |
| SMS | Short Messaging Service，短消息业务 |
| SNMP | Simple Network Management Protocol，简单网络管理协议 |
| SOAP | Simple Object Access Protocol，简单对象访问协议 |
| SS | Supplementary Service，补充业务 |
| SSDL | Satellite Simple Data Link，卫星链路层 |
| TCP | Transmission Control Protocol，传输控制协议 |
| TDM | Time Division Multiplexing，时分复用 |
| TDMA | Time Division Multiple Access，时分多址 |
| TD-LTE | TD-SCDMA Long Term Evolution，TD-SCDMA 的长期演进 |
| TD-SCDMA | Time Division-Synchronous Code Division Multiple Access，时分同步码分多址 |
| TMN | Telecom Management Network，电信管理网 |
| ToS | Type of Service，服务类型 |

（续表）

| 英文缩写 | 释义 |
| --- | --- |
| TTS | Text-to-Speech，话音合成系统 |
| VNF | Virtual Network Function，虚拟网络功能 |
| VNO | Virtual Network Operator，虚拟网络运营商 |
| VPN | Virtual Private Network，虚拟专用网络 |
| VSAT | Very Small Aperture Terminal，甚小口径天线终端 |
| UDM | Unified Data Management，统一数据管理 |
| UDP | User Datagram Protocol，用户数据报协议 |
| UE | User Equipment，用户设备 |
| UL-SCH | Uplink Shared Channel，上行共享信道 |
| UPF | User Plane Function，用户面功能 |
| VIM | Virtualized Infrastructure Manager，虚拟化基础设施管理器 |
| VLR | Visitor Location Register，漫游位置寄存器 |
| VNFM | VNF Manager，VNF 管理器 |
| VoIP | Voice over Internet Protocol，IP 电话 |

# 参考文献

[1] 孙晨华. 天基传输网络和天地一体化信息网络发展现状与问题思考[J]. 无线电工程, 2017, 47(1): 1-6.

[2] 李斌成. FDMA/DAMA 卫星通信网资源分配策略研究[J]. 无线电通信技术, 2014(6): 50-53.

[3] 林宇生, 蒋洪磊, 董彦磊, 等. 基于遗传算法的通信卫星资源动态调度方法研究[J]. 无线电工程, 2017, 47(6): 20-23.

[4] 李斌成, 李影. 一种 FDMA-DAMA 卫星通信网功率控制方案[J]. 无线电工程, 2016, 46(5): 75-79.

[5] 李斌成, 马宇飞, 李培儒. 基于专家系统的通信网全链路故障智能判读[J]. 无线电通信技术, 2018, 44(5): 463-469.

[6] 班亚明, 李斌成, 乐强. 卫星通信系统中网管信令传输优化及仿真[J]. 无线电工程, 2017, 47(7): 5-9.

[7] 章劲松, 林宇生, 谭云华. GEO 卫星多波束天线指向测量方法与误差分析[J]. 无线电通信技术, 2015, 41(6): 58-60.

[8] 安茂波. 基于模型的卫星通信地球站监控系统设计与实现[D]. 西安: 西安电子科技大学, 2013.

[9] 魏振宁. 全IP应用卫星通信网络管理控制系统的设计与实现[D]. 西安: 西安电子科技大学, 2012.

[10] SANCTIS M D, CIANCA E, ARANITI G, et al. Satellite communications supporting Internet of remote things[J]. IEEE Internet of Things Journal, 2016, 3(1): 113-123.

[11] HASAN M, HOSSAIN E, NIYATO D. Random access for machine-to-machine communication in LTE-advanced networks: issues and approaches[J]. IEEE Communications Magazine, 2013, 51(6): 86-93.

[12] ANUJ S. Management of the Internet of things[EB]. 2013.

[13] 王秉钧, 王少勇. 卫星通信系统[M]. 北京: 机械工业出版社, 2014.

[14] 孙晨华, 张亚生, 何辞, 等. 计算机网络与卫星通信网络融合技术[M]. 北京: 国防工业出版社, 2016.

[15] 于志坚. 航天测控系统工程[M]. 北京: 国防工业出版社, 2008.

[16] 陈宜元. 卫星无线电测控技术(上)[M]. 北京: 中国宇航出版社, 2007.

[17] 陈宜元. 卫星无线电测控技术(下)[M]. 北京: 中国宇航出版社, 2007.

[18] 潘申富, 王赛宇, 张静. 宽带卫星通信技术[M]. 北京: 国防工业出版社, 2015.

[19] 闻新. 航天器系统工程[M]. 北京: 科学出版社, 2016.

[20] 张晖. 物联网技术标准概述[M]. 北京: 电子工业出版社, 2012.

[21] 杨云江. 计算机网络管理技术[M]. 北京: 清华大学出版社, 2005.

[22] 中国人民解放军总装备部军事训练教材编辑工作委员会. 通信网管理技术[M]. 北京: 国防工业出版社, 2003.

[23] 孔令萍, 易学明, 王燕川, 等. 第三代移动通信网络管理[M]. 北京: 人民邮电出版社, 2010.

[24] 周林, 赵杰, 冯广飞. 装备故障预测与健康管理技术[M]. 北京: 国防工业出版社, 2015.

[25] 于功敬, 熊毅, 房红征. 健康管理技术综述及卫星应用设想[J]. 电子测量与仪器学报, 2014, 28(3): 227-232.

[26] VACHTSEVANOS G, LEWIS F, ROEMER M, et al. Intelligent fault diagnosis and prognosis for engineering systems[M]. Hoboken: John Wiley & Sons, Inc., 2007.

[27] LEBOLD M, THURSTON M. Open standards for condition-based maintenance and prognostic systems[C]//Proceedings of 5th Annual Maintenance and Reliability Conference. Gatlinburg: MARCON, 2001.

# 名词索引